U0333172

Men's

男子服饰图鉴

1300种服装、鞋帽、包包、配饰、纹样、配色详解

[日] 沟口康彦 著
冯利敏 译

南海出版公司
2024 · 海口

前言

在《女子服饰图鉴》出版后不久，我很快就收到了出版社的邀约，他们表示“应广大读者的呼声，特别希望能出一个男装版本”。《女子服饰图鉴》以女性装扮为主，因此，书中统一采用了女性模特。当然，里面也有一部分男式单品的介绍，但如果专门以男性时尚为主题写一本书的话，我完全不知道该以怎样的方式去呈现。于是，我拒绝了出版社的邀约。

一次偶然的机会，我在电视上看到了日本宝冢歌剧团的照相服务，那之后，我的想法渐渐发生了转变。在这项服务中，人们可以穿上宝冢歌剧的演出服，化上华美的妆容去拍照片。那些充满了中世纪元素的男性角色服装，让我印象尤为深刻。

服装的设计大多是非现实主义的，这让人不禁会想：“真的会有人这么穿吗？”不过，在日本宝冢歌剧团中，都是由女性来出演男性角色的，所以，这样的设计也可以说是恰到好处。虽然从表演的角度来看，多数设计都颇具“王子”气质，但也有很多元素在现在看来是非常女性化的。

哦，我明白了，也就是说，其实不用太过拘泥于“男式”“男子气概”的固有印象。只要能够把男性真实穿着和使用的东西集合起来，给大家带来一些启发，让大家凭借自己的想象去创造“男子气概”不就可以了吗？正当我这样想着，出版社再次向我抛来橄榄枝，说：“大家真的很希望您能出一个男装版本。”

人天生就有一种惰性，当给自己设下一个目标时，自己眨眼间就能完成，但如果是去完成别人设下的目标，就会产生抗拒心理。出版社仿佛是看穿了我的心思，接着又对我说：“慢一点也没关系，要不要尝试一下？”

就这样，我应承了下来。经过不断的调查和绘制，这本《男子服饰图鉴》终于得以成型。

在本书的创作过程中，有幸继续得到日本杉野服饰大学的福地宏子老师和数井靖子老师的指导，对相关知识进行了补充和修正，在此致以诚挚的感谢！书中也难免有很多不够完善之处，但还是希望能对大家有所帮助！

沟口康彦

多种使用方法

绘画

帮你解决
“不懂服装，
因而画出来的人物
总是穿着差不多的衣服”
的难题。

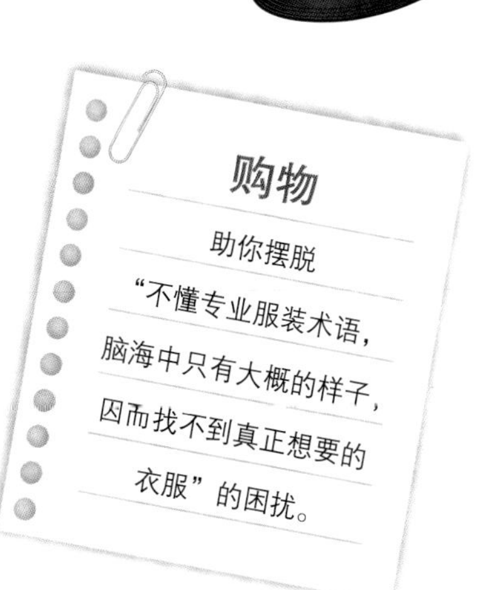

购物

助你摆脱
“不懂专业服装术语，
脑海中只有大概的样子，
因而找不到真正想要的
衣服”的困扰。

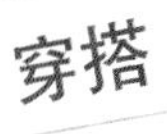

穿搭

在你不知道
这件衣服究竟该如何穿搭时，
为你带来灵感。
或者，当你想在女装中
增加一些男性韵味时，
能从书中得到一些启发。

其他

就让这本书来满足你
这样那样的、
各种意想不到的
心思吧！

*时装的搭配多种多样，在绘制插图时大家可以根据自己的喜好自由设计。

外套：连帽防寒夹克（p89）
下装：束脚运动裤（p65）
包：单肩包（p172）
鞋子：松糕鞋（p169）
上装：白衬衫（p54）
领饰：领带（p26）
下装：铅笔裤（p61）
包：长形书包（p170）
鞋子：球鞋（p165）

插图：CHIAKI

目录

领口

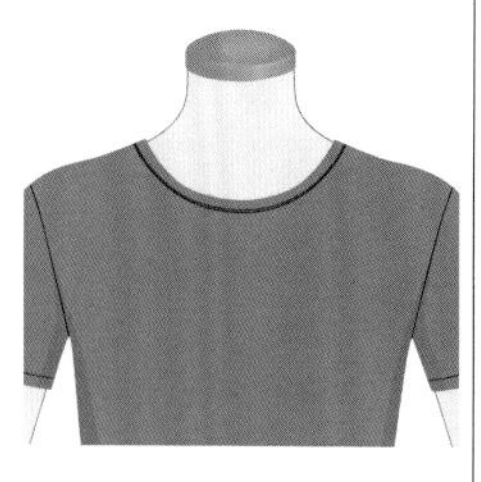

圆领

round neck*

所有开口呈圆形的领口的统称，指的是领口沿脖颈的形状呈圆形。小圆领（p11）、U字领（p9）都属圆领，不同类型的圆领多以领子在脖颈周围的开合程度来进行区分。

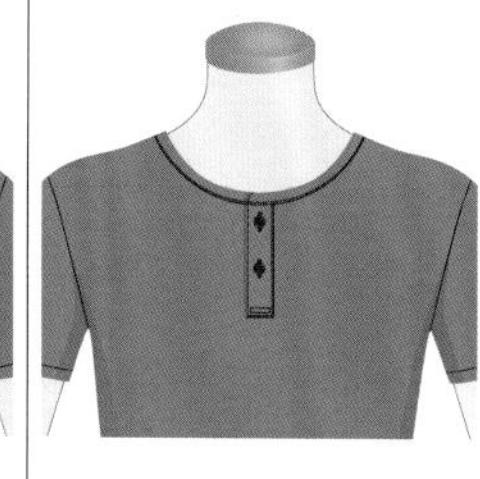

亨利领

Henley neck

一种可以通过纽扣打开、带有门襟**的圆领。因增加了纵向线条，可以使脸和脖颈看起来更修长。

**衣服前部的条状折边或贴边，常用来固定纽扣。

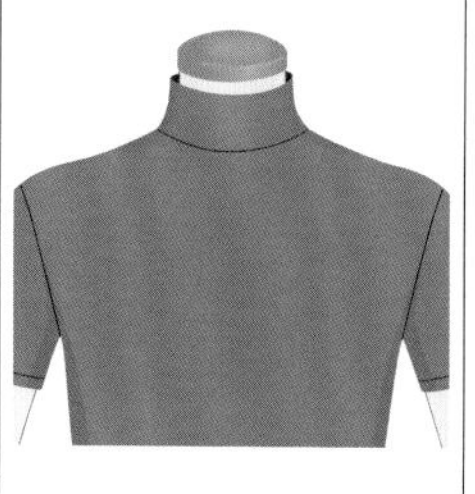

高领

high neck

所有没有翻折，且与脖颈贴合度较好的立领的统称，可以很好地包裹住颈部。

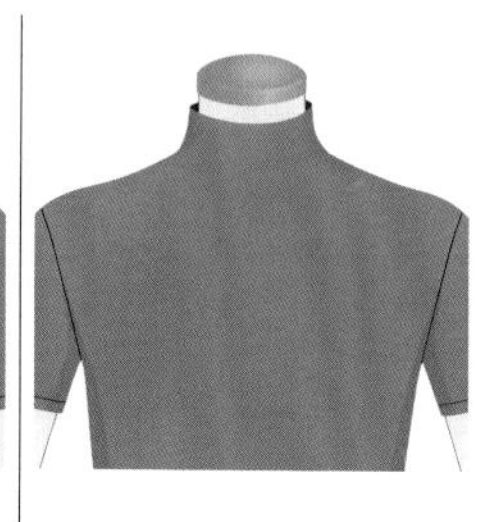

瓶颈领

bottle neck

正如其名，这种领型就像瓶口，与脖颈紧密贴合，也是一种没有翻折的立领。属于高领的一种。

露颈领

off neck

所有与脖颈不贴合的立领的统称。

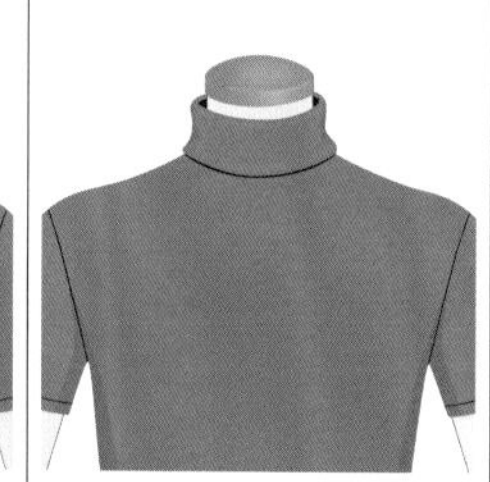

樽领（保罗领）

turtle neck

一种有翻折的立领。樽领多被用在毛衣的设计中，人们在穿着时一般会把领子翻折成两层。其缺点是会显脸大，大家在选择时需注意。

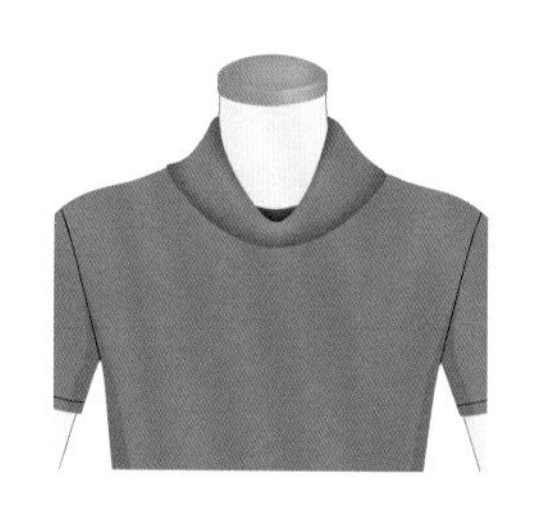

大樽领

off-turtle neck

指与脖颈间有较大空隙，可以从脖颈垂下来的宽松樽领。这种领型非常有分量感，相对来说也有显脸小的效果，宽松垂坠的线条可以使人看起来更加柔和。名称中的off是离开的意思，直译为“不贴着脖颈的樽领”。

*部分名称没有标准英文译名，故书中采用多国译名标注。

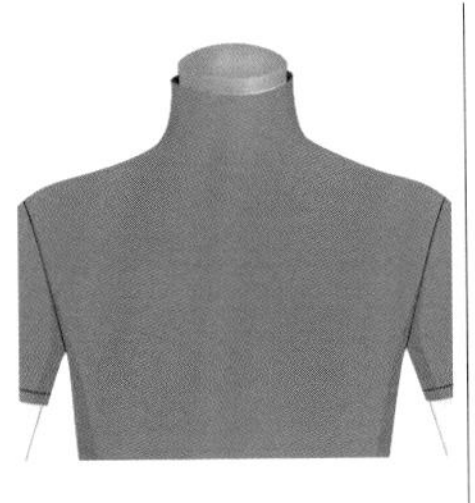

漏斗领

funnel neck

一种形似漏斗的领型。funnel即漏斗。

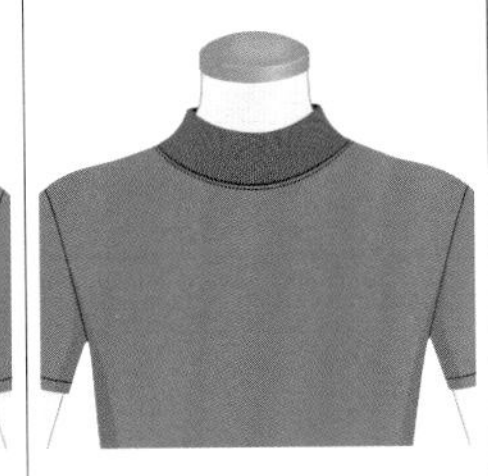

假高领

mock turtle neck

一种高度较低的高领，没有翻折，也叫半高领。这种领型对脖颈的压迫感小，同时又具有较好的保暖效果。mock意为虚假的。

U 字领

U neck

剪裁较深、呈U字形的领口。比圆领裁得深，脖子的裸露面积增加，可以弱化脸部的存在感，从而起到瘦脸的效果。领口裁得越深，拉长脖颈线条的效果越明显。这种领型非常有助于协调脸部和颈部的视觉比例，但如果裁剪的面积过大，反而会显得不雅观；如果是纯色的衣服，甚至看起来像内衣，这两点请大家注意。

深 U 领

oval neck

一种呈卵形、线条圆润的领型。比U字领裁得更深。

船形领

boat neck

一种形如船底、横向稍宽且浅的领型。该领型线条柔和，可以使锁骨看起来更加漂亮，不挑身材，胸口部分也不会过分裸露。船形领既能展现高雅的气质，又不失甜美，还易与其他衣服搭配。一般被用在礼服的设计中，大家比较熟知的条纹海军衫（p56）用的就是这种领型。条纹海军衫也是画家毕加索（Pablo Picasso）和设计师高缇耶（Jean-Paul Gaultier）十分钟爱的单品。

汤匙领

scooped neck

如字面意思，这种领的形状像是用汤勺或铁锹挖出的一样。

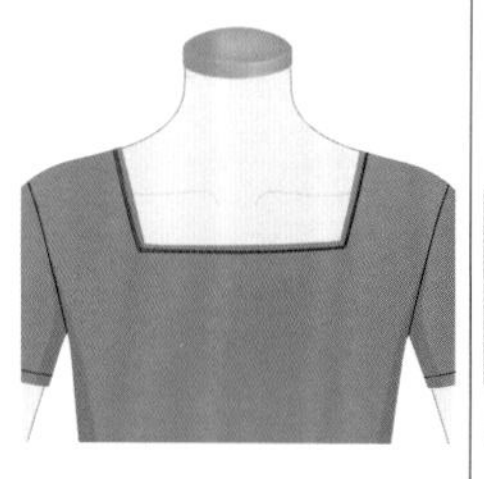

方领

square neck

不论裁剪面积大小，所有四角形的领型都统称为“方领”。如果两侧裁得较宽，也被叫作“长方领”。圆脸的人穿着该领型可以使脸部线条看起来更加清晰、有棱角。

V 字领

V neck

所有V形领的统称，还可以指V形领衣服本身。这种领型比圆领开得更深，有瘦脸的效果，会让脖颈看起来更显清爽整洁，非常适合圆脸人士。

重叠 V 字领

crossover V neck

V字领的一种。领口的左右两边在V字的底部交叉重叠所形成的领型。

低胸领

plunging neckline

一种比V字领剪裁得更深的领型。领子底部呈锐角，对胸口有较好的展示效果，可以使人看起来更加性感。plunging意为深入、跳入，所以该领型有时也称作“diving neck”。

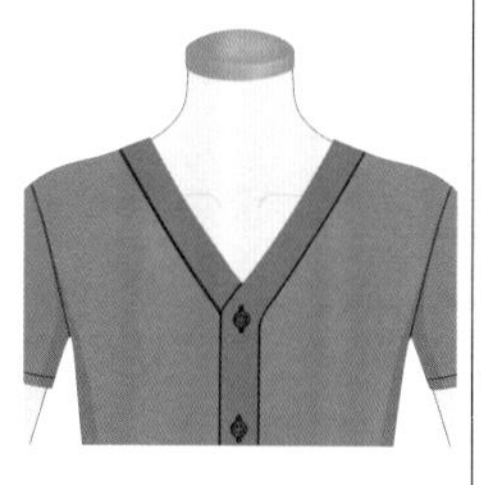

开襟领

cardigan neck

常被用作开衫中的领型。大体上可以分为圆领（p8）和V字领两种。

多层领

layered neck

指假两件或是叠穿时，能够呈现层次感的领型。有些服装会用樽领（p8）和V字领设计出这种叠穿效果。

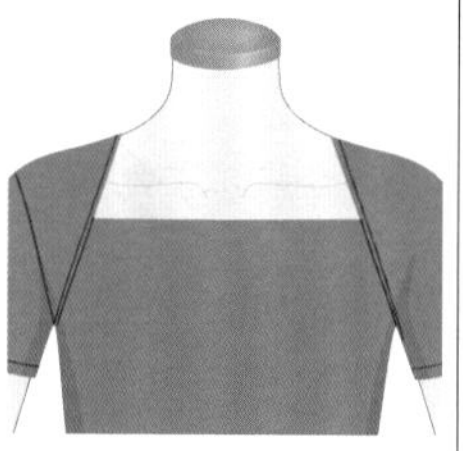

梯形领

trapeze neck

一种梯形的领型。trapeze在法语中是梯形之意。

五角领

pentagon neck

一种五角形的领型。

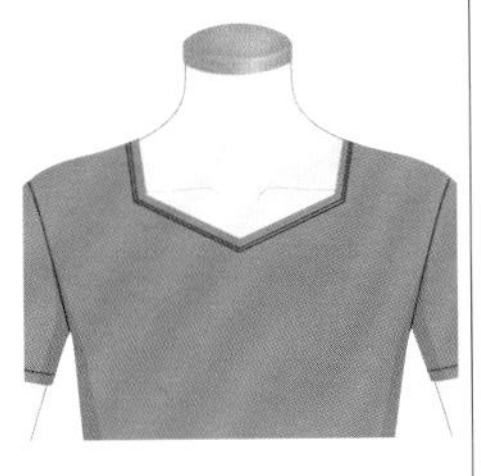

钻石领
diamond neck

形似钻石的领型。

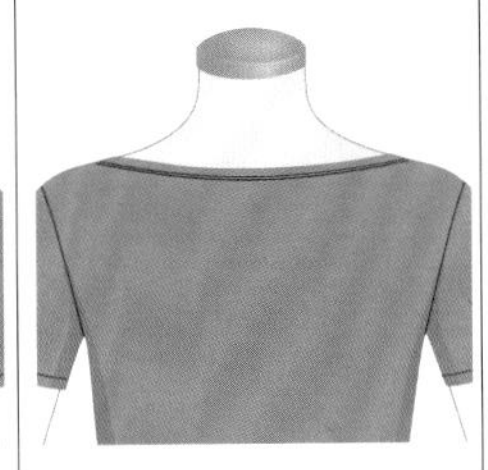

切领
slashed neck

一种像是一刀剪开的水平领型。该领型一般横向开口至两肩内侧的位置，正面看呈一条直线。

小圆领
crew neck

圆领的一种，因源自船员所穿着的毛衣而得名，与脖颈的贴合度较好，一般多见于针织衫的设计中。小圆领易于搭配，但因颈部比较紧凑，所以会增强脸部的存在感，想要追求瘦脸效果时，就不太推荐穿着该领型的衣服。同时，小圆领有弱化下巴和颧骨线条的作用，会使人面部线条看起来更加柔和，适合脸部棱角分明的人。

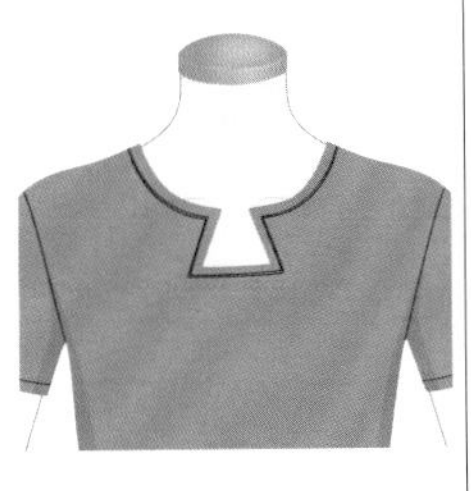

锁孔领
keyhole neck

形状像锁孔一样的领型。在圆形领的基础上加入了圆形或多边形开口设计。

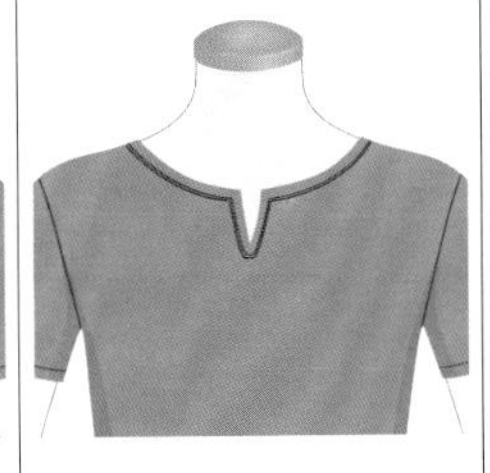

前开领
slit neck

在领子前侧添加纵向切口后得到的领型。切口可以是V字形，也可以是直线。

系带领
lace-up front

一种将领子的前开襟用绳子交叉穿起来的领型。

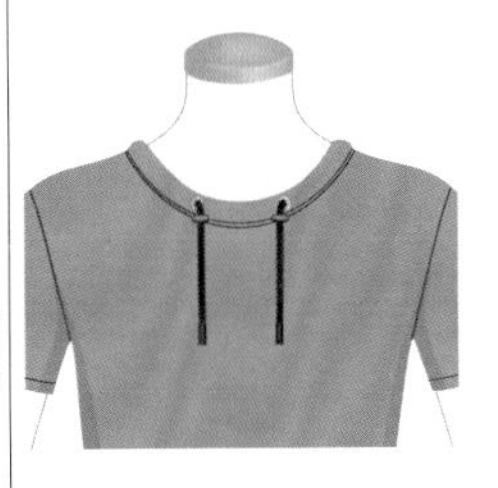

抽绳领
drawstring neck

一种可以用绳子将领口收紧的领型。通过抽拉绳子，可以给衣领增加松弛度和分量感。英文名中的draw即抽、拉之意，string即绳子之意。

褶皱领

gathered neck

一种通过将布料缝起来，在领口形成褶皱的领型。gather即聚集之意。

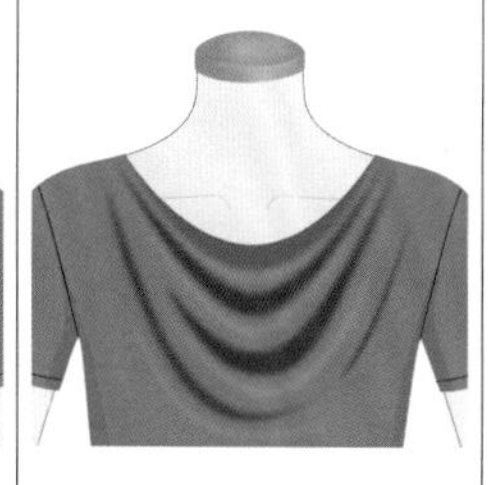

垂坠领

draped neck

一种由数层柔软垂坠的褶皱构成的领型。所谓drape，即让布料如流水般垂坠下来，形成自然的褶皱。穿着该领型可以使人看起来更加优雅。

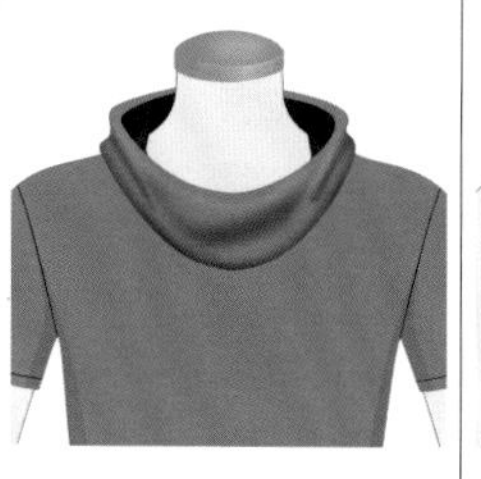

罩式领

cowl neck

一种由多个宽松的褶皱组成的领型。cowl是修道士所穿的外袍。

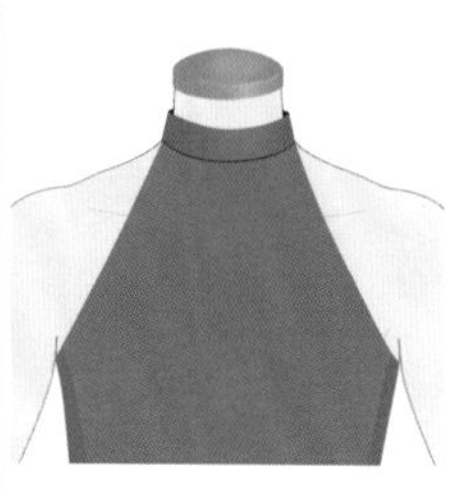

削肩立领

American armhole

一种露肩领型，在袖子的分类中又叫作"美式袖"。从脖子上部直接裁至腋下所形成的开口即为袖子的部分。

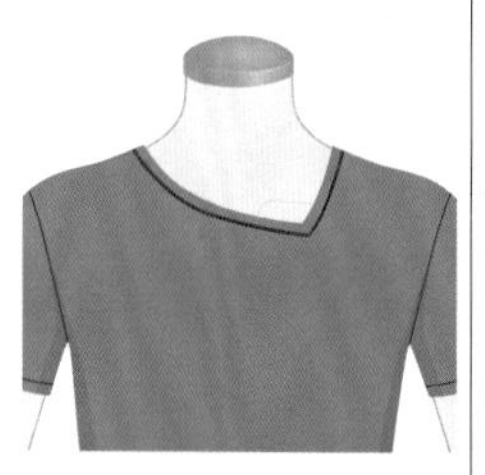

斜肩领

asymmetric neck

该领型最大的设计特点就是左右不对称。

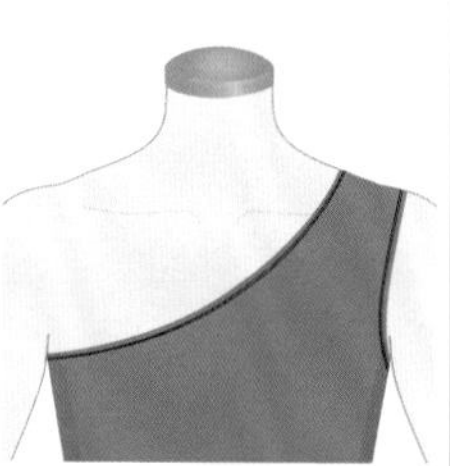

单肩领

one shoulder

一种起于一侧肩膀，止于另一侧腋下的领型，左右不对称。

领子（衬衣用）

标准领

standard collar

一种最普通、最常见的衬衫领型。英文名还可写作“regular collar”。

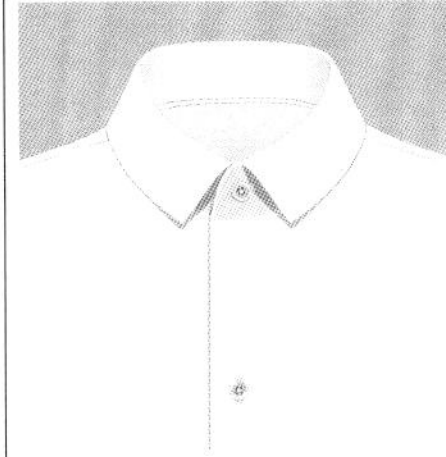

短尖领

short point collar

该领型的领尖比标准领短（一般小于6厘米），左右两边领尖间距较宽，给人一种休闲、清新、干净之感，一般不搭配领带。也叫作“小方领”。

宽角领

wide spread collar

领尖角度呈100°～120°的领型。因曾被英国温莎公爵（Duke of Windsor）穿着，故也叫作“温莎领”。常搭配温莎结（p30）。领尖角度90°左右的，称作“半宽角领（semi wide spread collar）”。

水平领

horizontal collar

因两领尖构成的角度接近水平而得名。水平领在意大利男装中非常常见，十分受运动员欢迎。不搭配领带就可以很出挑，而且非常易于搭配，近年来在时尚界很受欢迎。又名展领（cutaway）。

圆角领

round collar

指领尖裁剪呈圆角状的领型。在欧美国家，有时还会称其为club collar或rounded collar。曾被英国伊顿公学用作校服领。这是一款休闲感很强的领型，一般不适合在商务场合穿着。但有一些弧度较平缓的，现在也逐渐出现在商务等正式场合中。

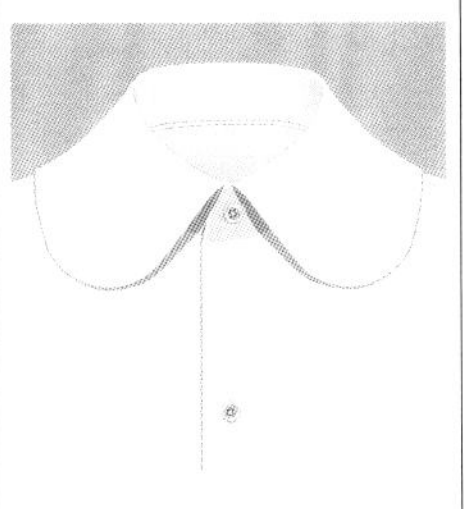

巴斯特·布朗领

Buster Brown collar

一种宽大的圆角领，源自二十世纪初风靡美国的漫画《巴斯特·布朗》（*Buster Brown*），因主人公巴斯特·布朗经常穿着该领型的衣服而得名。一般用于儿童服饰。

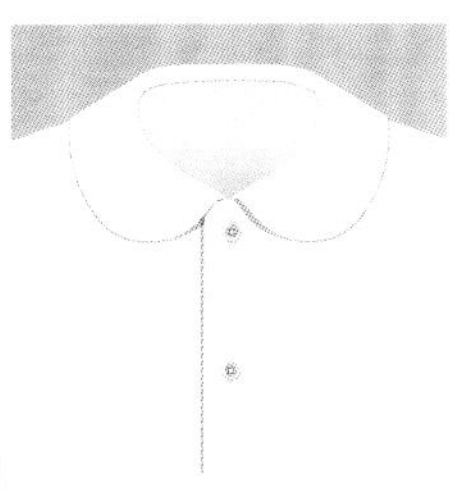

彼得·潘领

Peter Pan collar

一款领尖为圆形、较宽的领型。常见于儿童服装和女性服装中，也称娃娃领。它是圆角领的一种，同时因较宽，也可归类于平翻领（flat collar）。

窄开领
narrow spread collar

指两个领尖间距较小、角度小于60°的领型。

长角领
long point collar

所有领尖较长的领型的统称。领尖间距小，底领*位置较高。领尖长度一般为10～12厘米。

*领子内侧折边线以下的部分（p126）。

巴里摩尔领
Barrymore collar

该领型的领尖比一般的领子要长。名字来源于好莱坞影星约翰·德鲁·巴里摩尔（John Drew Barrymore）。

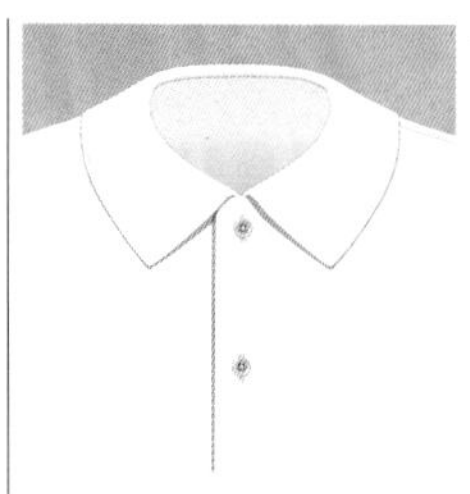

伊顿领
Eton collar

一种宽大、扁平的领子（没有领基）。源自英国伊顿公学制服（p105），因此得名。现在的伊顿公学校服，会用假领子搭配领带穿着，这种假领子也叫伊顿领。

工装衬衫领
pressman shirt collar

领基**部分不设置纽扣和扣眼，第一颗纽扣的位置相比其他领型要高。如果系上领带，和领基上的纽扣没系是一样的效果。即使不系领带，领子也不会走形，给人一种利落之感。英文名还写作“pressman front”。

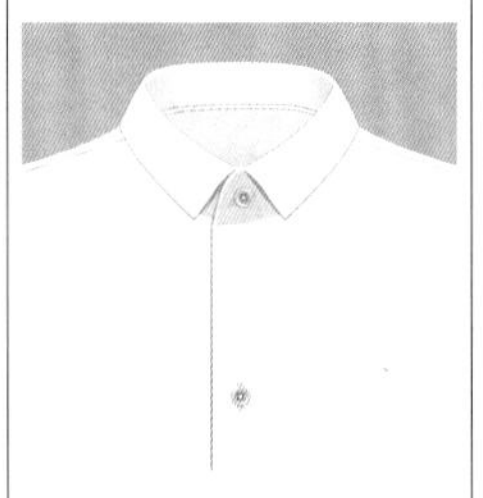

小型领
tiny collar

小型领子的统称之一，与领子的形状无关。有时特指那些极其小的领型。英文名还写作“short collar”或“small collar”等。

**即整个领子的基部，一般为条状。

纽扣领
button down collar

领尖处有纽扣固定。一般用于休闲服装，基本不用于正式场合。该领型起源于1900年前后，是便装常用的经典领型。据说是为了防止在马球比赛中，衣领被风吹起遮挡球员脸部而设计。

意式双扣领
due bottoniera

领基比其他领型要高，咽喉处有两颗纽扣。该领型即使不打领带，看起来也不休闲。

意式三扣领

tre bottoniera

领基非常高，咽喉处共有三颗纽扣，一般不搭配领带。即便没系领带，该领型依然能显得十分雅致、有格调，左右领尖一般也会加入纽扣的设计。tre bottoniera在意大利语中为三颗纽扣之意。

隐藏式纽扣领

hidden button down collar

指通过在领尖背面添加扣环或带有扣眼的布，用纽扣将领子固定在衣服上的领型。和暗扣领类似，既可以保持领子的形状，又不会像纽扣领（p14）那般过于休闲，不系领带也显得很正式。

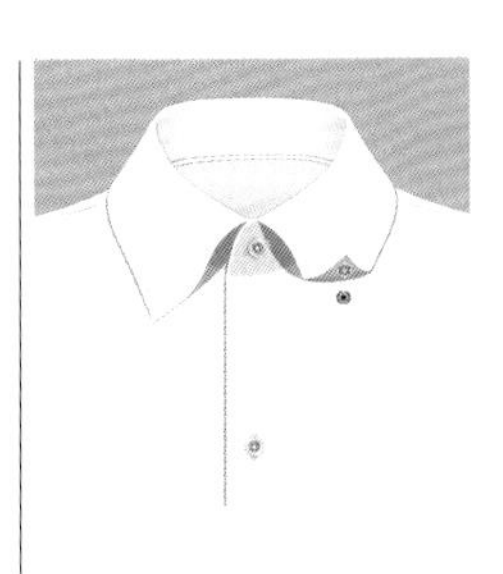

暗扣领

snap down collar

指在领尖背面添加暗扣的领子。与隐藏式纽扣领相似，该领型既可以保持领子的形状，又比纽扣领（p14）正式，即便不系领带也不会显得太过休闲随意。

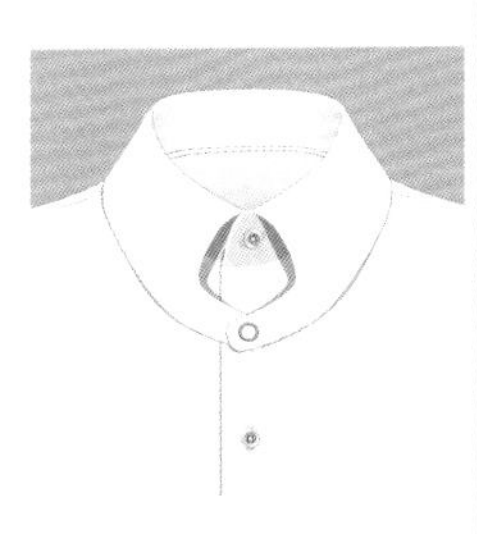

锁扣领

button up collar

领尖像提手一样用纽扣固定住的领型。该设计可以将领带的打结处托起来，使领带看起来更加漂亮。

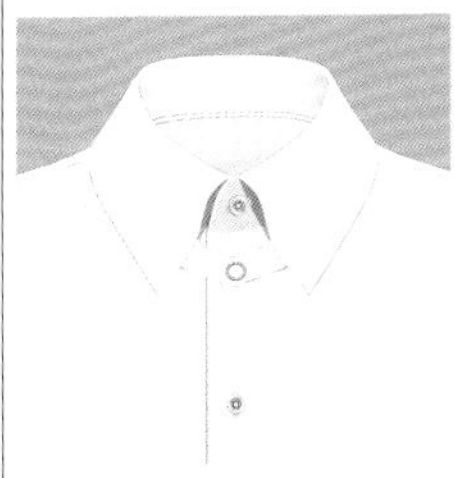

饰耳领

tab collar

领子内侧设计有两个小袢可以固定领子。系上领带的时候，领尖会稍稍收紧，增加领子的立体感。穿着该领型的衬衣，会给人古典、优雅、知性但又不失轻便的多重感觉。

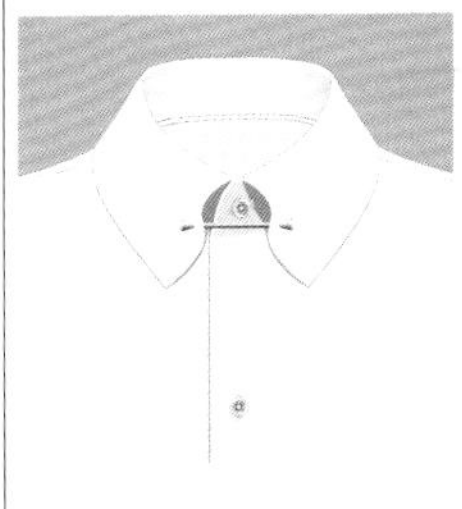

针孔领

pinhole collar

该领型会在领尖处各锁一个针孔，用领针（p137）穿过针孔固定领子。该领型多用于立体感较强且较为华贵的衬衫设计中，给人以知性、高雅之感。也叫帝国式领。

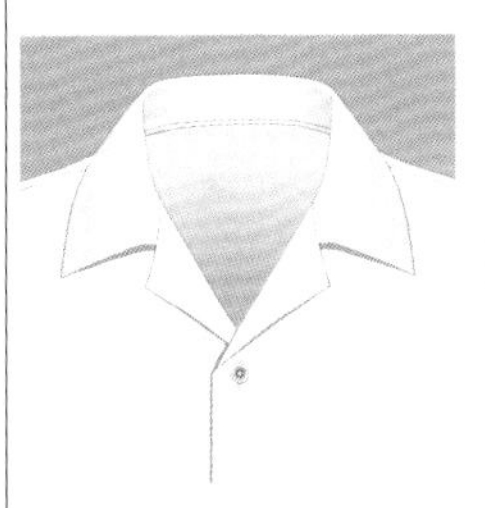

开领

open collar

领子贴边的上部稍稍翻折下来，形成一个小翻领。脖颈周围不紧绷，透气性好，人们经常在度假时或温暖的季节穿着。夏威夷衫和嘉利吉衬衫（p53）就是使用了该领型的典型代表。又称开门领。

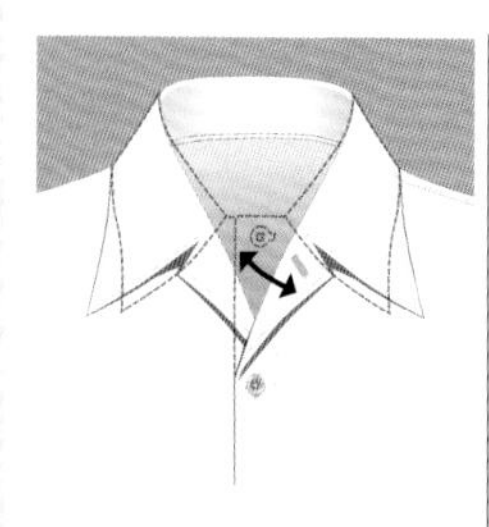

开关领
convertible collar

领型的特点是第一颗纽扣无论是系着还是解开，都可以呈现很好的效果。最典型的代表是两用领（p22）和哈马领。

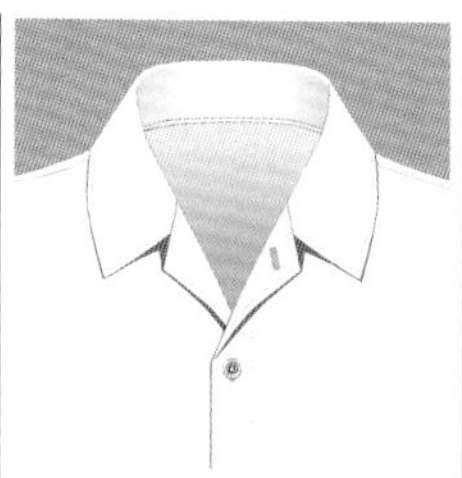

巴尔玛肯领
Bal collar

即两用领。解开第一颗纽扣时，领边向外翻折形成的领子，下领（翻领，lapel）比上领（衣领，collar）要小。英文全称为“balmacaan collar”。这种领型一般用于巴尔玛肯大衣（p95）。

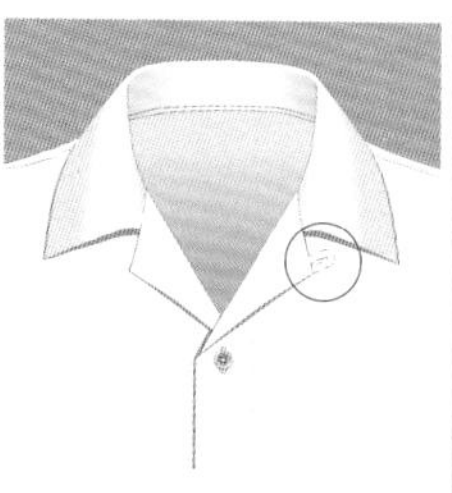

哈马领
Hama collar

开领的一种，下领上有一条系纽扣的带子，源自二十世纪七十年代流行于日本横滨的复古时尚。常见于女学生制服和衬衫的设计中。

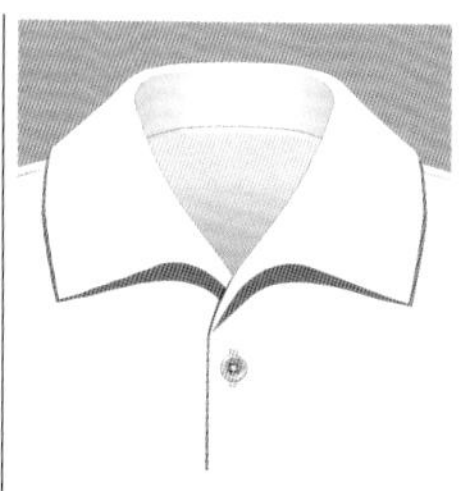

长方领
oblong collar

开领的一种。领子整体呈长方形，敞开后没有V字形切口，看似和大身是一体的。oblong即长方形、椭圆形之意。

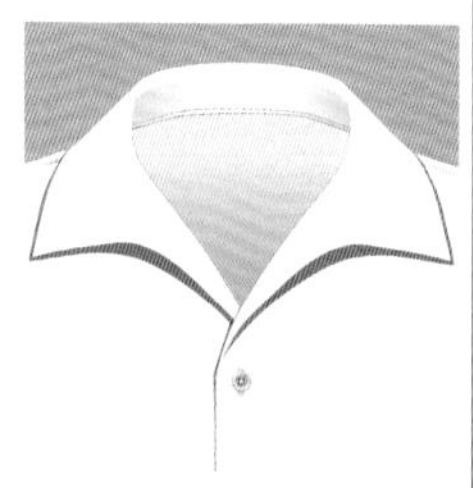

意式领
Italian collar

领口呈V字形，领子和领基用一整片完整面料剪裁而成，又叫一片领。该领型不适合打领带，除衬衣外，也经常被用在毛衣和外套的设计中。

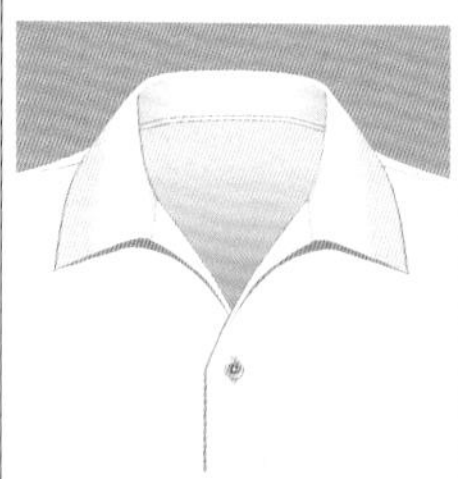

诗人领
poet's collar

一种比较宽大的领型，多用柔软的布料制作，领子内部没有内衬。因被十九世纪初英国著名诗人拜伦（Byron）、雪莱（Shelley）等人喜爱而得名。poet即诗人。

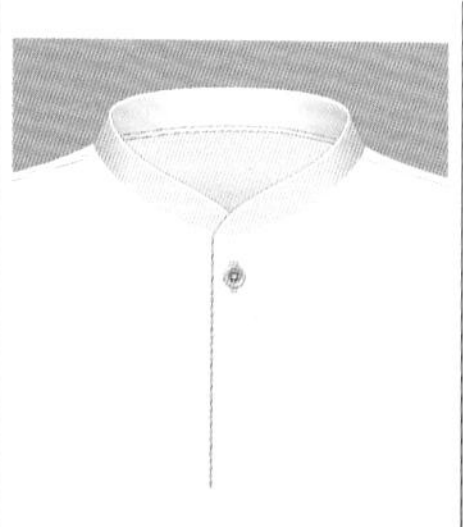

低敞领
low collar

所有指在较宽的领口上添加无领基、底领等平翻领后形成的领型的统称。同时，领基较低的领子也叫作“低敞领”。

立领
stand collar

穿着时贴合脖颈，竖立、无翻折的领型的统称。

荷兰领

Dutch collar

将与脖颈贴合度较好的立领翻折后形成的领型。领子宽度普遍较窄，领尖多呈圆形。该领型经常出现在荷兰画家伦勃朗（Rembrandt）等人的肖像画中，因此而得名。Dutch意为荷兰人。

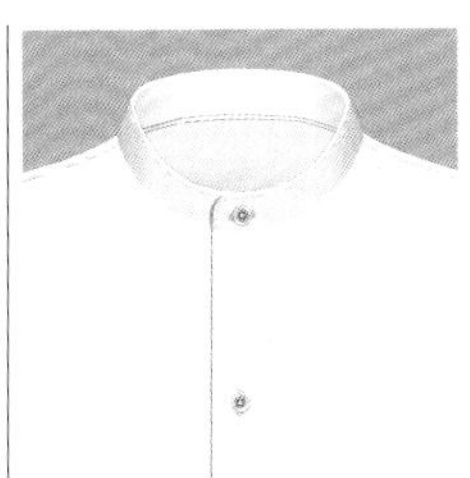

直领

band collar

立领的一种，领口上添加了带状布条。这是一款休闲领型，可以使脖颈更加清爽，提升穿着者的精气神。

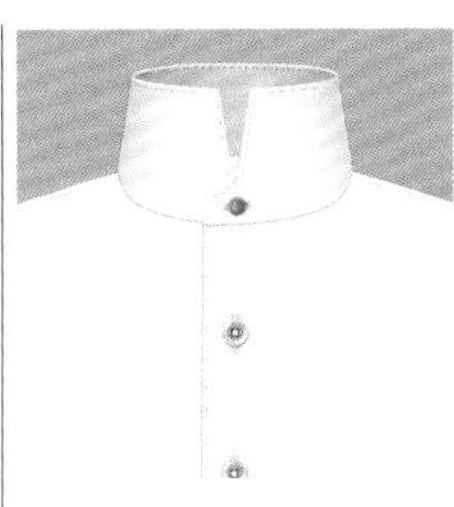

硬高领

imperial collar

流行于十九世纪末至二十世纪初的男式正装领，立领的一种。其特点是高、直且硬。英文名还写作“poke collar”。

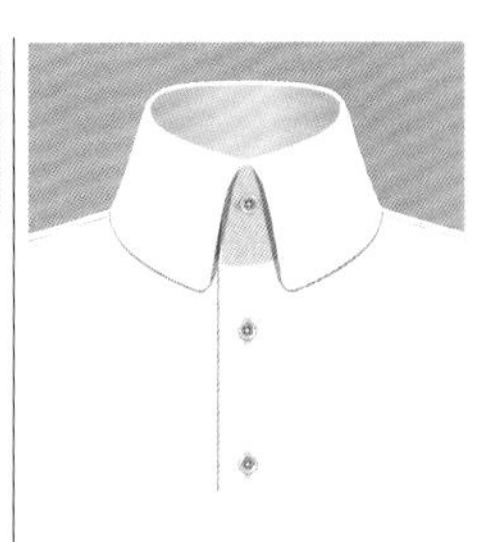

爱德华领

Edwardian collar

一款非常高的男式领型，曾在英国国王爱德华七世（Edward Ⅶ）统治时期风靡一时。

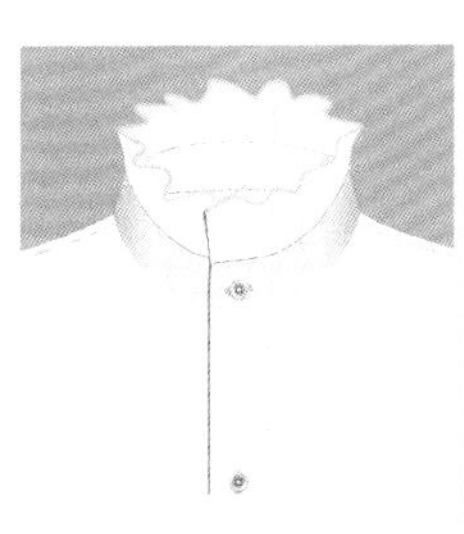

褶边立领

frill stand collar

立领的一种，在领子上方添加褶皱作为装饰，使领子看起来更加飘逸灵动。

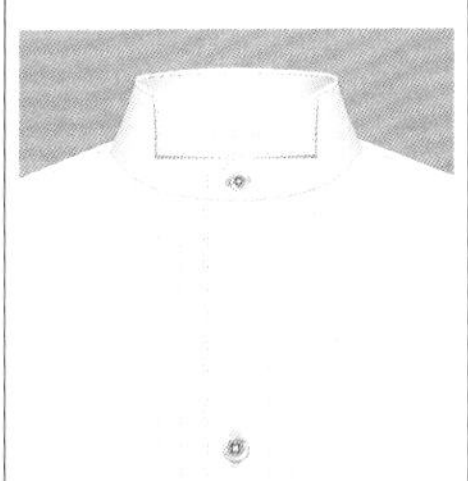

翼领

wing collar

立领的一种，因前端外翻形似鸟翼而得名。最正式的穿法是搭配阿斯科特领带（p28）穿着，常见于晨间礼服或燕尾服（p81）的搭配中。也叫燕子领。

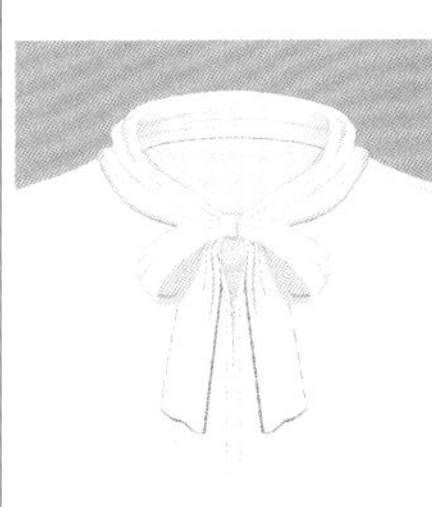

蝴蝶结

bow tie

在男性服装中，一般是指领结或蝶形领带。而在女性服装中，有些领子是通过系成蝴蝶结呈现的，该领型也是女式衬衣中极具代表性的经典领型。

保罗领

polo collar

一种半开襟小翻领，门襟处用2～3颗纽扣固定。一般保罗衫（p52）都会使用该领型。

弄蝶领

skipper collar

该领型又可以细分为两种：一种是不带纽扣的保罗领（p17），或者带有领子的V字领（p10）；另一种是看起来如同将带领毛衣和V字领毛衣叠穿的拼接领针织衫。

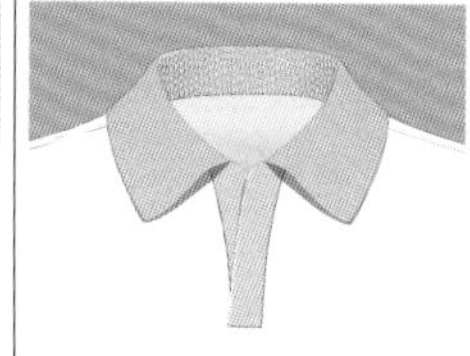

V形翻领

johnny collar

在较短的V形领口上添加了翻领，领子部分一般为针织材质。johnny collar也是青果领（p20）的别称，还可以指小立领。棒球夹克（p87）等服装上的月牙形领子也可以用johnny collar来表示。

双层领

double collar

指双层的领子。上下两层领子所使用布料的花纹或颜色各不相同，一般会叠加纽扣领（p14）的设计来增加领子的立体感。

镶边领

framed collar

周围有镶边的领子的统称。英文名还写作“trimming collar”。

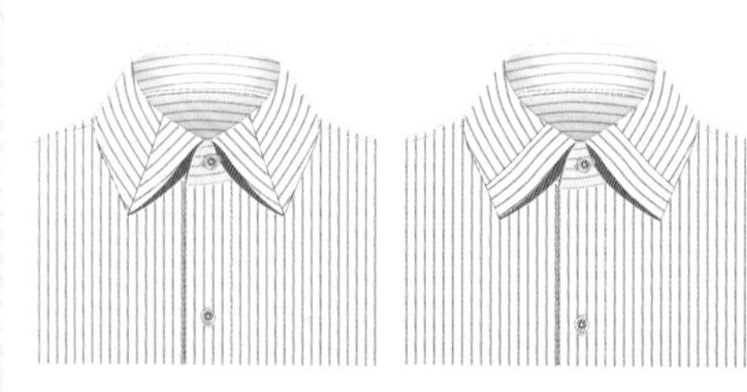

斜角领

miter collar

一种拼接领，常用在条纹衬衫中，也可见于部分条纹与纯色拼接衬衫中。miter意指画框四角的斜角接缝。最初，这种领型一般多为延伸至领尖的斜纹拼接（左图），现在则以条状拼接为主（右图）。常搭配纽扣领或意式双扣领（p14），更能突出优雅的感觉。

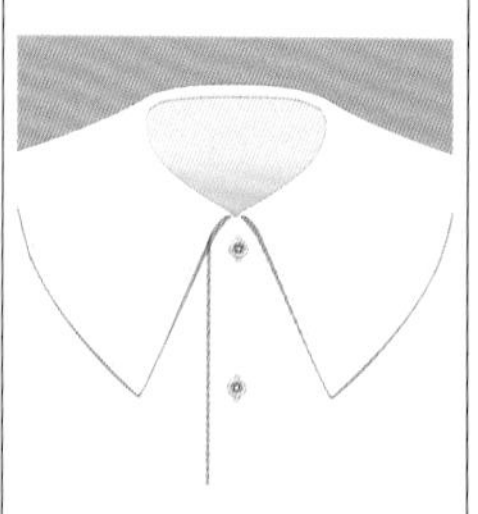

清教徒领

Puritan collar

使用于清教徒所穿着的服装中的大圆宽领。该领型非常宽，纵向可至双肩，是一种平翻领，一般由纯白色布料制作，给人以素净、清秀之感。

贵格会领

Quaker collar

贵格会教徒穿着的一种平翻领。贵格会领与清教徒领十分相似，领尖呈锐角，正面看像两个倒三角形。

水手领
sailor collar

水手服常用的一种领型。当在甲板上听不清声音时，船员们通过竖立领子，可以更好地听清声音。可搭配方巾或领带。

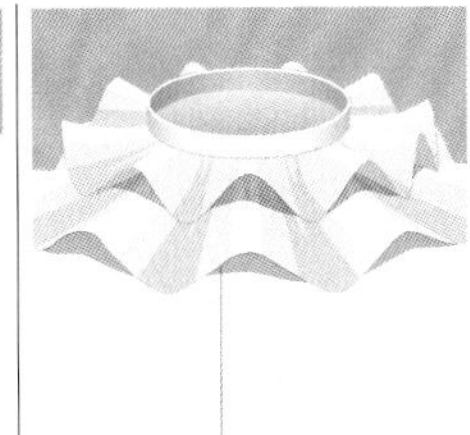

小丑领
pierrot collar

一种常见于小丑表演服中的领型。领子上的褶边一般会围成立领状或环状。

荷叶边领
ruffled collar

一种带有褶边的领型。ruffled即褶皱饰边之意，通过将布料收缩或做成褶裥制成。

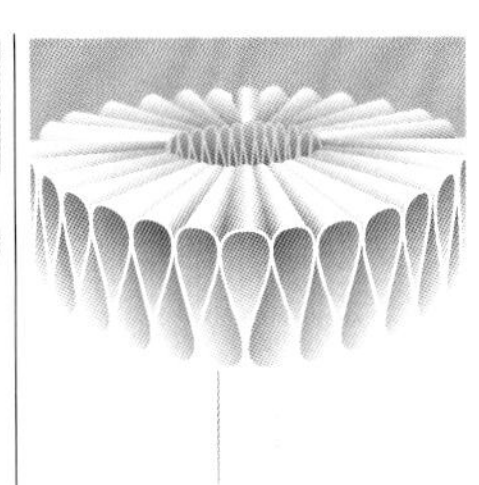

拉夫领（飞边）
ruff

一种环形褶皱领。十六至十七世纪流行于欧洲贵族间。早期的拉夫领是服装中一种可拆卸的配件，便于清洗、更换，以保持领口的整洁。

假领
detachable collar

一种可以和上装拆分开的领子。样式多种多样，可以根据穿着随时更换款式。除了领子外，有些假领还会带有一小部分大身，打造出叠穿的效果。也叫作“活领”“可拆卸衣领”等。

罗马结
Roman collar

一种比较宽大的领子，用于教职人员日常服饰中，领子开口在后方。此外，牧师领（p23）中的白色布带部分，也叫罗马领。

领子（外套用）

无领
no collar

所有不带领子的领型的统称，也指这种衣服本身。

三角领
triangle collar

领子呈三角形的领型。

青果领
shawl collar

一种领面形似带状披肩的领型。该领型的特点是翻领的曲线较为柔和，常用于男式无尾晚礼服（p81）。该领型的夹克衫或针织衫可以让人显得更加儒雅。

半正式礼服领
tuxedo collar

一种用于男式无尾晚礼服的领型，可以看作长款青果领。该领子没有领嘴（V字形开口），线条柔和，在日本还被称作“丝瓜领”。

缺角青果领
notched shawl collar

即中间有领嘴的青果领。

平驳领
notched lapel collar

最常见、最实用的上装领型。上下领连接处为直线，形成带领嘴的串口（p127），下领的领尖朝下。

蒙哥马利领
Montgomery collar

即加大版戗驳领。名称源于第二次世界大战英国军事家蒙哥马利（Montgomery）。

戗驳领
peaked lapel collar

该领型的特点是下领较宽且下领领尖呈锐角朝上。peak即尖头之意。下领领尖朝下时即为平驳领。在日本又叫剑领。

V 形青果领
peaked shawl collar

即加入了戗驳领（p20）上下领接口的缝线做装饰的青果领（p20）。

苜蓿叶领
clover leaf collar

上下领的领尖为圆形的平驳领（p20）。因形似苜蓿草的叶子而得名。

T 形翻领
T shaped lapel

上领比下领宽的领型，因上下领接口处呈T形而得名。

L 形翻领
L shaped lapel

下领比上领宽，因上下领接口处呈L形而得名。

小翻领
narrow lapel

所有领面宽度较窄的领型的统称。多用来特指外套的领子。多用于修身、高腰外套的设计中。穿着时搭配细长款的领带会更加协调。

鱼嘴领
fish mouth collar

指上领领尖呈圆形的戗驳领（p20），因串口（p127）形似鱼嘴而得名。

弧线翻领
bellied lapel

下领是圆润曲线而非直线裁剪的领型。多用于领子较宽的大翻领中。为了增加协调性，上领往往也会比较宽。该领型最早可见于二十世纪七十年代的意大利西装。belly意为膨胀的、隆起的。

前翻领
stand out collar

上领为立领、下领向外侧翻折的领型。

阿尔斯特领
Ulster collar

特指用于阿尔斯特大衣（p94）的领型。这是一种十分宽大的领子，上下领同宽，领子边缘有压线。

双排扣西装领
reefer collar

即双排扣的戗驳领（p20）。常用于双排扣厚毛短大衣（p90）或双排扣大衣。

M 形领嘴领
M-notch lapel

在下领加入领嘴，形成M形缺口的领型。曾出现于十九世纪初的外套中。英文名还写作“M-cut collar”或“M-shaped collar”。

拿破仑领
Napoleon collar

该领型最大的特点就是竖立的上领和宽大的下领。因常被拿破仑（Napoleon Bonaparte）及当时的军人穿着而得名。也可见于现代的大衣。

波形领
cascading collar

一种从颈部一直垂至胸部且有波浪形褶皱的领型。该领型因形似蜿蜒的流水而得名。cascade意为连绵的小瀑布。

两用领
soutien collar

底领前低后高、折边紧贴脖颈呈直线的领型。特点是第一颗纽扣无论是系着还是解开都可以呈现很好的效果。英文名还写作“turnover collar”或“convertible collar（p16）”。当第一颗纽扣打开时，还可叫作“巴尔玛肯领（p16）”。这是基本款大衣的常用领型。据说是从二重领（stand-fall collar）演变而来。

隧道领
tunnel collar

指领面如隧道般弯曲呈圆筒状的领子。在圆筒中间穿过白色的布条，就可以得到牧师领（p23）。领面呈圆筒形的牧师领也叫隧道领。

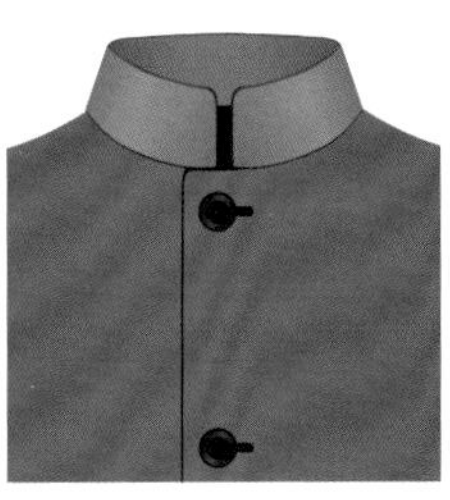

毛式领

Mao collar

立领的一种，多见于旗袍等中式服装。

中式领

mandarin collar

指宽度较窄的立领。源自清朝的一种穿于袍服外的短衣——马褂。与毛式领的形状基本相同。

牧师领

clerical collar

特指教会教职人员所穿着的一种立领。从领子的前开口处可以看到部分上装的罗马结（p19，左图）。右图中所示的也是牧师领的一种，立领部分呈筒状，通过在其中穿插白色布条，来达到牧师领的视觉效果，这种牧师领也叫作“隧道领（p22）”。

军官服领

officer collar

立领的一种，常见于军官制服中，领口一般会用挂钩固定。officer即将校、士官之意。

圆角领

round collar

在立领的学生制服中，将塑料材质的可替换式领子内侧部分去掉，再用白色布料绲边（p129）改造成的内嵌式领子叫作“圆角领”。这种领子最初由不喜欢学生制服领子上塑料材质的部件的人提出，也是立领学生制服中的主流领型。

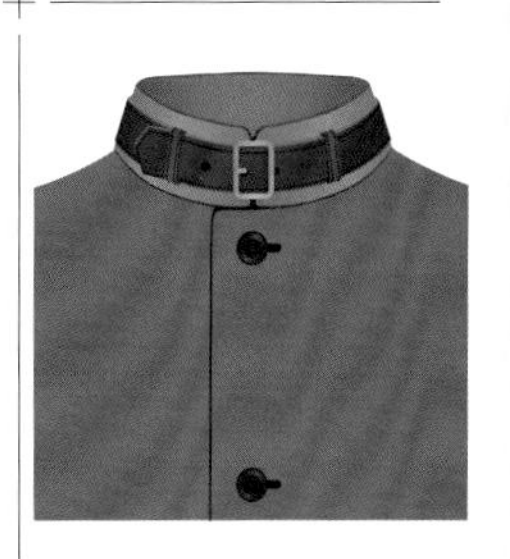

环带领

belt collar

指用皮带或将一侧领尖延长呈带状，把整个领子捆扎起来所呈现的领型。也叫皮带领。

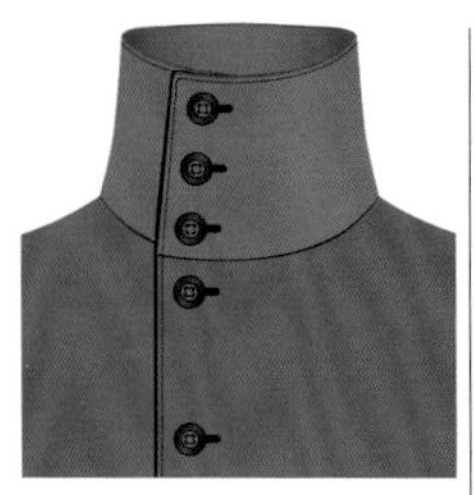

高竖领
chin collar

指高度可以遮住下巴（chin）的直筒状领子。为了不妨碍下巴的活动，一般会把领口做得稍大。该领型防寒保暖的效果较好，所以常与毛领等一起被用在防寒外套的设计中。

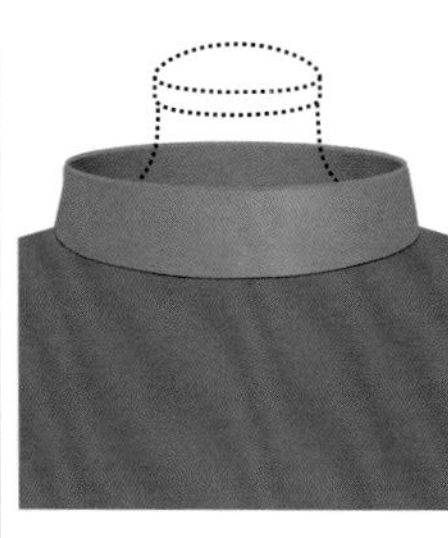

宽立领
stand away collar

一种不与脖颈贴合，较为宽松的立领。英文还写作“far away collar”或“stand off collar”。

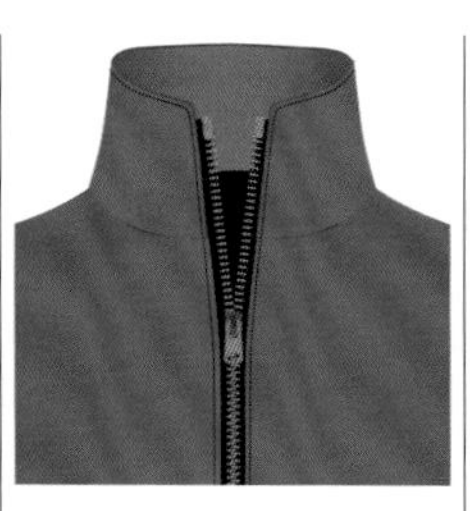

高领
tall collar

所有高立领的统称。有时也特指拉链上止位置较高，或者高度至耳朵附近的立领。

棒球领
baseball collar

用于棒球夹克（p87）或棒球制服中的领子。

十字围巾领
cross muffler collar

即下端呈十字交叉状的青果领（p20）。多见于带领的针织衫或毛衣。

丹奇领
donkey collar

一种较为宽大的罗纹针织领，领尖部分一般会用纽扣固定。

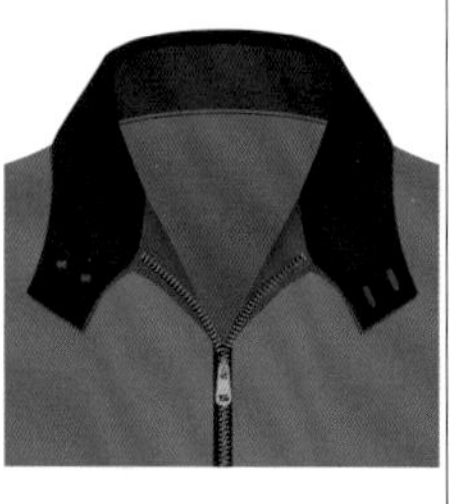

垂耳领
dog-ear collar

系上纽扣，即为立领；打开纽扣后，领子像垂下来的狗耳朵一样的领型。纽扣系上时有很好的防风保暖效果，常见于男式夹克衫。

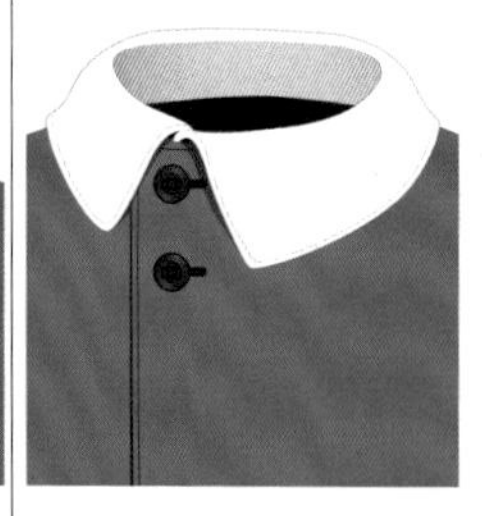

侧开领
sideway collar

一种左右不对称的领型，领子的搭门不在正面，而是偏向左侧或右侧。

·••• 西装的着装礼仪① ••••

纽扣的系法

在穿着西装时，你会把外套的纽扣全部都扣上吗？

当穿着门襟有多颗纽扣的西装时，最下方的纽扣保持解开状态是一项基本的着装礼仪。

每个人的穿衣风格不同，也许有些人喜欢把纽扣全都扣上，但出席商务场合或与人会面时，请尽量保持最下方的纽扣处于解开状态。如果全部扣上，衣服容易出现褶皱，不仅影响整体美观，还会给对方留下不注重仪表的印象。请大家注意。

一颗纽扣　**两颗纽扣**　**三颗纽扣**

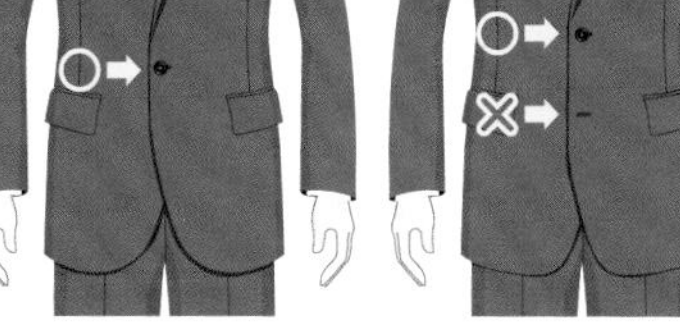

全部扣上。

仅扣上面那颗。

中间的那颗一定要扣上。最上面的那颗可根据个人喜好选择扣上或解开。（三颗纽扣的西装现在很少见，是一种复古款式。）

三扣西装

门襟处有三颗纽扣的西装，叫作“三扣西装”。还有一种假三扣的设计，最上面的纽扣会被隐藏在驳领翻折部分的后面。这时，最上面的纽扣可视作装饰，仅扣上中间的那颗即可。

落座时

落座时，通常需要把所有的纽扣都解开。如果不解开，衣服的外形会变得很奇怪。

落座时保持衣扣解开，不是不注重仪表的行为。

从座位上站起来时，再随手把纽扣扣上（最下面那颗纽扣除外），是最为礼貌的做法。

虽然现在需要穿西装的场合越来越少了，但还是希望大家能够了解这方面的礼仪。

垂班得领

falling band

一种流行于十七世纪的大翻领，大多带有蕾丝镶边。

枪手领

mousquetaire collar

指枪手穿着的一种宽大的平翻领。mousquetaire在法语中为枪手、骑士之意。这种领型和垂班得领十分相似，但在现代女式衬衫中，一般会把领尖做得较为圆润。

领带

necktie

指为了装饰领周或颈部所使用的一种有一定长度的布带状服饰配件，一般为男式用品。佩戴时在喉下打结，自然下垂至胸前。较宽的一头叫作“大头”，佩戴时处于外侧；较窄的一头叫作“小头”，佩戴时处于内侧。领带的起源众说纷纭，有一说法称，十七世纪克罗地亚士兵所使用的克拉巴特领巾（p28）就是最早的领带。英文常缩写为tie。

窄领带

narrow tie

大头宽度在6厘米以下的领带。佩戴窄领带能给人一种清爽利落之感。商务场合一般可以使用，但由于看上去偏休闲，所以还是尽量避免在正式场合使用它。英文名还写作“skinny tie”或“slim tie”。

宽领带

wide tie

多指大头宽度在10厘米以上的领带。佩戴宽领带容易给人一种传统、复古之感。

方头领带

square end tie

指尖端为水平裁剪、呈四角形的领带。大多为针织材质，宽度较窄。别名四角领带。

斜角领带

knife cut tie

指尖端裁剪呈斜角的领带。

双头领带

twin tie

指大头和小头宽度相同的领带。前片和后片两头调换使用可以呈现出两种效果。可一面用作正式场合，一面用作非正式场合。

活结领带

four-in-hand tie

泛指大头和小头重叠，系成平结（p30）的领带。现在也有将系好的领带用皮筋等固定，以方便佩带的类型。

针织领带

knit tie

指针织材质的领带。宽度均匀，整体偏细，尖端多为方头。可以用作正式和商务场合，但由于偏休闲，使用时最好搭配领带夹，或避免使用宽度较宽、材质较为粗糙的款式。

线环领带

loop tie

一种用装饰性锁扣固定的线形领带，作为领带的替代品而诞生。

平直领结

straight end

蝴蝶领结的一种，蝴蝶结呈水平直线形，两端同宽。因经常被俱乐部的管理员或服务员佩戴，别称club tie。club也有棒状物之意。

蝴蝶领结

butterfly bow

蝴蝶形领结的统称，领结两端宽大的双翼犹如展翅欲飞的蝴蝶。

尖头领结

pointed bow tie

主体两端的中间部分呈尖形的蝴蝶领结。也叫钻石菱形领结。

十字领结

cross tie

领结的一种。将一条平直的缎带在领子前方交叉，并用别针固定。可看作是简略版的蝴蝶领结。起源于二十世纪六十年代的欧洲。别名交叉领结。

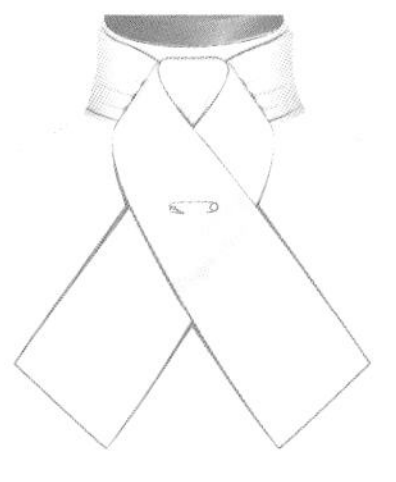

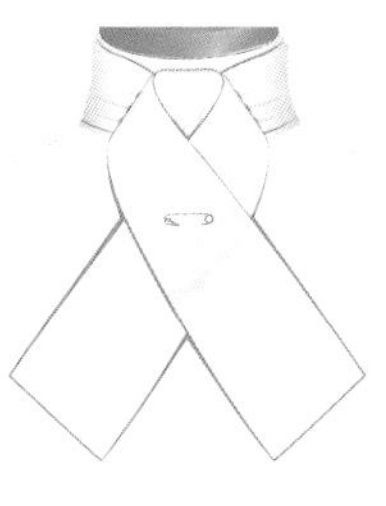

襟饰领带

stock tie

一种在骑马或狩猎时围在脖子上的带状领饰，可在胸前或背后打结固定。当打猎受伤时，人们会将襟饰领带当作简易绷带来包扎伤口，并用安全别针固定。现在的襟饰领带多用安全别针来做领带夹，也是延续了这个传统。

阿斯科特领带

Ascot tie

一种宽而短的领带，佩戴时形似领巾。起源于英国皇家阿斯科特赛马会，当时是搭配晨间礼服使用的。可搭配翼领（p17）衬衣等使用，佩戴方法多种多样。也可泛指其他佩戴时有领巾效果的领饰。

大蝴蝶结

lavalliére

较大的蝴蝶结形领饰。

花边领饰

jabot

一种由质地比较轻薄的布料制作而成的花边形领饰。在十七世纪用作男性衬衫的胸饰，现代则常作为女性饰物。

克拉巴特领巾

cravat

一种缠绕于脖颈上的围巾领饰，源自克罗地亚骑兵所佩戴的领巾。领带就是由这种领巾发展而来。

基督公学领带

Christ's Hospital tie

一种系于衬衫上的白色长方形领带。搭配世界上最古老的制服——英国基督公学的制服使用。

法庭领带

court band

一种英国法官和律师在法庭上所使用的条状领饰，佩戴时会向下分开成两根布条。男性多搭配翼领（p17）衬衣使用。

颈巾

necker chief

一种搭配制服使用的围巾领饰，兼具防寒保暖和装饰的作用。厨师领巾也是颈巾的一种。颈巾胸部以上的部分可用丝巾环加以固定。

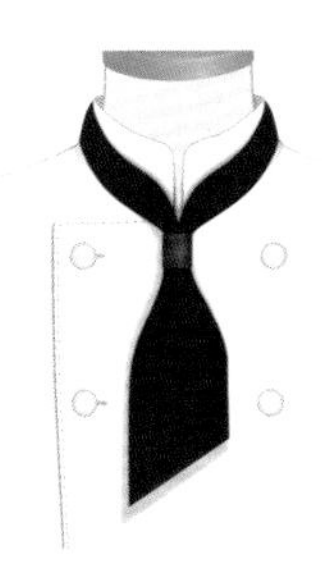

厨师领巾

chef scarf

特指（西餐）厨师所使用的领巾。据说最初是厨师长进入食品冷藏室时用于防寒的物品，后演变为厨房制服的一部分。有吸汗、阻汗的作用。

衣领式围巾

collar scarf

佩戴时像衣领一样的领饰的统称。一般比较短。

交叉式围巾

pull through scarf

围巾的一种。在围巾的一头开口或留出一个圆孔，围好后将另一头穿过此开口来固定。

脖套

neck warmer

防寒用圆筒状领饰的统称。大多弹性良好，可以穿过头部直接套入颈部，也可以在一端用纽扣等固定。也叫颈套（neck gaiter）。

阿富汗式围法

Afghan maki

一种围巾的佩戴方法，最基本的戴法是将围巾沿对角线折叠，在脖子前方系成倒三角形，阿富汗式围法一般选用的是带有流苏的方巾。

围巾圈

snood

一种环形防寒用具，属于围巾的一种。源自苏格兰未婚女性所使用的发带、发网。相比围巾，更不容易脱落。较长的围巾圈可以叠合成数层，也可以像围巾一样直接垂下；较宽的还可以包裹住肩膀和手臂，或是绕过手臂形成一个简易外套，使用方法多样。在英语国家，脖套（neck warmer）也叫作“围巾圈”。

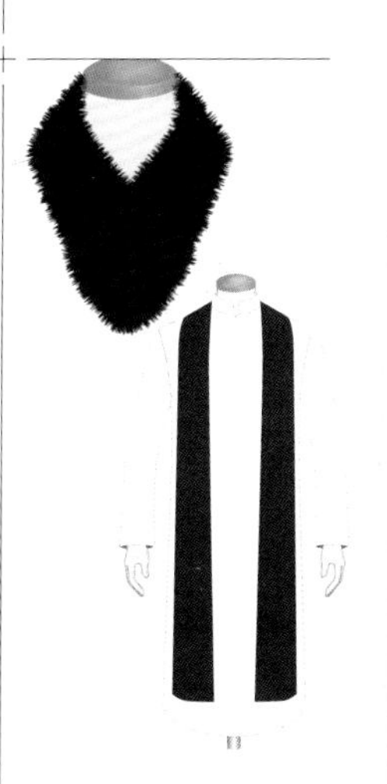

蒂皮特披巾

tippet

指用动物皮毛、蕾丝、丝绒等材质制作的领饰、披肩。

平结
plain knot

使用最多且最简单的领带打法，新手也很容易上手。打出的领结小巧，且看起来有点不对称。除特别正式的场合外，普通的休闲场合、商务场合均可使用，经典且实用。也叫作“四手结”。

温莎结
Windsor knot

打出的领结较大，左右对称。当出席正式或半正式的场合，穿着宽领衬衫时，推荐此打法。这种打法也更适合身宽或脸宽的人。

半温莎结
semi-Windsor knot

打出的领结比温莎结稍小，适用于任何领型和半正式场合。英文名还写作“half-Windsor knot”。

小结
small knot

这种打法打出的领结较小，给人一种清爽利落之感。也叫东方结（oriental knot）。

双环结
double knot

打法与平结基本相同，只是需要将领带的大头绕两圈。打出的领结较长，适用于细领带。也叫阿尔伯特亲王结（Prince Albert knot）。

交叉结
cross knot

这种打法最大的特点是打出的领带结上会有一道斜线。为不使领带结过大，交叉结更适用于质地较薄或宽度较窄的领带。

三一结
trinity knot

打出的领带结较大，呈三角形，其上有三道斜线。为使领带结上的斜线更加醒目，三环结适用于纯色或花纹简洁的领带。

埃尔德雷奇结
Eldredge knot

一种非常漂亮、有层次感的领带打法，就像编织出的一样。在出席宴会等场合时，使用这种打法会显得极具时尚感。如选用材质自带光泽的领带，会更显华美。

无结
non-knot

一种把平时看不到的领带结内侧放在外面的打法，其上会有两条斜线。也叫大西洋结（Atlantic knot）。

范·韦克结
Van Wijk knot

领带结像是层层缠绕打出的。为防止领带结过大，使用该打法时应避免选用质地较厚的领带。又叫三迭结（triple knot）。

斗篷结
cape knot

一种打好后可以从正面看到领带结上交叉的斜线和领带内里的打法。

莫雷尔结
Murrell knot

一种非常独特的打法，打好后，一般处于大头内侧的小头会置于大头之上。

梅罗文加结
Merovingian knot

打好后领带上看似还有一根小领带的打法。英文名还写作“Ediety Knot”。

隐藏结
blind fold knot

此打法与平结（p30）的打法基本相同，只是最后一步不用将大头穿过去，而是将大头从领结处自然垂下，以便将领带结隐藏起来。适用于正式场合中搭配领子较大的衬衣。

合掌结
régate knot

该领结最大的特点是打好后大头和小头看上去会有一些错位。小头一般会留得比较长，有增加领带面积的效果，是一款非常华丽的打法。但如果左右的比例控制不好，会给人邋遢之感。

双酒窝
double dimple

在打领带的最后一步——彻底收紧领带之前，用一只手调整领带结下方部分的领带，至左右两边形成两个对称的凹陷后，再将领带收紧，即可出现双酒窝。dimple意为酒窝。

中央窝

center dimple

在收紧领带之前，在领带结下方的领带正中间捏出酒窝后，再将领带收紧，即可出现中央窝。

不对称窝

asymmetry dimple

在收紧领带之前，将领带结下方一侧的领带折向前方，然后收紧领带，即可出现不对称窝。

阿斯科特领巾

Ascot scarf

小知识

在日常使用中，一般不会特意将阿斯科特领带和阿斯科特领巾区分开来，但二者还是有区别的。最初，在出席正式场合时，一定要使用阿斯科特领带，阿斯科特领巾则适用于休闲场合。

蝴蝶领结的种类

蝶结的形状

平直形（棒形）
straight end

蝶形（宽大形）
butterfly

标准形
semi-butterfly

尖头形
（钻石菱形）
pointed bow

圆头形
（直圆形）
round end

创意素材

蝴蝶领结大多为布料材质，但也有一些特殊材质的。

羽制
feather

木制
wooden

佩戴方法

手打式
self-tie / freestyle

背面

绑带式
pre-tied

夹式
clip-on

立领（常规领）
领带
线环领带
十字领结
丝带
纽扣领
无领带
针织领带
线环领带
宽角领·水平领
无领带
宽领带
翼领
蝴蝶领结
阿斯科特领带
（包盖结）
阿斯科特领带
（丝巾环）
阿斯科特领带
（平结）
褶边立领
克拉巴特领巾
花边领饰

直领
襟饰领带
意式双扣领
无领带
领带
长角领
窄领带
十字领结
法庭领带
圆角领
无领带
针织领带/窄领带
其他
阿斯科特领巾
针孔领
（帝国式领）
饰耳领

肩、袖子

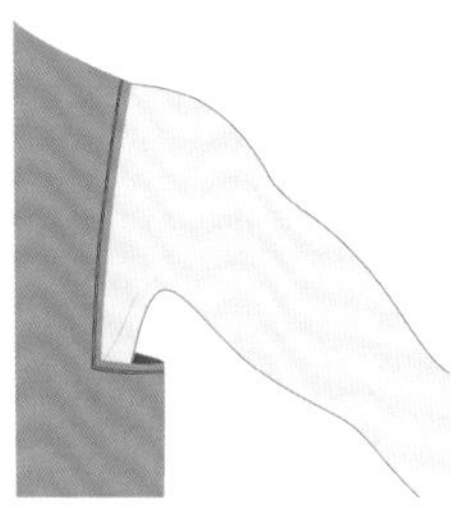

方形袖笼

square armhole

无袖设计的一种，上衣胳膊的出口处呈方形。方形袖笼形式多样，可以在袖笼下部做直线裁剪，也可以直接做方形裁剪。

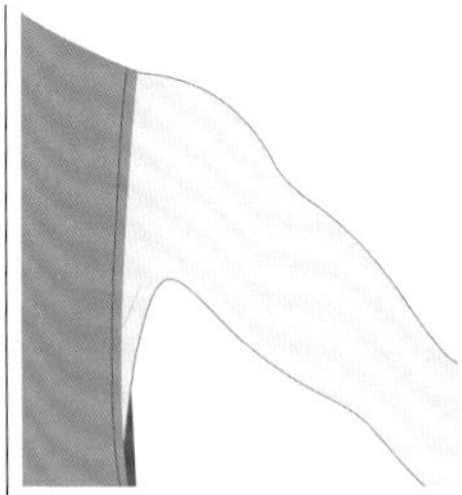

大袖笼

drop armhole

指开口十分大的袖笼设计。侧腹部裸露面积较大，常见于吊带背心。

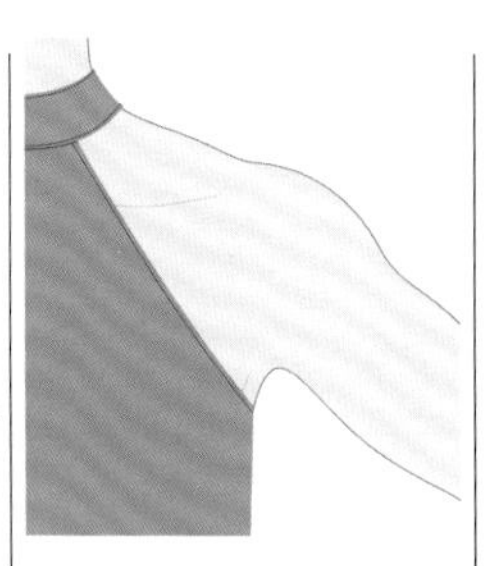

美式袖

American sleeve

即削肩立领（p12），从领子与大身的接缝处裁至腋下所形成的开口即为袖子部分。

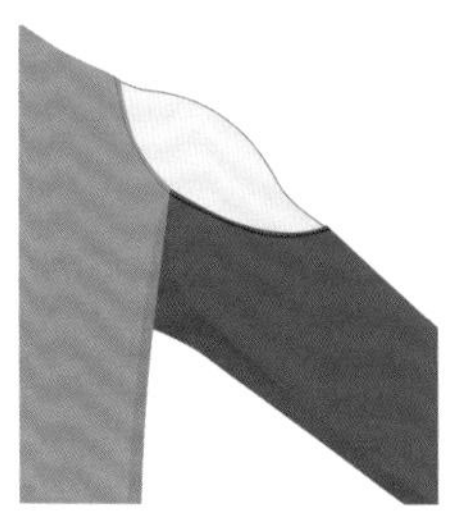

敞肩

open shoulder

肩部的布料被裁去、露出肩膀的袖型的统称。裁切部位样式繁多，没有固定的形状。该袖型可以让肩部线条看起来更加漂亮。

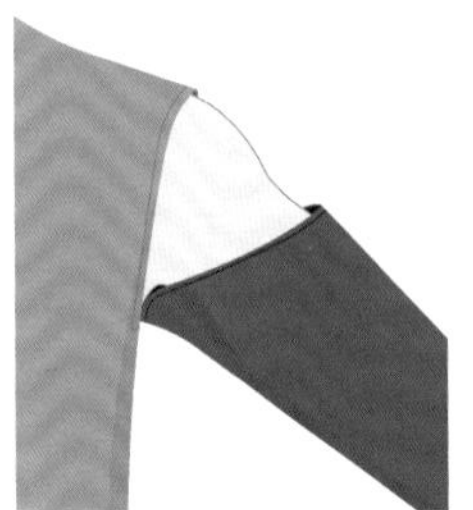

离袖

detached sleeve

一种可以穿脱甚至可以从衣服上分离下来的袖子。该袖型可以为服装增加设计感，还可以通过穿脱起到一定的保暖或散热作用。有的离袖外观上和一字领很像，但因袖子可以穿脱，所以搭配上更加多样。detached意为分开、剥离。

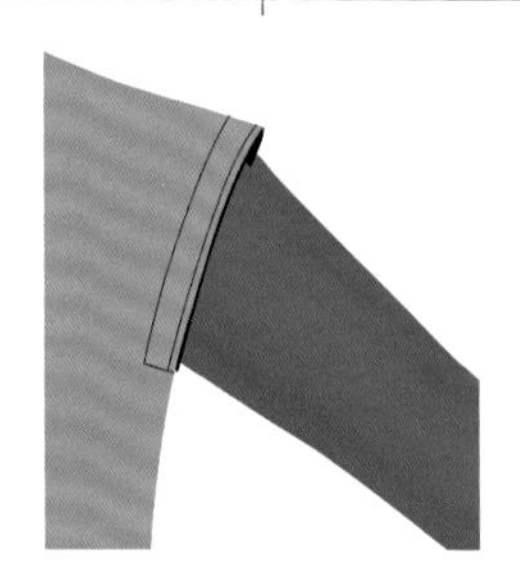

翼形肩

wing shoulder

一种肩头会有些许凸起的肩部设计，犹如翅膀一般。使用该设计最多的要数洛登大衣（p95）。也可以叫作“洛登肩（loden shoulder）”或“阿尔卑斯肩（Alpine shoulder）”。从形状和其所发挥的装饰作用来看，还可以叫作“嵌条肩（welted shoulder）”等。

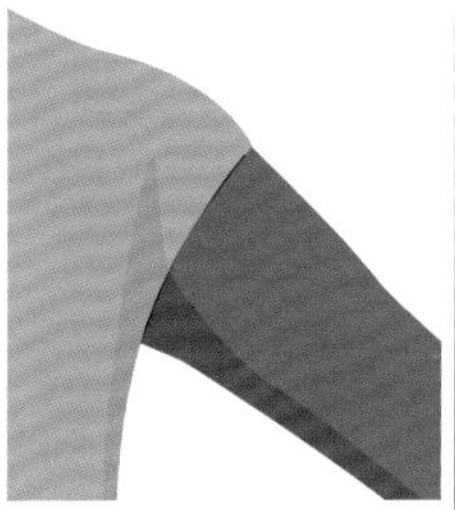

落肩袖

dropped shoulder sleeve

所有肩线的位置均低于肩部的袖型的统称。

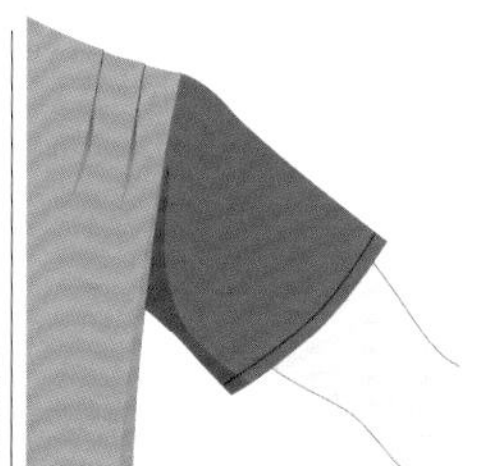

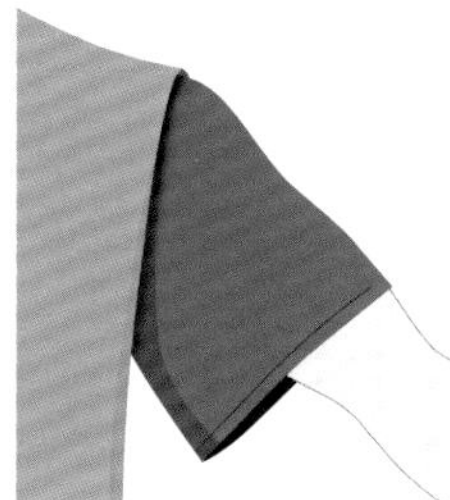

打褶肩

tuck shoulder

指在衣服肩部或袖子的肩侧加入褶皱的设计。英文还可以写作“tucking shoulder”或“tucked shoulder”。

抽褶肩

gather shoulder

一种起源于意大利的衣袖安装方法。外套或大衣不加垫肩，安装袖子时，在接缝处加入抽褶设计，和衬衣袖子十分相似。

高肩

high shoulder

指可以使肩膀位置看起来更高的设计，或使用了该设计的衣服。一般通过在肩膀内侧放置厚垫肩或使肩部膨起实现。平肩体形也叫作“high shoulder”。

翘肩

roped shoulder

指把袖山处稍微提高，使袖顶与肩膀相比略微凸起的肩型，可见于西装外套（p81）。通过在肩部内侧放置支撑物来实现，也叫堆高肩（build up shoulder）。

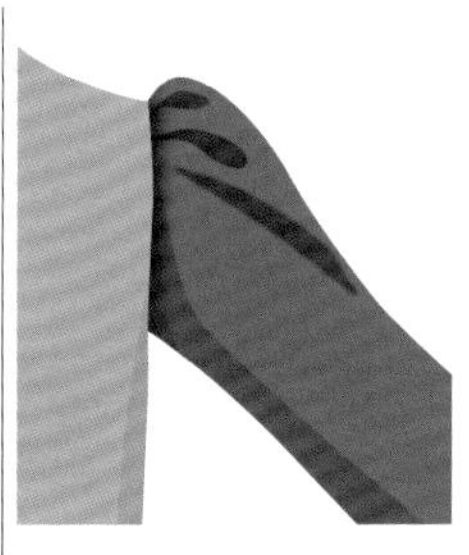

大肩

over shoulder

指肩线大幅度超出肩头的设计。大落肩和大蓬蓬袖都属于大肩。在测量身体尺寸时，从胸前腋下一直到后背腋下的尺寸，也叫作大肩。

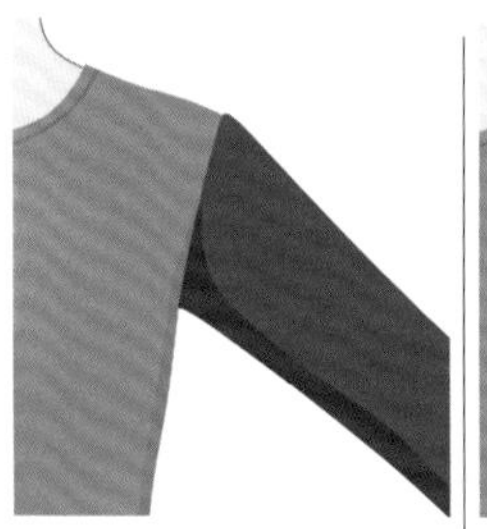

圆袖
set-in sleeve

指在臂根围处与大身衣片缝合连接的袖型。圆袖是最基本的肩袖造型。男式上衣一般都是圆袖设计。

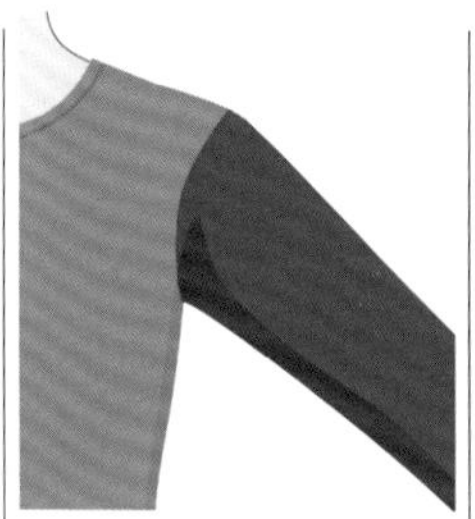

深袖
deep sleeve

指袖笼十分宽大的袖型。

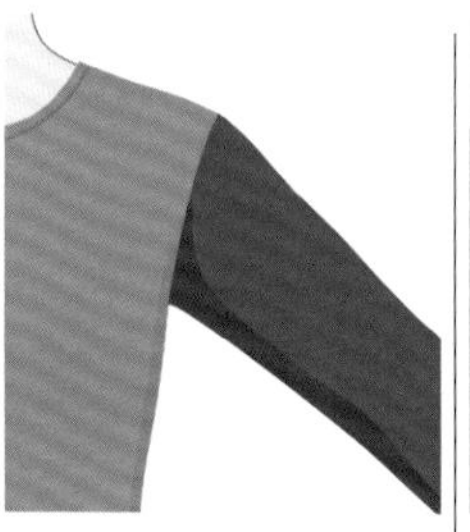

衬衫袖
shirt sleeve

一种常用于衬衫、工作服的袖型。袖山（衣袖上部的山状部分）比圆袖的弧度小，可以使手臂活动更加自如。衬衫袖经常被用在运动服中。

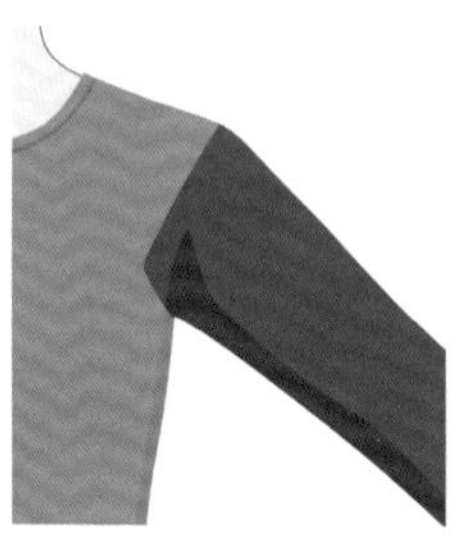

楔形袖
wedge sleeve

一种肩线凹向内侧的袖型。wedge为楔子、三角木之意。

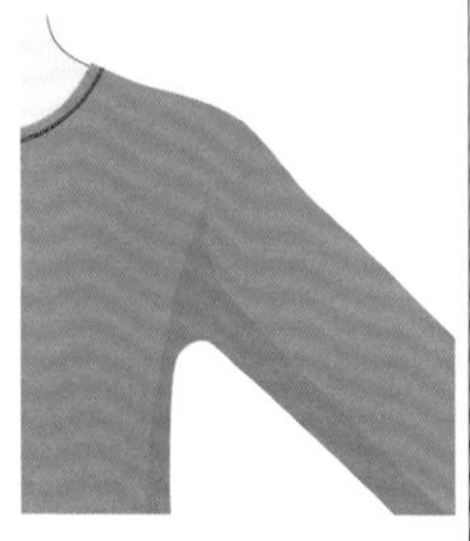

和服袖
kimono sleeve

指肩与袖没有切缝、连为一体的袖型，也叫平袖。这是西方在形容中国旗袍和日本和服等东方服饰时使用的特殊用语，实际上与日本和服的袖子并不一样。

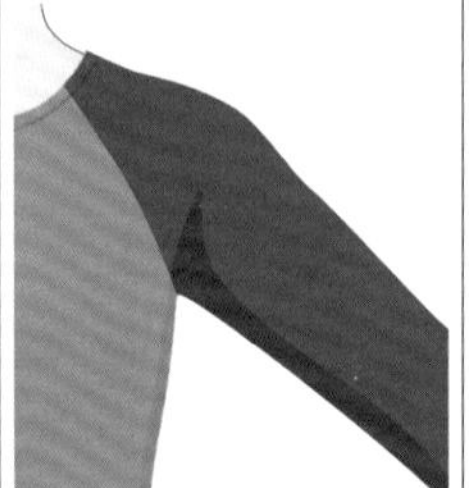

插肩袖
raglan sleeve

指肩与袖连为一体，从领口至袖底缝有一条拼接线的袖型。该袖型可以让肩膀与手臂的活动更加自如，所以经常被用在运动服中。

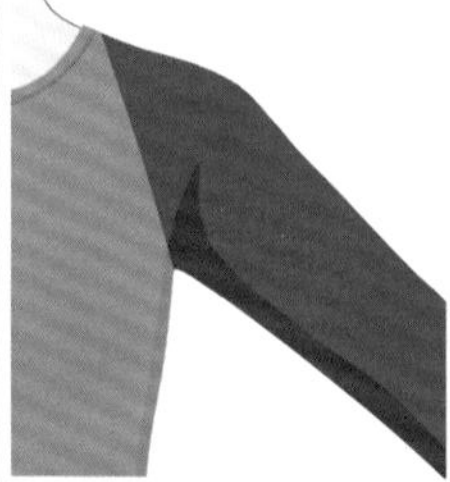

半插肩袖
semi-raglan sleeve

与插肩袖一样，该袖型也有一条由上至袖底缝的拼接线，但其拼接线起始于肩膀而非领口。

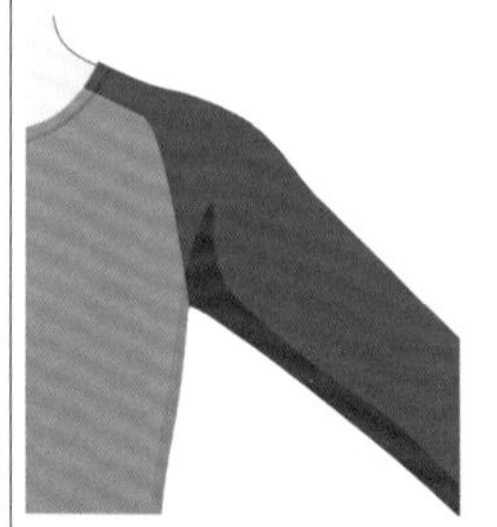

马鞍袖
saddle shoulder sleeve

插肩袖的一种。肩部水平，比插肩袖看起来更有棱角，因形似马鞍（saddle）而得名。

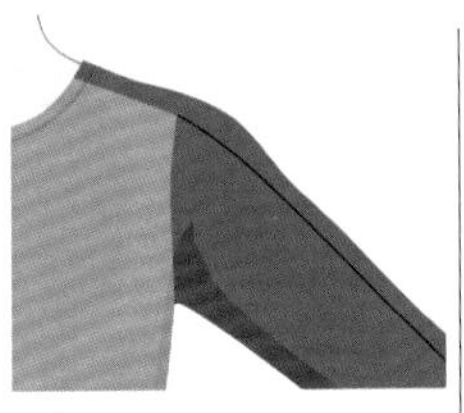

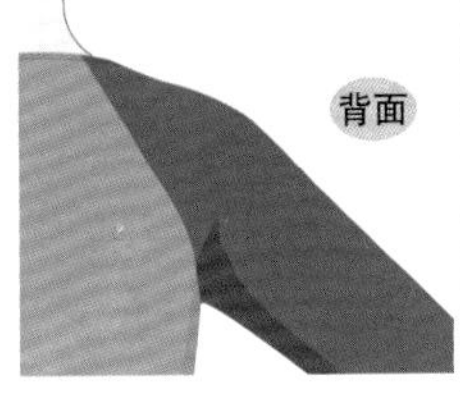

前圆后连袖

split raglan sleeve

一种后侧设计为插肩袖，前侧设计为圆袖的袖型。

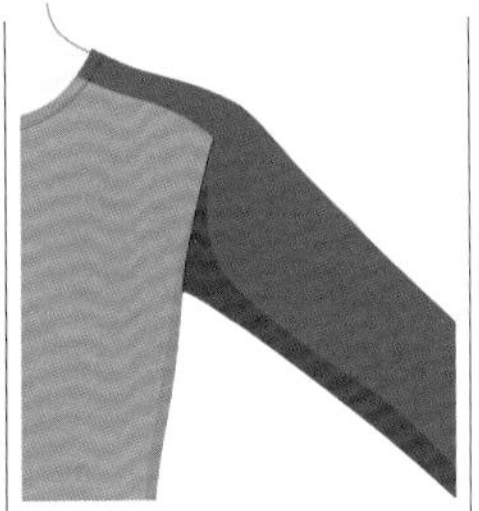

肩带袖

epaulet sleeve

袖子的肩膀部分有形似肩袢（p130）的拼接部分的袖型。

肩周插片

shoulder gusset

指为增加设计感或使肩部活动更加自如而添加的插片（为增加衣服的厚度或宽度而添加的裁片）。多添加在肩部后方。常见于运动服、较厚实的皮夹克等中。根据用途不同，也可以使用有弹性的布料。

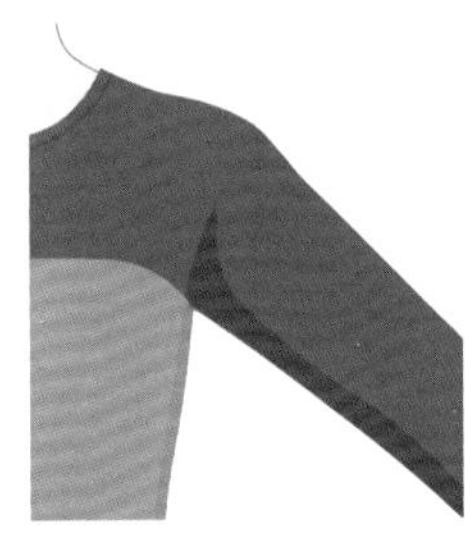

育克式连肩袖

yoke sleeve

指育克与袖子连为一体的袖型设计。育克又称过肩，指上衣肩部上的双层或单层布料。

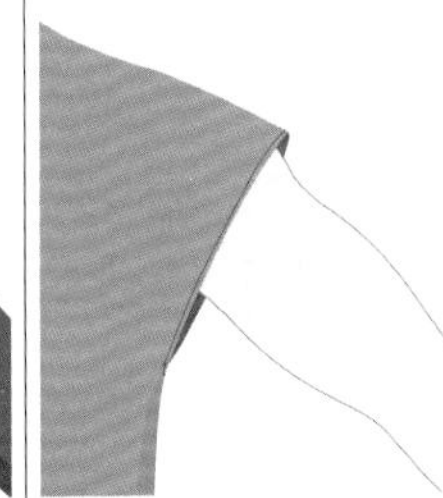

连袖

french sleeve

一种大身与袖子没有接缝、由同一片布裁成的袖型。这种款式的袖子一般较短。

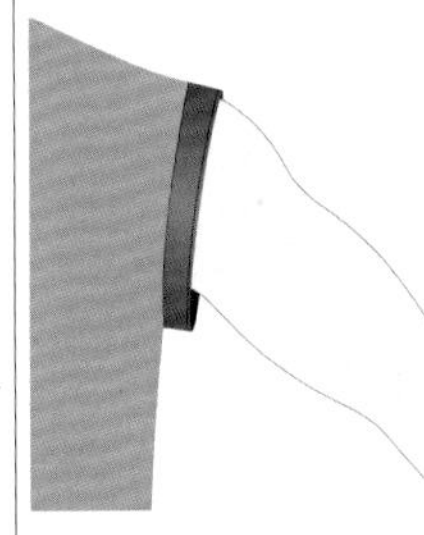

环带袖

band sleeve

指袖口缝有带状布条的袖子。

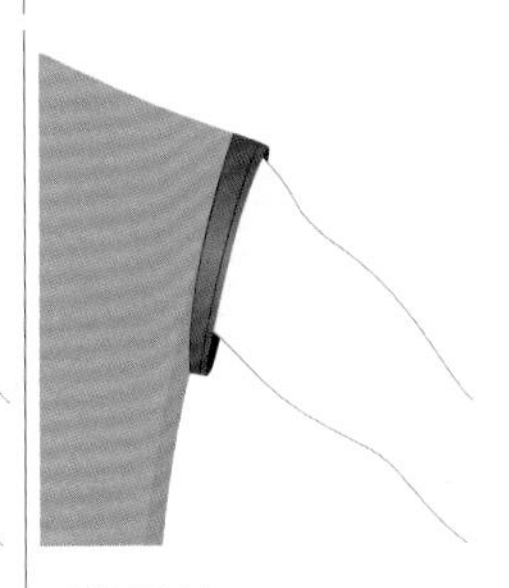

臂环袖

armlet

一种非常短的筒状袖子。armlet意为臂环、臂圈。

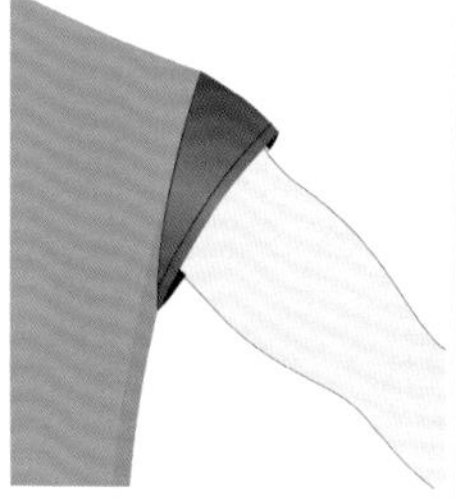

盖肩袖

cap sleeve

一种只能盖住肩头的短袖。因像圆圆的帽檐而得名。

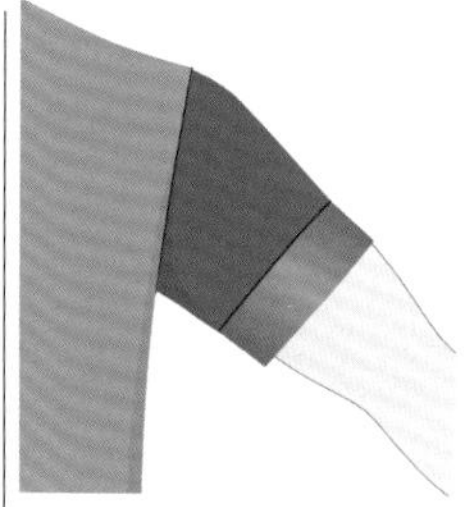

翻边袖

cuffed sleeve

所有在袖口处加卷边设计的袖型的统称。

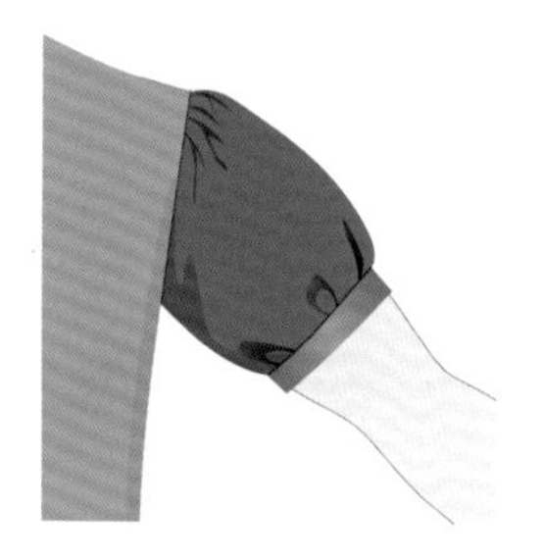

泡泡袖

puff sleeve

指在袖山处抽碎褶而蓬起呈泡泡状的袖型。袖子一般较短。在现代，这是一种赋予女性娇美、华贵气质的袖型，常用于女式衬衣和连衣裙的设计。但在文艺复兴时期，该袖型在欧洲男性中也曾风靡一时，现代可见于弗拉明戈歌舞和歌剧男式演出服中。puff即膨起之意。

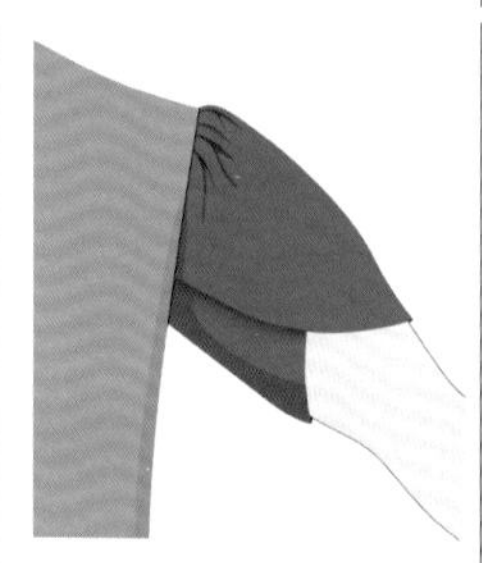

花瓣袖

petal sleeve

指袖片交叠如同花瓣的袖型，如郁金香花瓣袖。

天使袖

angel sleeve

一种袖摆宽大的袖型。与翼状袖和飞边袖十分类似。

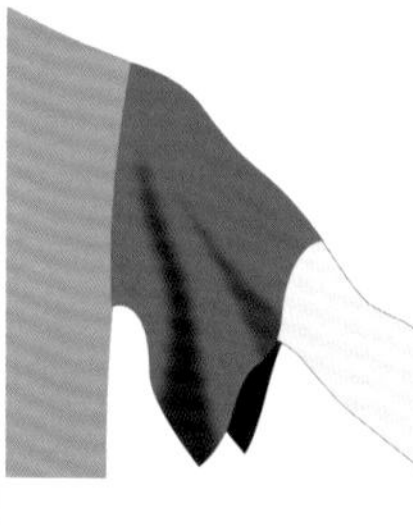

手帕袖

handkerchief sleeve

如手帕般柔软包裹肩膀的大喇叭袖。该袖型所使用的布料一般比较轻薄，多层的设计看起来很像蛋糕袖。袖子随着手臂的活动，衣袖翩翩，能够带给人优雅、高贵之感。

蛋糕袖

tiered sleeve

一种由多层花边或褶皱拼接而成的袖型。

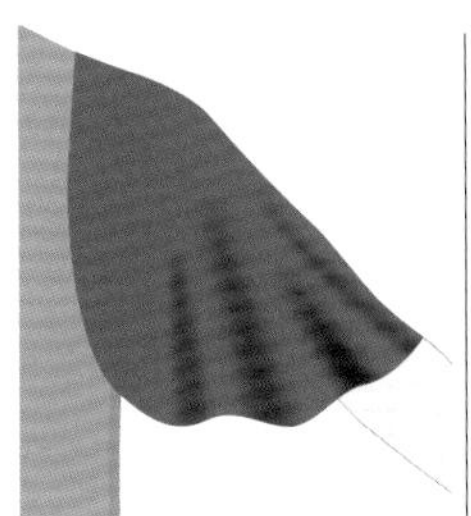

披风袖

cape sleeve

袖型十分宽大，因形似披风而得名。

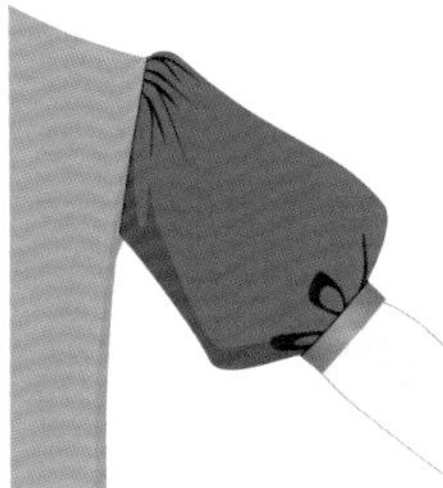

灯笼袖

lantern sleeve

指肩部膨起，袖口收紧，袖管整体呈灯笼状的袖子，是泡泡袖（p40）的一种。lantern即灯笼之意。

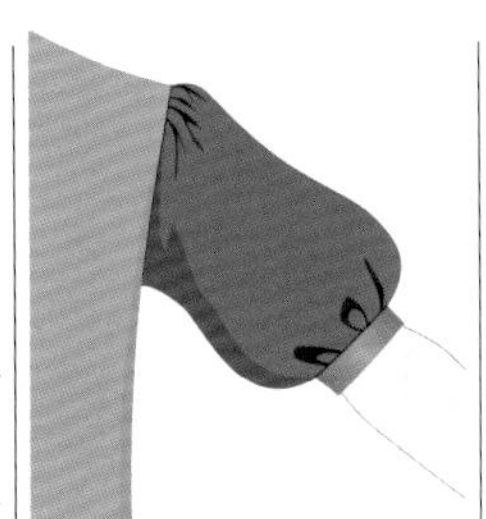

蓬蓬袖

bouffant sleeve

该袖型的特点是从肩头开始，整个袖子都非常宽松、膨大。常见于晚礼服中。

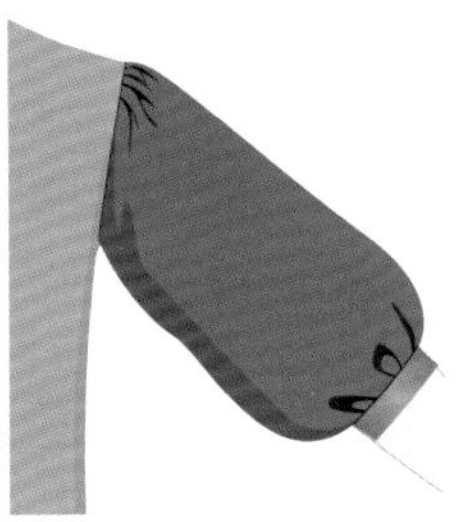

气球袖

balloon sleeve

一种如同气球般膨起的袖子。与泡泡袖（p40）十分相似，但一般比泡泡袖要长。

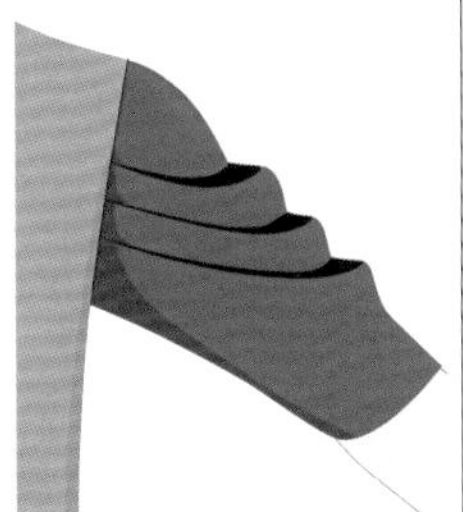

考尔袖

cowl sleeve

一种带有多层褶皱的袖型。

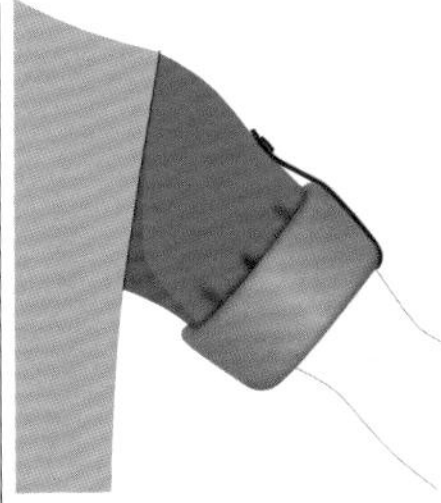

卷折袖

roll-up sleeve

指将袖筒卷起，并用带子固定以防袖子掉落的袖型。roll-up即卷上去之意。颇具休闲感、户外感，常见于狩猎衫（p53）等中。

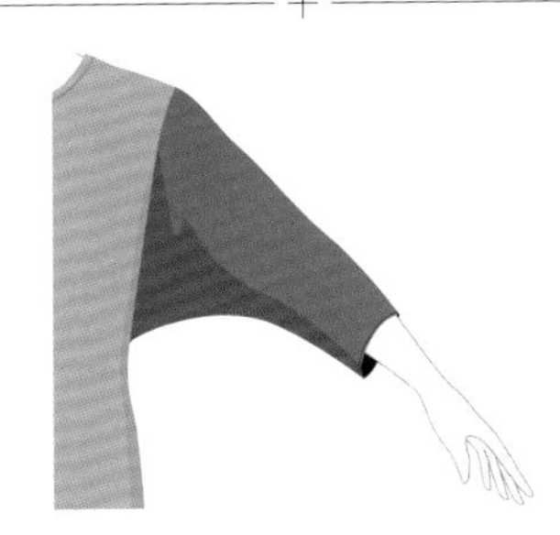

德尔曼袖

dolman sleeve

一种袖笼宽大，且向袖口逐渐变窄的袖型。该袖型最初借鉴了土耳其长袍——德尔曼长袍的披肩，并由此得名。经常被用在女式针织衫中，并且运动功能性极佳，穿着时宽松飘逸，强调女性的柔美，让人对穿着者的身材曲线充满想象。最近常被用在外套或夹克等的设计中。

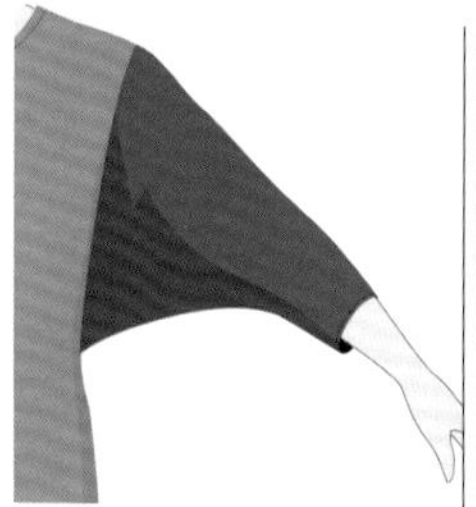

蝙蝠袖

batwing sleeve

指形似蝙蝠的袖子。类似形状的还可以叫作“蝴蝶袖（butterfly sleeve）”。

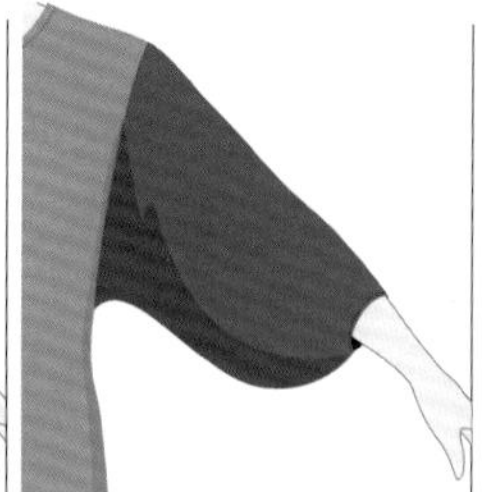

袋状袖

bag sleeve

袖子肘部位置尤其宽大，袖型看起来像袋子一样。

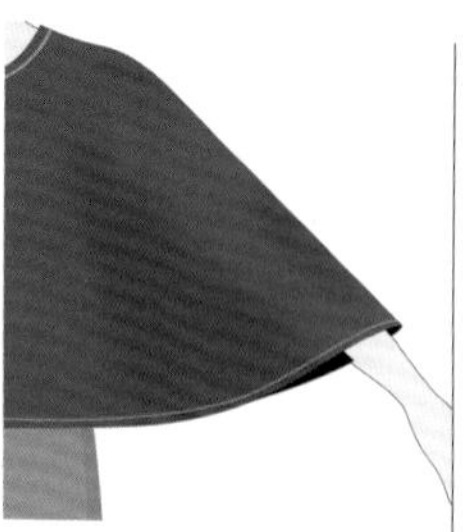

斗篷袖

poncho sleeve

一种肩部固定而袖底敞开的袖型，因形似雨衣、斗篷而得名。有时也叫作“披风袖”。

开衩式长袖

slashed sleeve

指在袖口处有开衩的袖子。slash即切开、劈开之意。

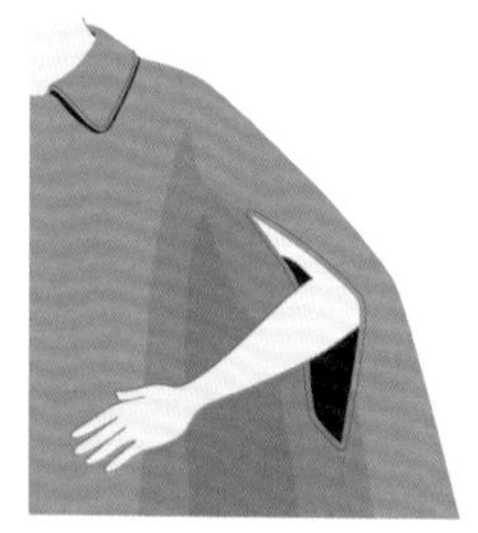

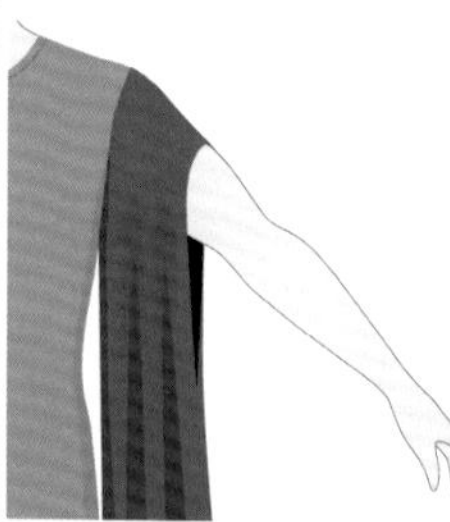

臂缝

arm slit

指袖子上的开缝，或为方便手臂收放在大身上加入的开缝。臂缝多为设计层面的添加，有时也单纯只是为让手臂活动更加自如。

悬垂袖

hanging sleeve

一种从肩部垂下，不经过手臂的装饰性袖型。

百叶袖

paned sleeve

指在流行于十六至十七世纪的泡泡袖（p40）上添加多个切口所形成的袖型。可以看到内里打底衬衣的袖子。

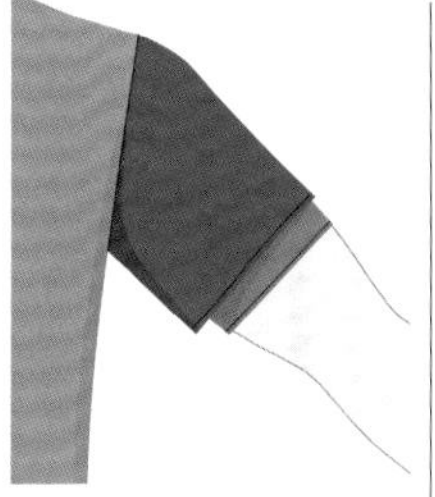

双重袖

double sleeve

所有双层袖子的统称。一般内层的袖子紧贴手臂，外层的袖子较宽大，形状、样式多变。内外两层袖子也可以设置成不同的长度，组合方式多种多样。内外层袖子同为圆筒状但长度不同的袖子，也叫作“套筒形双重袖（telescope sleeve）”。

袖标

sleeve logo

指在长袖上衣的袖子上加入品牌等标志的设计手法。有很强的休闲感和街头感。

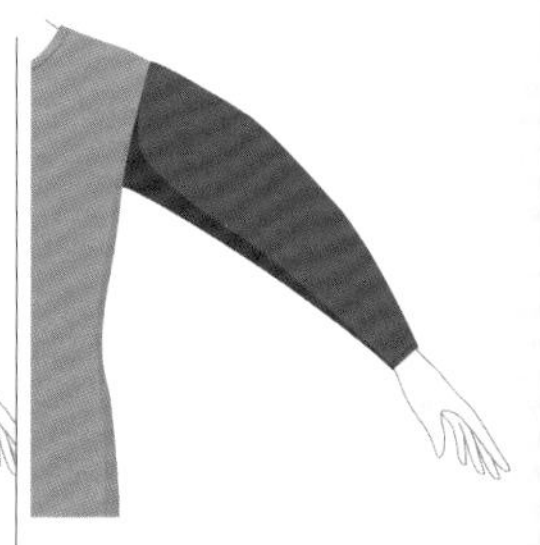

月牙袖

crescent sleeve

袖子外侧呈弓形膨胀，肘部宽松，内侧呈直线，向袖口逐渐收紧的袖型。名称中的crescent即新月之意。

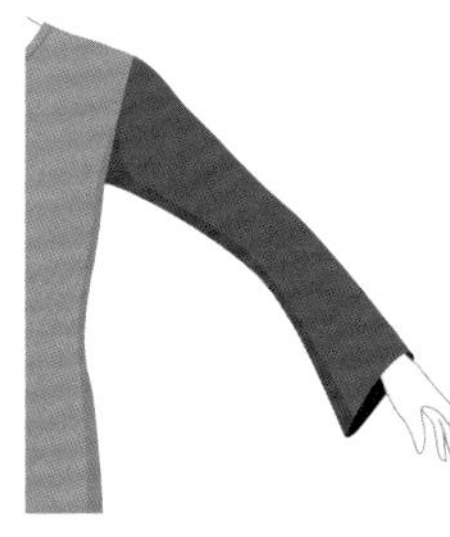

钟形袖

bell sleeve

指袖口宽大且形状如钟的袖型。该袖型可以使手腕看起来更加纤细，让人自然地认为穿着者的手臂很细，间接起到修饰身材的作用。与之相似的还有喇叭袖。

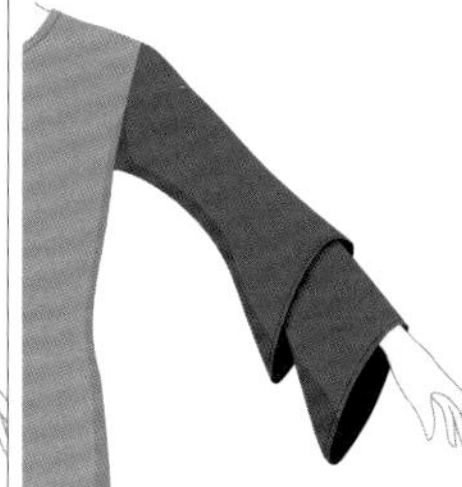

宝塔袖

pagoda sleeve

一种上部细窄，肘部以下逐渐变宽的袖型，多为三层褶，因形似宝塔而得名。与钟形袖十分相似。

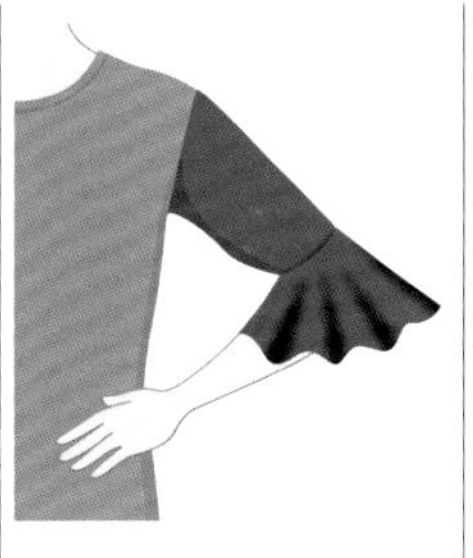

伞形袖

umbrella sleeve

一种从肩部向袖口逐渐变宽，形似雨伞的袖型。形状类似的还可以叫作“降落伞袖（parachute sleeve）”。

褶边袖饰

engageante

一种流行于十七至十八世纪的华丽袖饰。多由轻薄的蕾丝或多层波浪褶边制作而成。袖子长度多为五分袖。

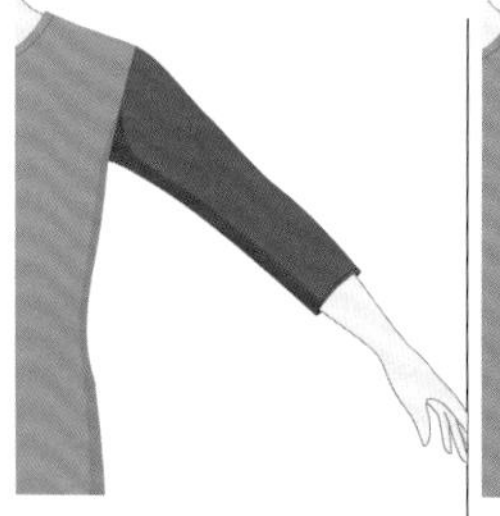

手镯袖
bracelet sleeve

长度在手腕以上，七到八分长的袖子。佩戴手镯时，该袖型可以使腕部更加漂亮。

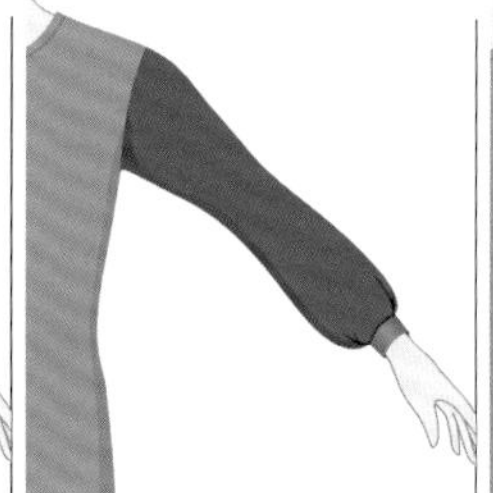

主教袖
bishop sleeve

源自主教所穿的教服，带有袖口，袖口处做褶裥处理。与之相似的还有村姑袖。

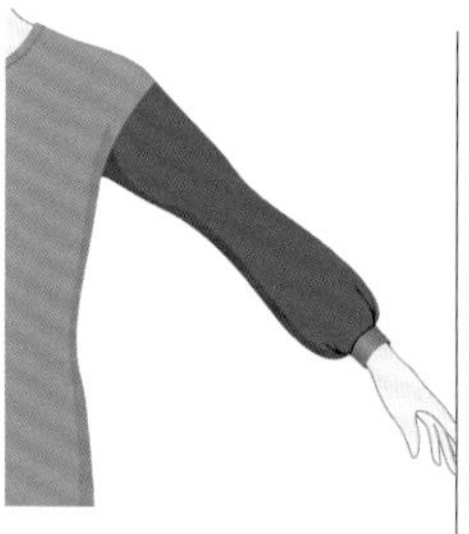

村姑袖
peasant sleeve

一种源自欧洲传统农民服饰的落肩袖，是一种长款的泡泡袖（p40）。peasant即农夫之意。与之相似的还有主教袖。

超长袖
extra-long sleeve

指长度较长，可以将手部遮住的袖子。这种慵懒的感觉可以展现穿着者的天真烂漫。

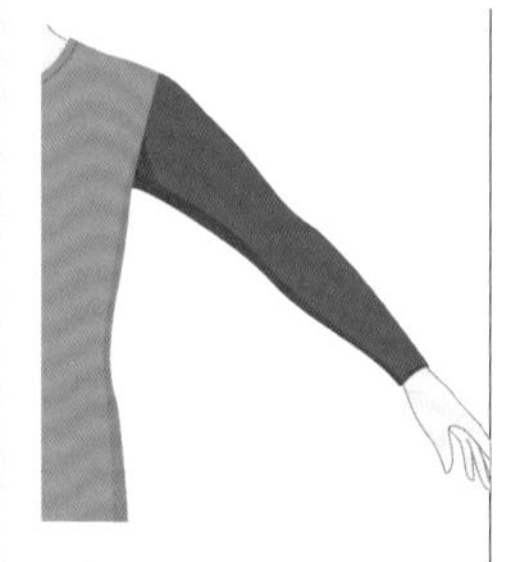

紧身袖
tight sleeve

紧贴手臂，几乎没有余量的袖子。这种袖型可以很好地凸显手臂的形状，长度没有规定，多为中长袖。也可以叫作“合体袖（fitted sleeve）”。

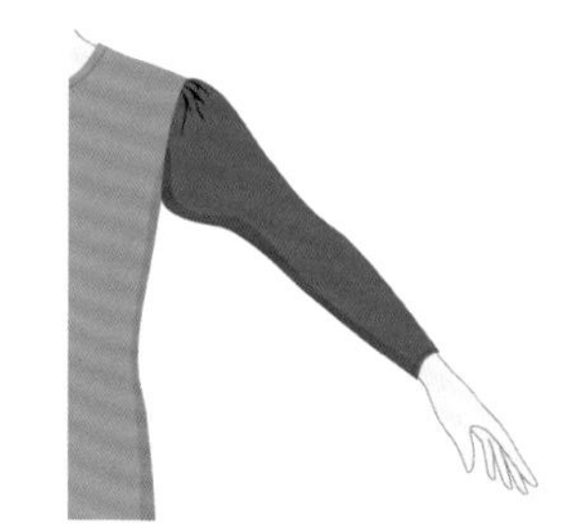

羊腿袖
leg-of-mutton sleeve/ gigot sleeve

一种肩部蓬松，手腕处收紧，形似羊腿的袖子。欧洲中世纪通过在肩膀处放入填充物使袖子的肩部膨起，后来则通过在肩部做出褶皱以打造出膨胀的效果。该袖型有段时期常用于婚纱设计中，现在多出现于女仆装等角色扮演类服装中。一些上部是泡泡袖并向下收紧的袖子也能呈现出与该袖型同样的效果。

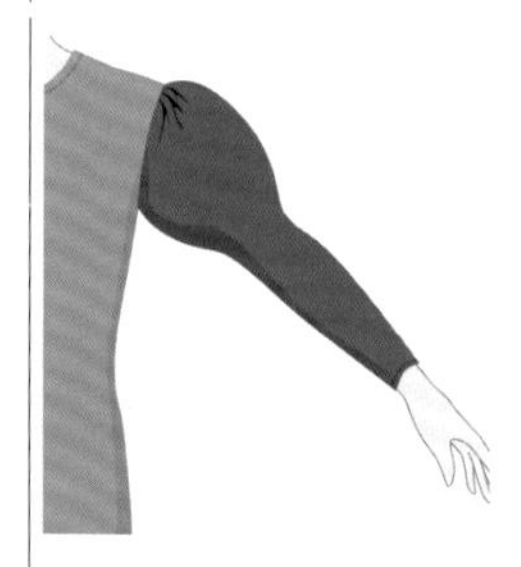

大袖笼紧口袖
elephant sleeve

同样是肩部蓬松，向手腕处逐渐收紧的袖子，形似象鼻，是羊腿袖的一种。特指袖笼处的膨起比较大的袖子，该袖型在十九世纪九十年代中期尤为流行。

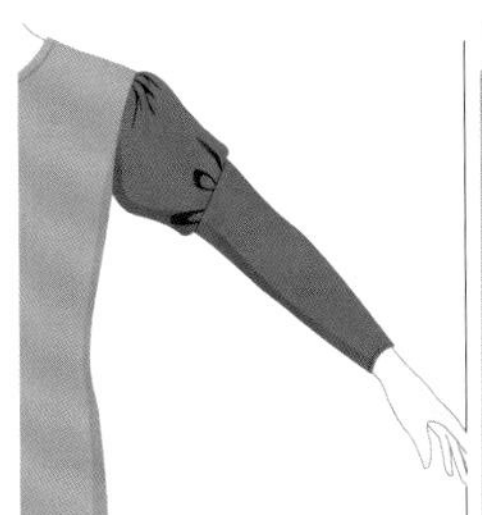

朱丽叶袖

Juliet sleeve

该袖型源自《罗密欧与朱丽叶》(*Romeo and Juliet*)中朱丽叶所穿的服装，就像是在泡泡袖(p40)下面添加了一截长袖。

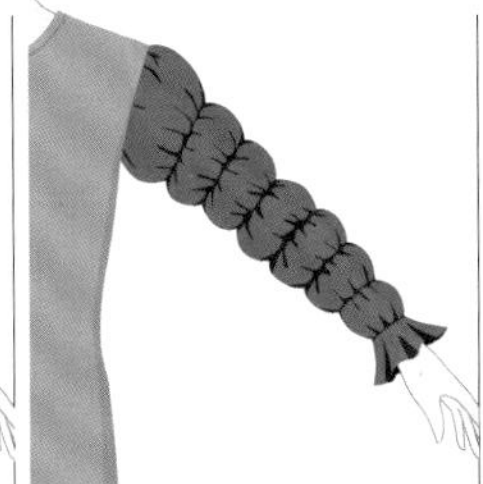

层列袖

tiered sleeve

一种多层褶皱连续膨起的袖型。

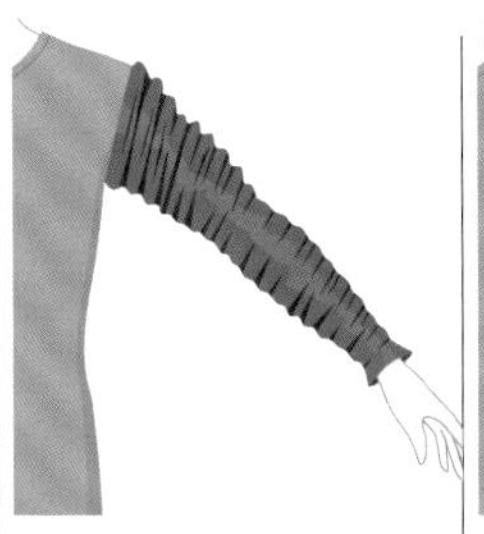

枪手袖

mousquetaire sleeve

从袖山到手腕，整个袖子加入纵向拼接并做了细褶处理的袖型。与手臂十分贴合，是一种长袖，源自火枪手的服装。mousquetaire在法语中为枪手、骑士之意。

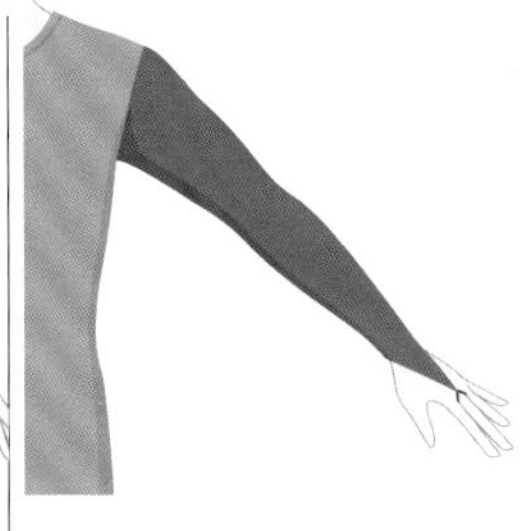

尖袖

pointed sleeve

一种向下延伸至手背且顶端呈三角形的袖型。该袖型多被用于婚纱设计中。

•••• 西装的着装礼仪② ••••

西装各部位的尺寸

穿着西装时，如果弄错了尺寸，会非常不美观。让我们来了解一下西装各个部位最合适的尺寸吧。

马甲的长度：能够遮住衬衣或腰带。

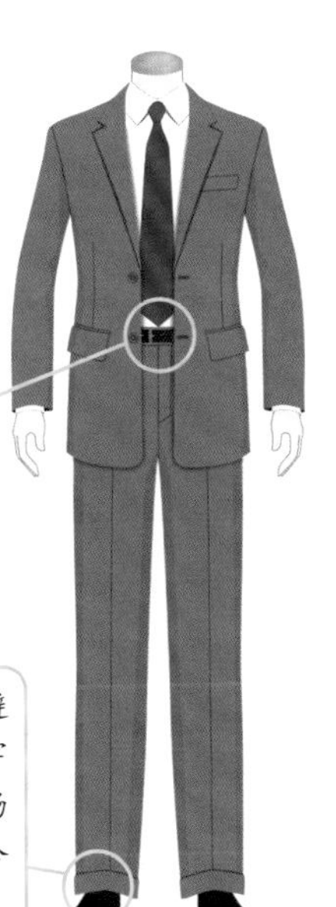

领带的长度：刚好能触碰到腰带。

卷边裤脚：避免正式场合穿着。非正式场合和商务场合可用。

外套的袖长：稍微露出一点衬衣，刚好可以盖住一点手背。

外套的长度：能够盖住整个臀部。

裤子的长度：一般到鞋子后跟的凸起处。
· 宽裤脚→加长
· 正式→加长
· 窄裤脚→缩短

袖头、袖口

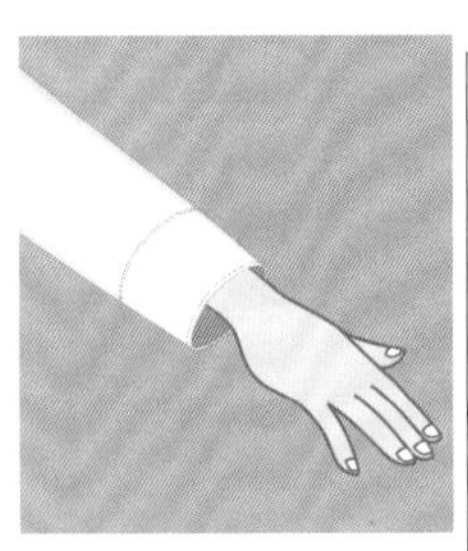

直筒袖口

straight cuffs

所有直筒状袖子的袖口的统称。

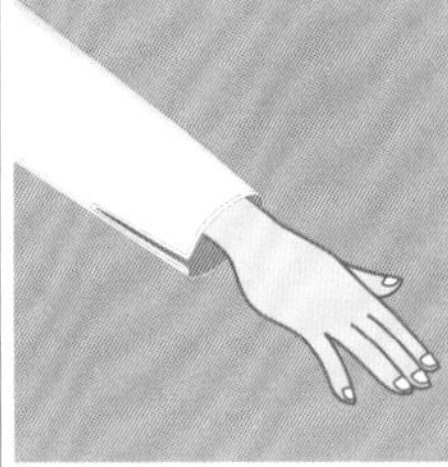

开放式袖口

open cuffs

指袖头带有开衩、可以敞开的袖口，也叫开衩袖。

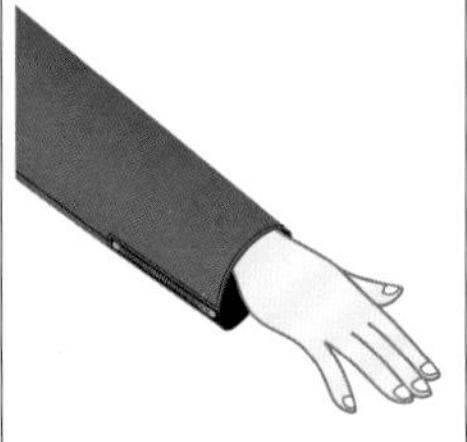

拉链袖口

zipped cuffs

指通过拉链开合的袖口。

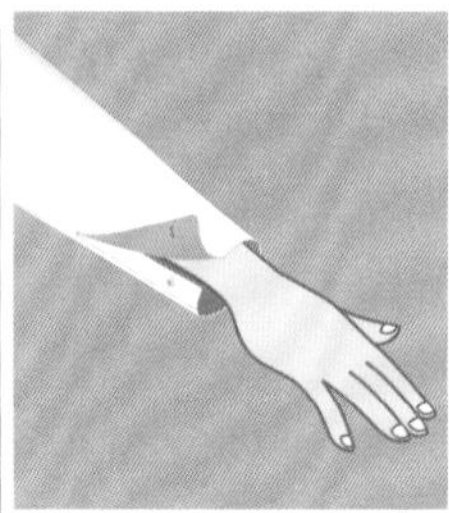

开衩式西服袖口

removable cuffs

一种可以通过纽扣等来进行开合的袖口。该设计便于将袖子卷起来，是医生经常穿着的袖型，因此也叫医生袖口。

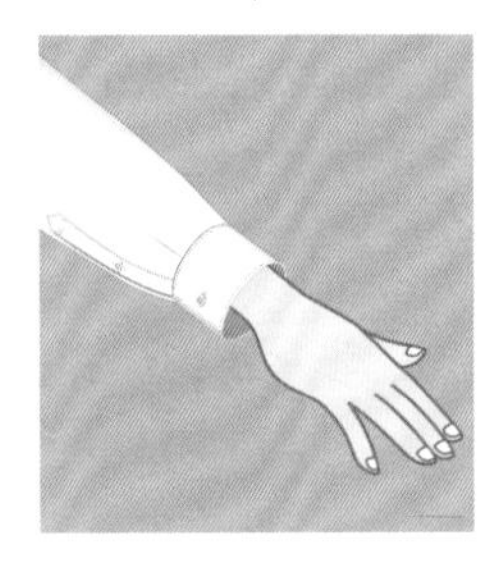

单式袖口

single cuffs

指外接式裁片，没有翻折，以纽扣开合的袖口。这是衬衫袖口的常用设计，中规中矩，不管是商务场合还是日常休闲都很适合。这种袖口较为宽大，因内侧有挂浆所以较硬挺，最正式的穿法是将纽扣扣住。

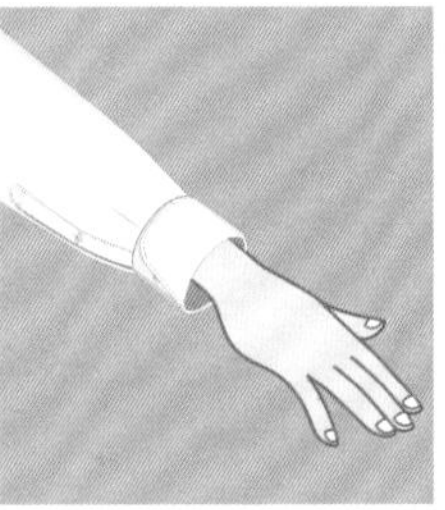

折边袖口

turn-up cuffs

通过将袖头向外翻折形成的袖口。双层袖口（p47）也是折边袖口的一种。也可指折边裤脚。

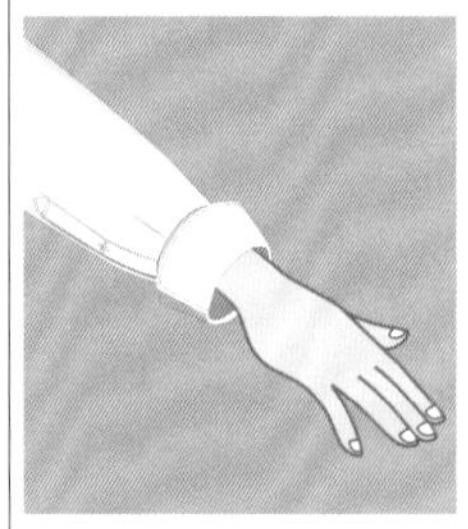

宽折边袖口

turn-off cuffs

指翻折后的袖头比较宽大的袖口，是折边袖口的一种。

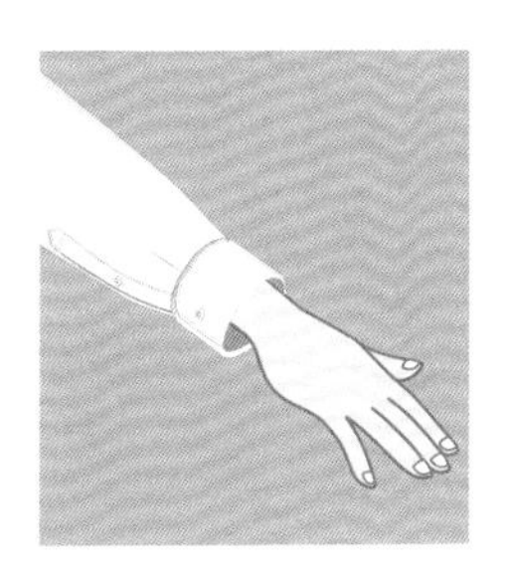

双层袖口

double cuffs

衬衫袖口的一种。将翻折成两层的袖口用装饰性袖扣（p136）固定，也叫法式翻边袖口（French cuff）或系扣袖口（link cuff）。重叠的袖口用别致的袖扣点缀，无论是正式场合还是商务场合都能展现穿着者的独特风采。可以打造华丽、隆重、有立体感的装扮。袖口的上下两层均设有扣眼。

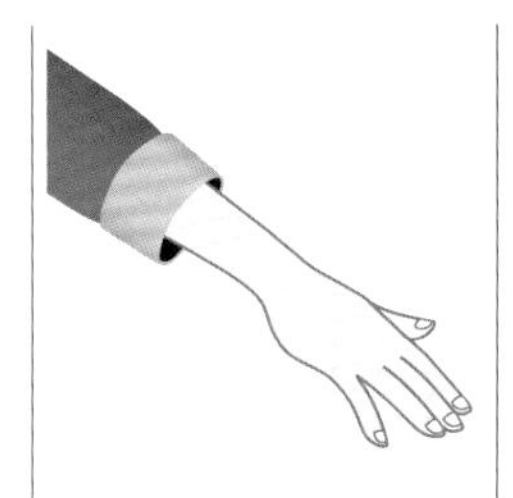

外接式折边袖口

rolled cuffs

折边袖口（p46）的一种，袖口部分单独裁剪，后与袖体连接并向外翻折而形成的一种袖口。

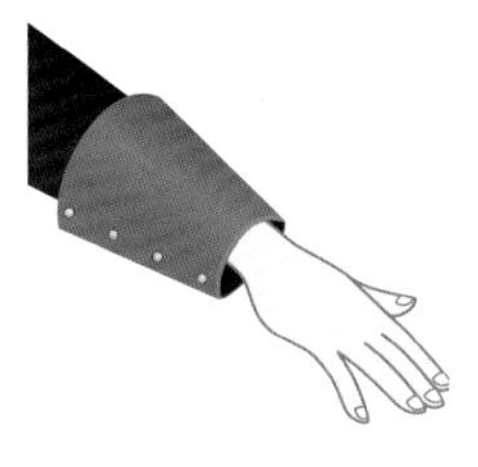

铁手套袖口

gauntlet cuffs

一种从手腕至肘部逐渐变宽的长袖口，源自中世纪武士的铁手套（p121）。gauntlet即臂铠、铁手套之意。

骑士袖口

cavalier cuffs

一种将较为宽大的袖头折边后形成的袖口，源自十七世纪的骑士（cavalier）曾经穿着的服装，一般多为装饰性袖口。

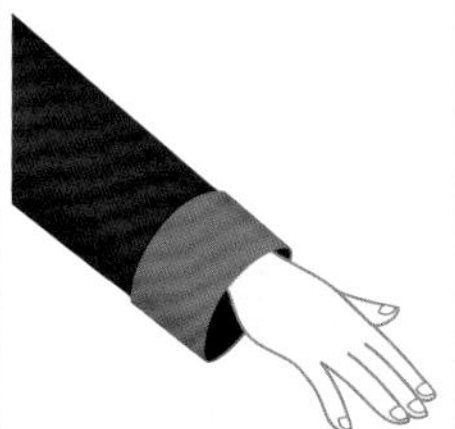

大衣翻袖

coat cuffs

所有大衣常用袖口的统称。这类袖口一般比较宽大，常用设计有外接式和折边式等。

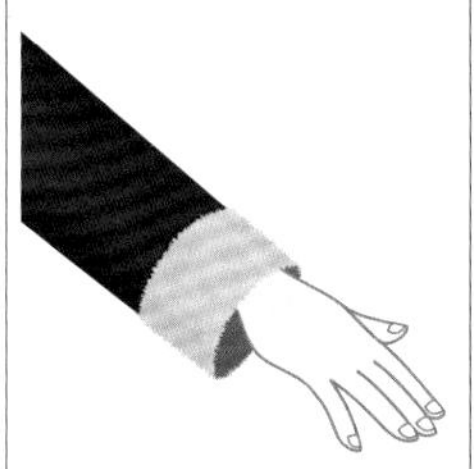

皮草袖口

fur cuffs

指带有皮草的袖口，多被用在大衣的设计中。fur即动物皮毛之意。

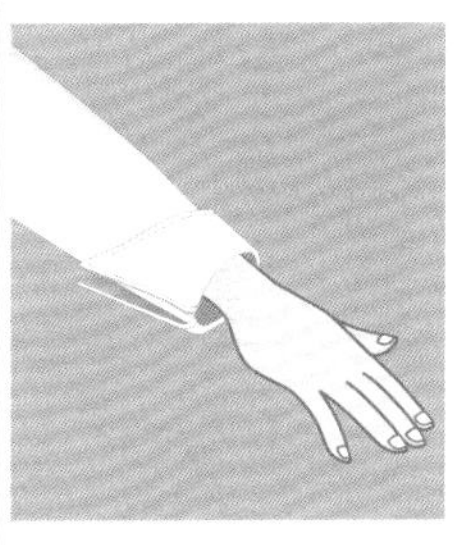

翼形袖口

winged cuffs

一种折边形似鸟儿翅膀的袖口。因外缘开口处有尖角凸起，所以也叫尖角形袖口（pointed cuffs）。

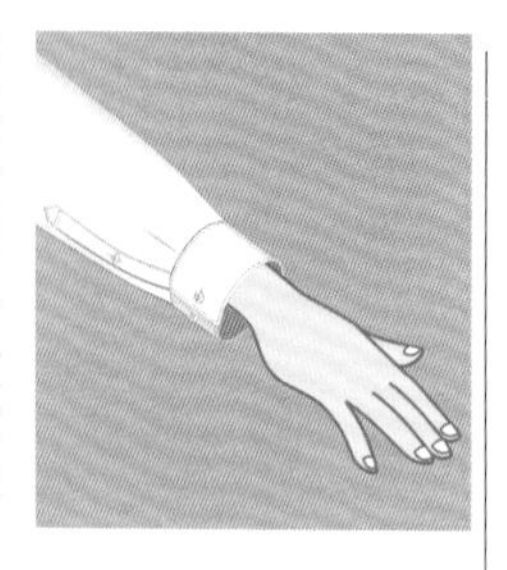

可调节袖口

adjustable cuffs

指可以调节大小尺寸的单式袖口，多见于成品白衬衫。袖口大小一般通过纽扣（多为2颗）来进行调节。

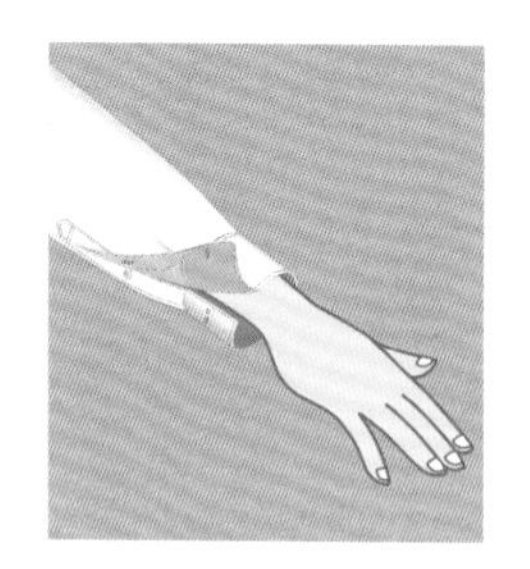

活袖口

convertible cuffs

两端均设有扣眼的袖口。袖口上自带一颗纽扣，也可以另外使用袖扣（p136）来固定，这也是该袖口的最大特点。还可以在袖口两端都装上纽扣，变形成可调节袖口。

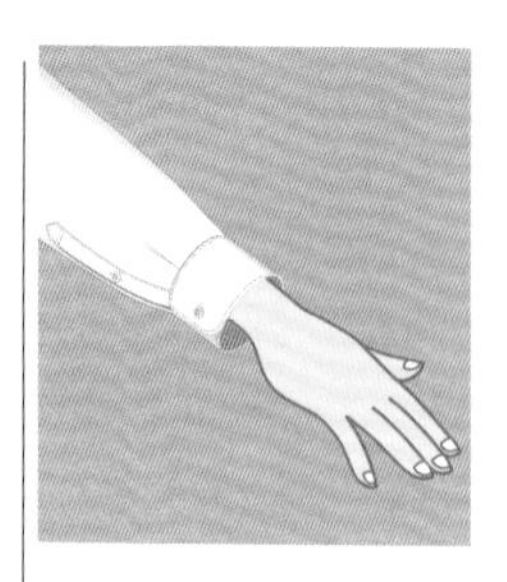

圆角袖口

round cuffs

指外缘边角被裁剪成圆形的袖口。该设计可以保护袖口不被剐蹭，更方便衣服的打理。

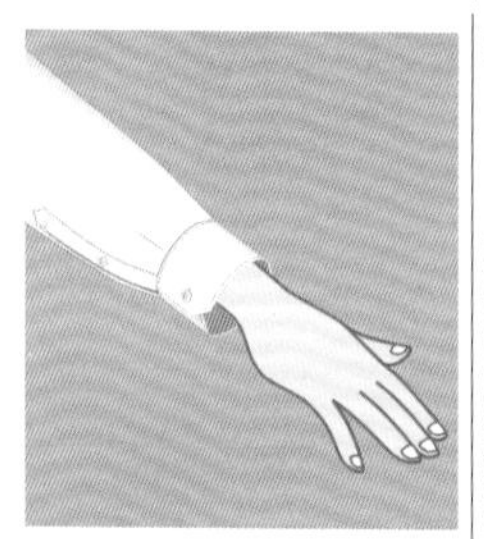

裁角袖口

cutaway cuffs

指外缘边角被裁剪成斜角的袖口。

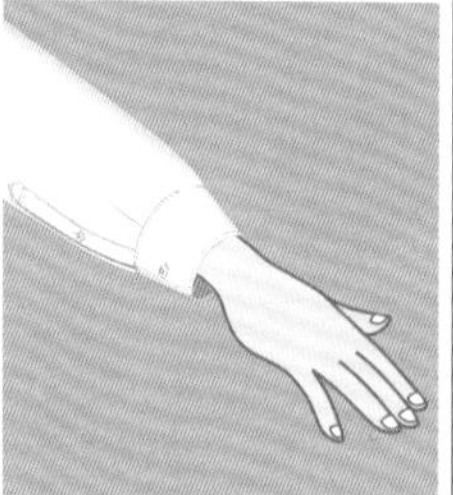

圆锥袖口

conical cuffs

从上至下逐渐收紧的圆锥形袖口。曲线袖口的一种。与手腕的贴合度更好。

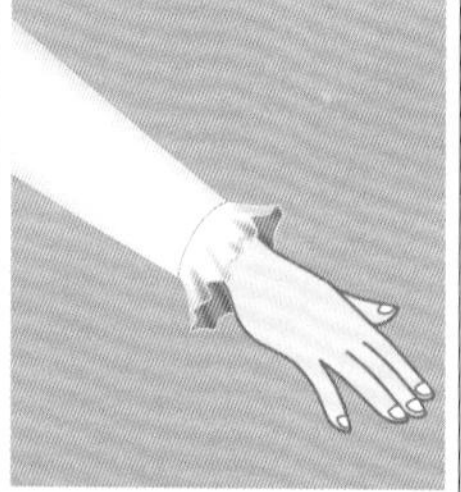

荷叶边袖口

ruffle cuffs

所有带有褶边装饰的袖口的统称。

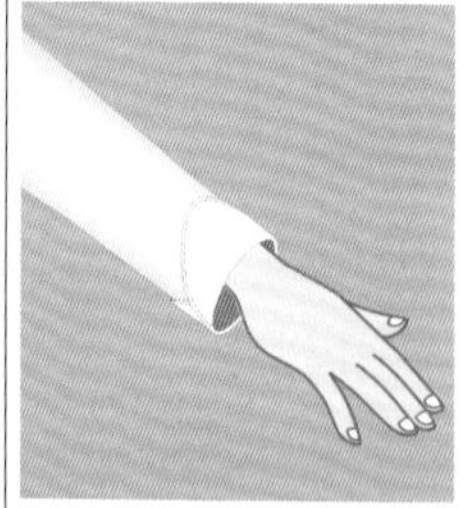

花瓣袖口

petal cuffs

指像花瓣一样的袖口。该设计可以通过直接在袖口上裁剪实现，也可以通过将数片花瓣形状的布拼接在袖口上实现。

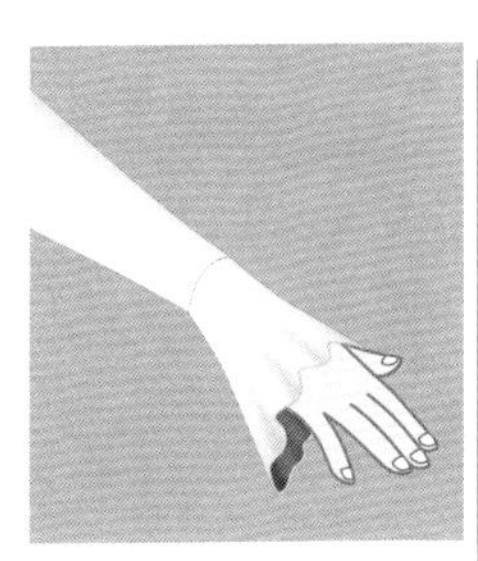

喇叭形袖口
circular cuffs

指被裁剪成圆形的袖口。该袖口设计所使用的布料一般比较柔软，多呈喇叭形。如果袖体比较贴身纤细，袖口更显宽大，能更好地展现女性独有的柔美气质。

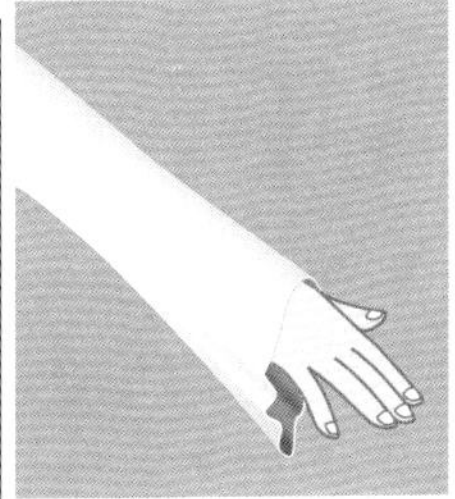

袖饰
wrist fall

一种由柔软布料制作而成的褶边袖口装饰，形似垂坠的瀑布。

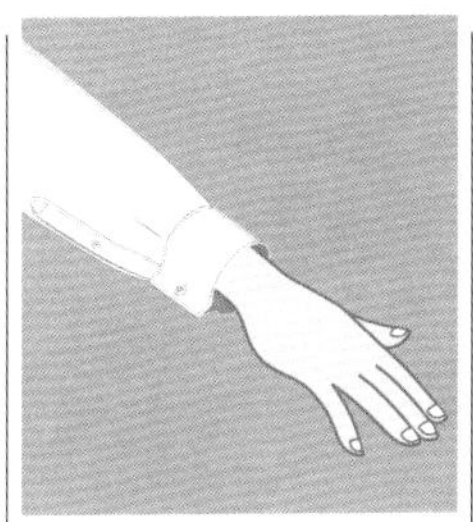

网球袖口
tennis cuffs

两端设有扣眼，但不添加纽扣的袖口。是袖扣（p136）专用的单式袖口。也可代指网球护腕。

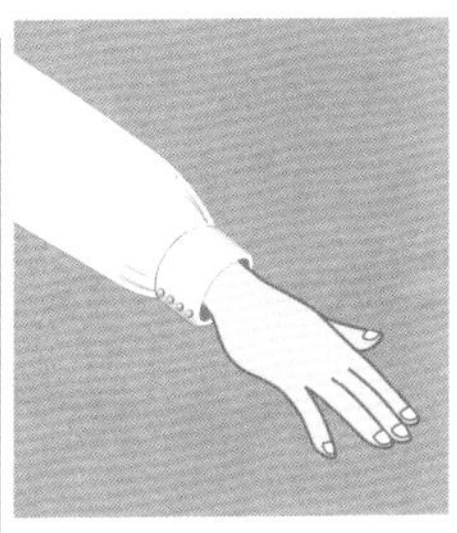

纽扣袖口
buttoned cuffs

由直线排列的数颗装饰性纽扣固定的袖口。该袖口常用于女式衬衣设计中，令穿着者看起来更加优雅。

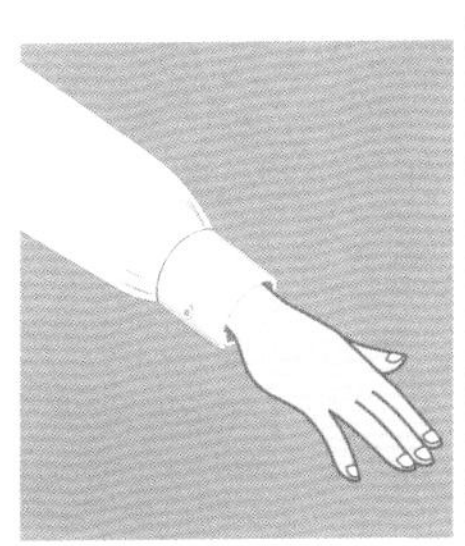

长袖口
long cuffs

即较长的袖口，可以使穿着者的手腕看起来更加纤细。

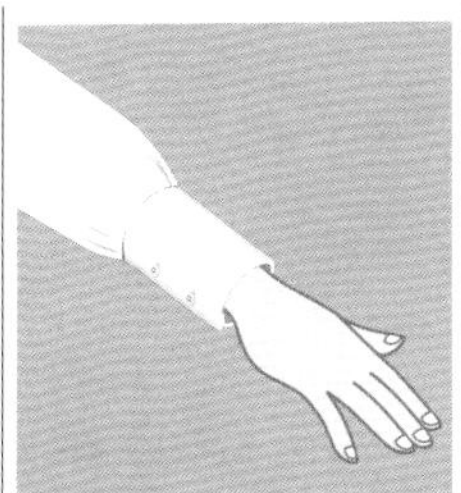

深袖口
deep cuffs

一种纵向非常长的袖口，袖口长度是普通袖口的两倍。

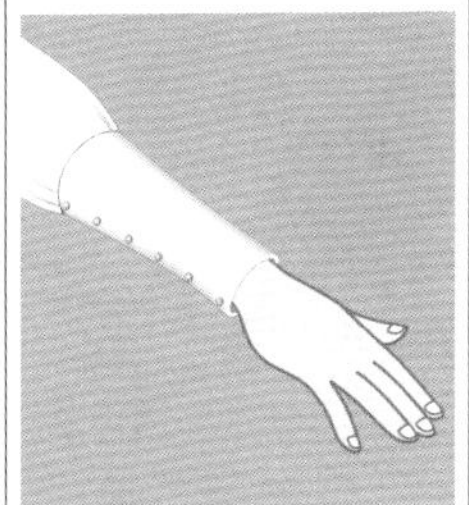

合体袖口
fitted cuffs

指与手腕和手臂紧密贴合的袖口。

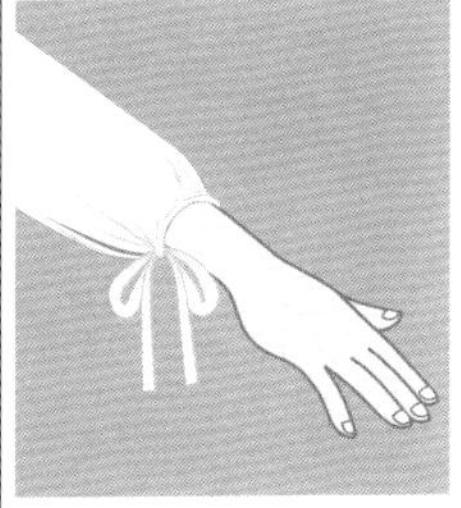

系带袖口
ribbon cuffs

指可以通过绳带来调节大小的袖口。

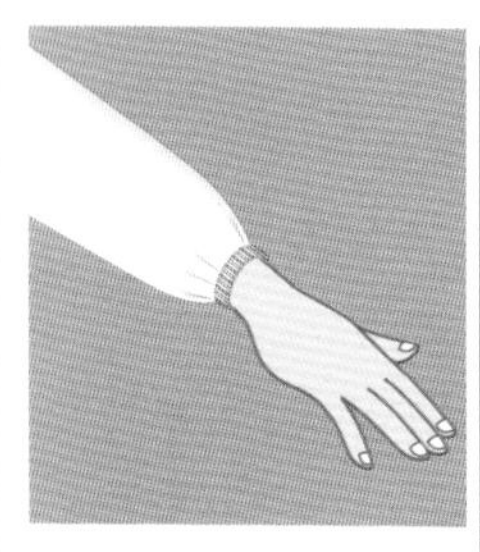

松紧袖口

wind cuffs

一种带有皮筋，因而具有伸缩性的袖口。该设计可以防止冷风侵入袖筒，多见于户外运动服装。

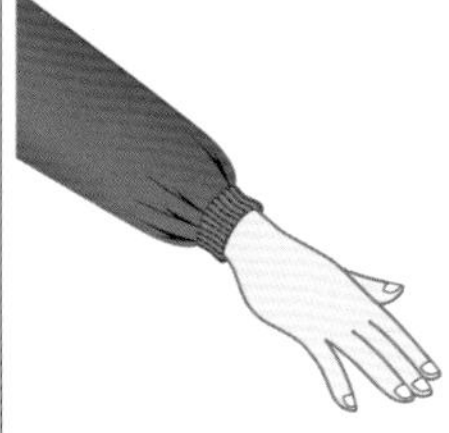

罗纹袖口

knitted cuffs

指用罗纹针（p193）制作的袖口。这种袖口具有伸缩性，可以将袖口收紧，有很好的防寒效果，常用于防寒夹克服的设计中。

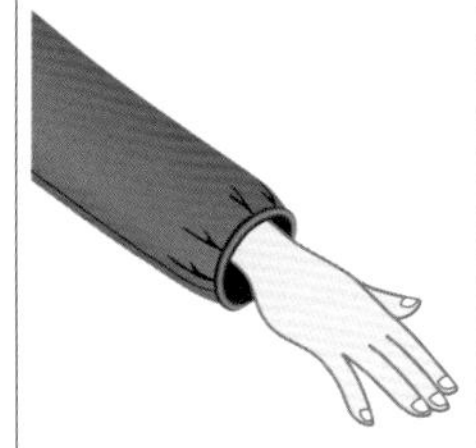

绲边小袖口

piping cuffs

加入了绲边（p129）设计的袖口的统称。piping即绲边之意。

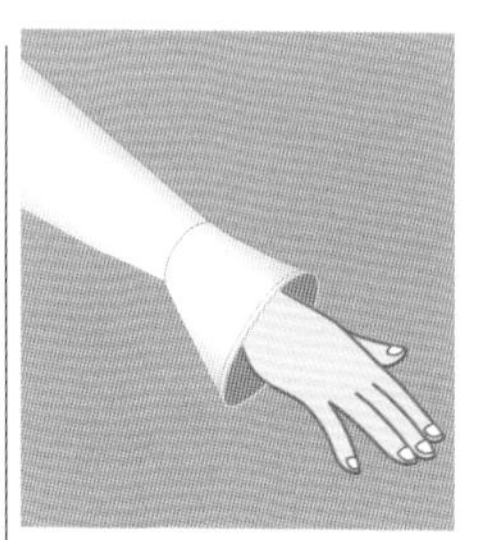

钟形袖口

bell shape cuffs

一种十分宽大的袖口，因形似吊钟而得名。

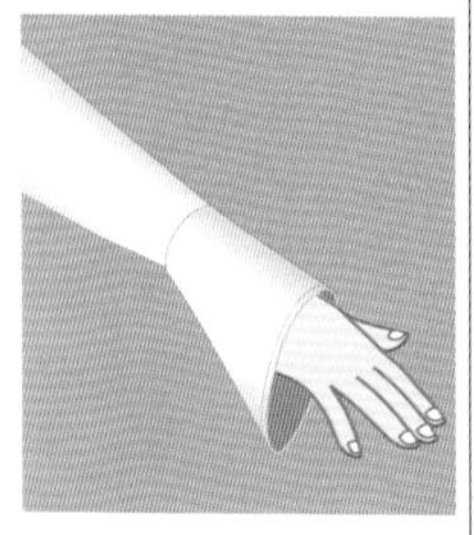

垂式袖口

dropped cuffs

所有宽大且袖尖下垂的袖口的统称。

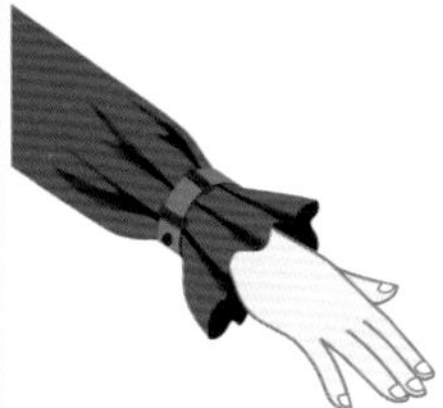

束带袖口

strapped cuffs

为调节袖宽或增加装饰性，添加了扣带或绳子的袖口。

流苏袖口

fringe cuffs

指带有流苏（p131）装饰的袖口。

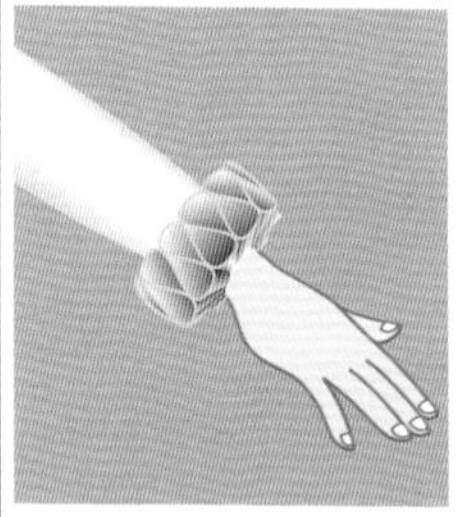

拉夫袖口

ruff cuffs

指带有环形褶皱装饰的袖口。一般会与十七世纪流行于欧洲贵族间的拉夫领（p19）同时使用。

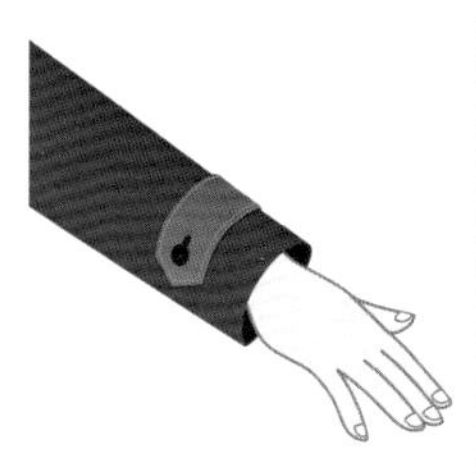

扣带袖口

tabbed cuffs

指添加了扣带形装饰物的袖口。

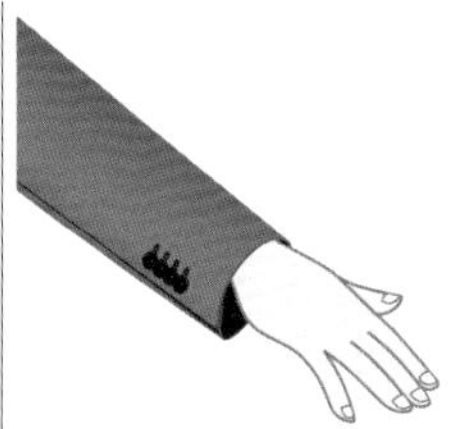

吻扣

kiss button

将纽扣不留间隙地重叠缝制的钉扣形式。多见于西装或夹克衫，可以凸显高级制衣技术。

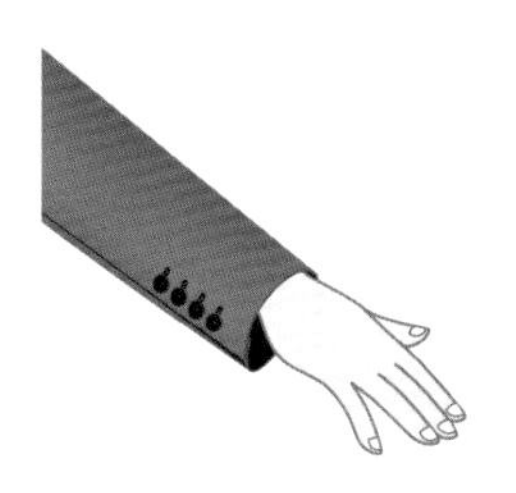

医生袖口

surgeon's cuffs

外套袖口的一种。相对于装饰性，袖口上的纽扣更注重实用性。通过系上或解开，达到开合袖口的目的。以前的欧洲，人们有外出时不脱外套的习惯，为了让医生在诊疗或工作时可以挽起袖子，这种袖口便诞生了。

绳饰袖口

corded cuffs

所有添加了装饰性绳、带的袖口的统称。加绳饰的方式多种多样，可以直接缝制在袖口上，也可以通过绲边（p129）的方式添加。

嵌芯丝带袖口

gimp cuffs

指带有铁丝包芯细线制作的饰物的袖口，是绳饰袖口的一种，多见于仪仗队军服。关于这种袖口的起源，目前有两种说法：一是为防御刀剑，军人曾在手腕上缠绕铁线；二是为了在恶劣天气下将身体固定于船身，所以将细绳缠绕在手腕上，以便随时使用。

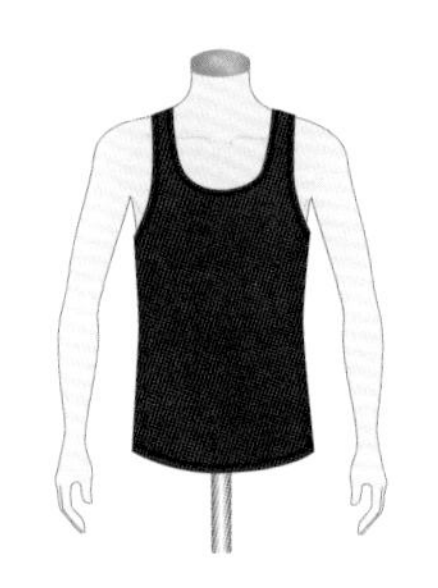

背心
tank top

领窝较深的露肩无袖上衣。肩带部分有一定的宽度，与大身是一片式裁剪。

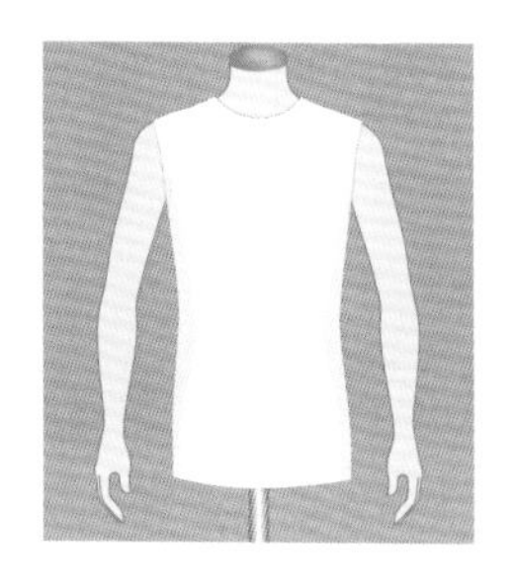

冲浪衫
surf shirt

无袖套头针织衫，因被冲浪爱好者所喜爱而得名。因可以露出上臂，展示手臂肌肉，所以又可以叫作“健美T恤（muscle T-shirt）”，还可以叫作“坎袖汗衫（sleeveless shirt）”“无袖汗衫（no sleeve shirt）”“健美圆领衫（muscle shirt）”等。印有肌肉图案的T恤或无袖衫，也写作“muscle T-shirt”或“muscle shirt”。

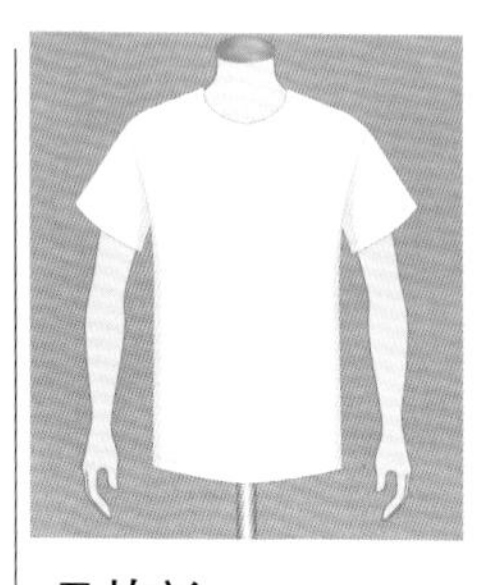

T恤衫
T-shirt

指展开时呈T形的无领套头针织上衣。T恤衫最初是一种男性用的内衣，但现在无论男女都能穿，且价格低廉。

保罗衫
polo shirt

一种带领的套头衫，领子一般用2～3颗纽扣固定，短袖衫、长袖衫都有。

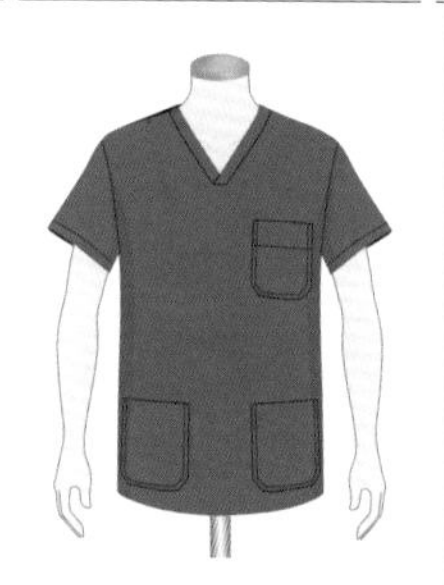

医用短袖衫
scrub suit

一种医疗工作者穿着的V领短袖上衣，颜色多样。不过为防止白色造成的眩光，手术服一般会选择与红色互补的蓝色或绿色。scrub意为刷洗。

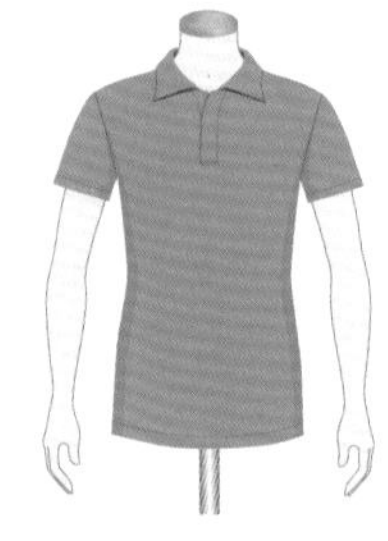

敞领衫
skipper

原本是指设计成如同将带领毛衣和V领毛衣叠穿的拼接领毛衣，现在则多指无扣保罗衫或带领的V字领针织衫。这种敞领衫的领子叫作“弄蝶领（p18）”。skipper原意为小型船只的船长、运动队队长、跳跃者等。

夏威夷衫

Aloha shirt

一种原产于夏威夷、色彩鲜艳的花纹衬衫。开领（p15），下摆一般为方口，热带风情配色。除了办公和日常穿着外，部分花纹的夏威夷衫还可作为男式正装。关于夏威夷衫的起源，一种说法是来自日本的移民用夏威夷农夫所穿的派拉卡衫（palaka）改做而成，还有一种说法是日本移民给孩子制作的带有和服图案的衬衫是夏威夷衫的雏形。此外，还有来源于美国人在夏威夷服装店用日式浴衣布料定做的衬衫等说法。

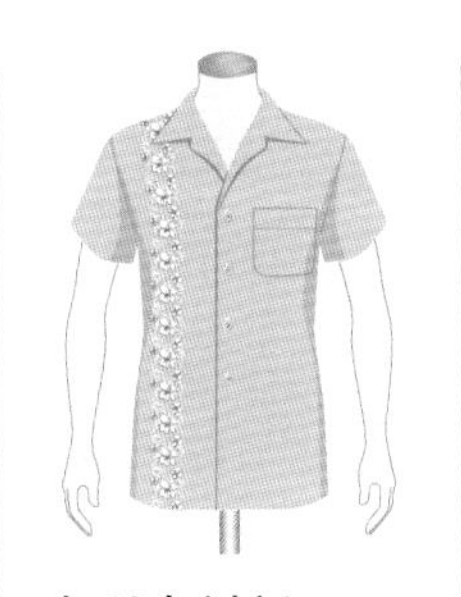

嘉利吉衬衫

kariyushi shirt

日本冲绳县的夏季衬衫，模仿夏威夷衫制作而成，同样是开领，左胸有口袋，半袖，与夏威夷衫十分相似。kariyushi在日本方言里是可喜可贺、吉祥如意之意。

瓜亚贝拉衬衫

Guayabera shirt

以古巴甘蔗田工作人员的工作服为原型制成的衬衫。有四个贴兜，前身左右两侧各有一条褶皱或刺绣绣成的装饰性纵线。别名古巴衬衫、瓜亚贝拉。

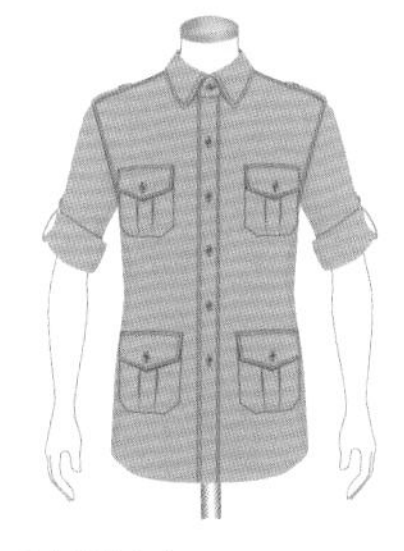

狩猎衫

safari shirt

一种模仿在非洲狩猎和旅行时穿着的狩猎夹克（p90）制作的衬衫。胸口和腰间缝制有补丁口袋、两肩缝有肩袢（p130）。束带和口袋等比普通衣服多，更具功能性。

保龄球衫

bowling shirt

指在打保龄球时穿着的运动衬衫，或者以该设计为主的衬衫。开领（p15）和色彩反差强烈的配色是其特征，有时还会用刺绣或徽章等做装饰。在摇滚乐流行的二十世纪五十年代，飞机头搭配保龄球衫是最时髦的装扮，保龄球衫也因此成为美式休闲时尚的代表性单品。

达西基

dashiki

一种V字领（p10）套头衫，色彩鲜艳，宽松肥大，一般领口周围有刺绣装饰，是西非传统民族服装。名称源自非洲豪萨语的衬衫一词。

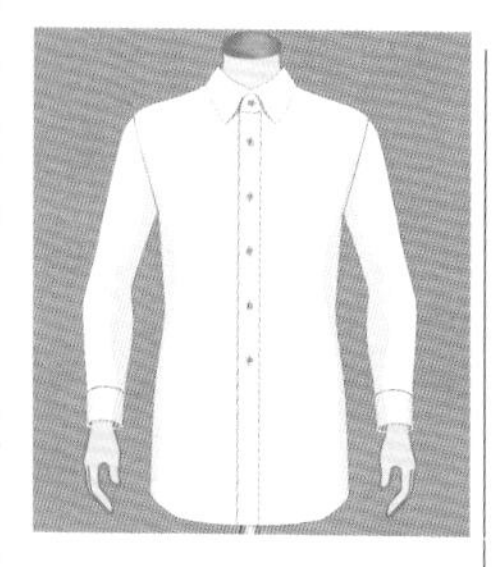

白衬衫
white shirt

指有底领并带袖头的白色（或其他浅色）衬衫，主要用作西装打底。

常春藤衬衫
Ivy shirt

特指常春藤学院风（Ivy style）中的衬衫，一般用纯色布料、方格纹布料、马德拉斯格纹布料（p175）制作。纽扣领（p14）和背部的中心箱褶（p126）也是常春藤衬衫的两大特征。常春藤学院风起源于1954年由美国八所顶尖学府组成的体育赛事联盟——常春藤联盟，当时大学生的主流打扮就被称为“Ivy style”。还有一种说法是，因大片覆盖于教学楼上的常春藤（ivy）而得名。

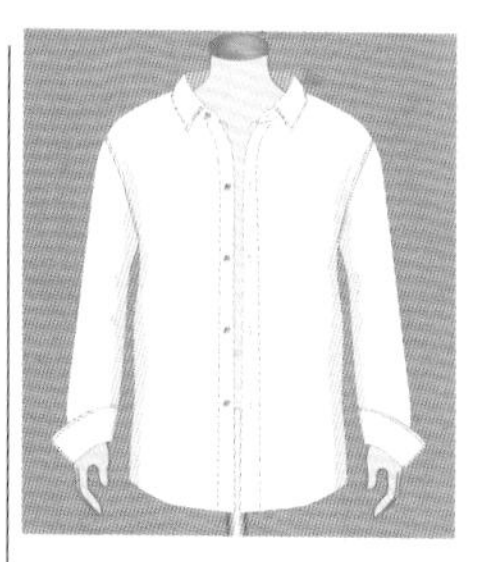

长衬衫
over shirt

所有比较宽松的衬衫的统称。这类衬衫一般长度较长，袖笼较低。over shirt还可表示宽松的衬衫穿着方式。

牧师衬衫
cleric shirt

指领子和袖口部分为白色（或素色），其他部分为条纹或彩色布料的衬衫。这种衬衫因与牧师穿着的白色立领教服相似而得名，流行于二十世纪二十年代，是当时英国绅士穿着的经典款衬衫。cleric即牧师、僧侣之意。制作衬衫的布料虽然带有花纹，但仍可作为正式的衬衫来穿着，同时，在休闲场合下穿着该款衬衫也不会让人觉得突兀。

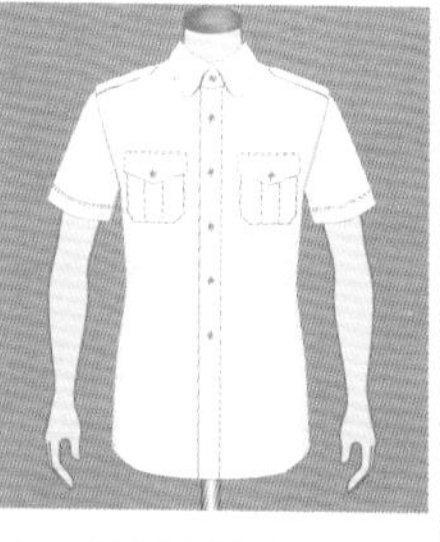

飞行员衬衫
pilot shirt

肩膀带有肩袢（p130）、胸前有盖式口袋的衬衫。因以飞行员的制服为原型设计或与之相似而得名。

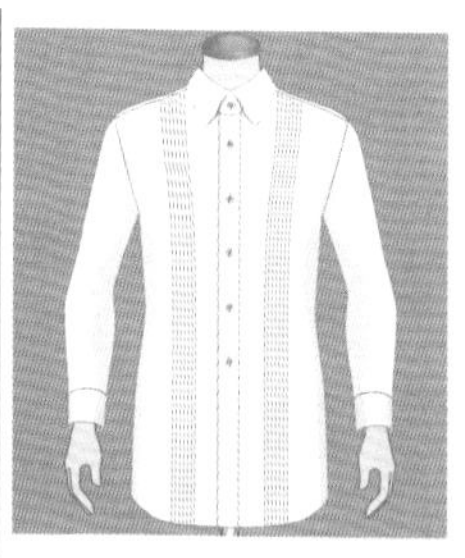

排褶衬衫
pin-tuck shirt

指装饰有（多在胸前）排褶（p132）的衬衫。排褶是一种常见的压褶样式，通过将布料进行等距压褶制作而成。

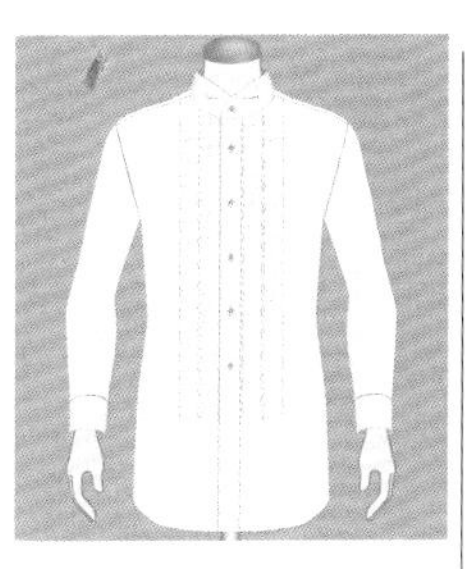

褶边衬衫
frill shirt

胸前有褶边装饰的衬衫。像花边领饰（p28）般将褶边束起，或将褶边纵向排列装饰在胸前，是比较主流的褶边衬衫设计。

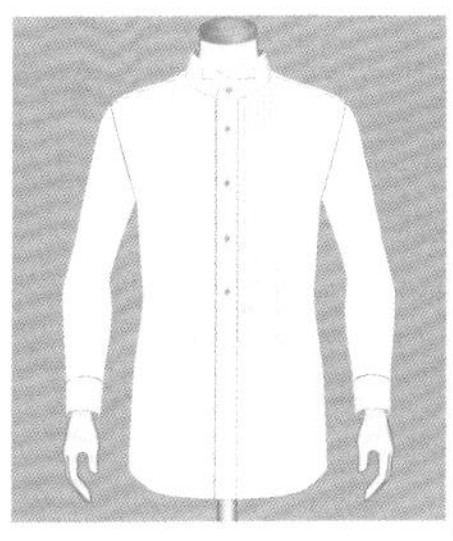

晚礼服衬衫
tuxedo shirt

搭配无尾晚礼服（p81）穿着的衬衫。胸前大多带有褶片胸饰（p125）。

海盗衫
pirate shirt

一种前襟上部用绳子打结固定的长袖衬衫。多为白色或深蓝色，以海盗服为原型设计。海盗衫比较宽松，袖口多用绳子收紧，胸前多带有褶边装饰。

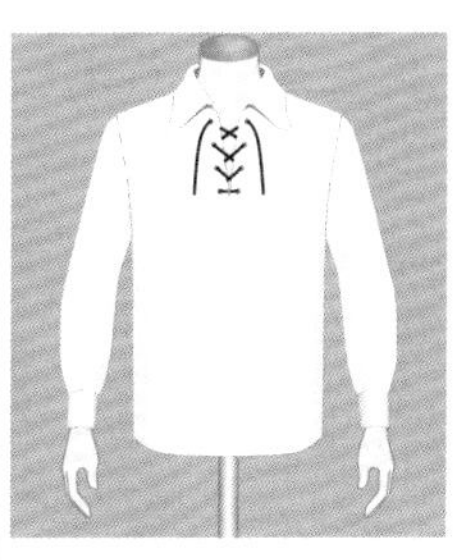

吉利衫
ghillie shirt

胸前用绳子交叉编织的上衣。苏格兰民族服装，不穿夹克衫时搭配苏格兰短裙（p71）穿着。

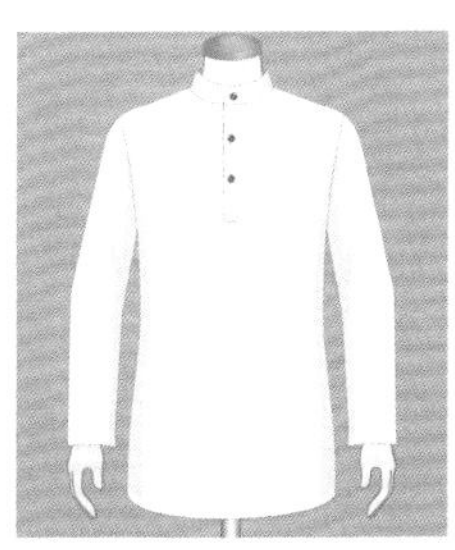

古尔达衬衫
kurta shirt

巴基斯坦、印度等地的传统男性服饰，或是以其为原型设计的套头式衬衣。长袖，小立领，一般比较宽大。

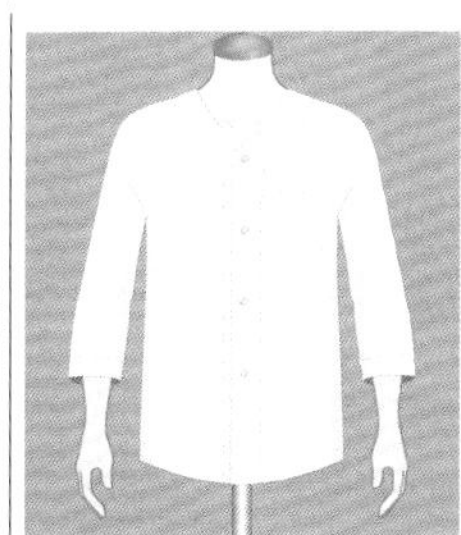

多宝衫
dabo shirt

指在日本节日或庙会时，人们所穿着的一种七分或八分袖打底衫。宽松，无领，与鲤口衫（p73）相比，袖子略长且更为宽松。与配套的多宝裤（p65）一起穿着时，下摆一般不塞进裤子里。

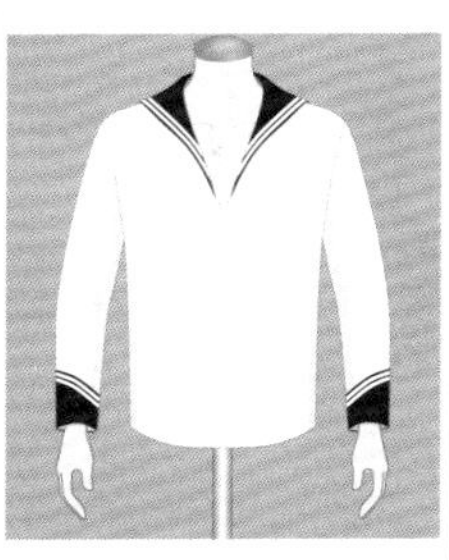

水手领衫
middy shirt

所有带有水手领的上衣的统称。多作为水兵服和女学生制服。又名水手衫、水手罩衫。middy是海军学校学生（midshipman）的简称。

法兰绒衬衫
flannel shirt

通常指用磨毛的纯棉布料制作的衬衫，大多为格子花纹。传统意义上的法兰绒起源于英国威尔士，是一种用粗梳（棉）毛纱织制的柔软而有绒面的（棉）毛织物。

伐木工衬衫

lumberjack shirt

一种由较厚的羊毛材质制作，胸前两侧附有两个口袋的大格子衬衫。lumberjack即伐木工之意。也叫加拿大衬衫（Canadian shirt）。

西部衬衫

western shirt

指美国西部牛仔的工作服，或以此为原型设计的衬衫。其特征是在肩膀、胸部、背部有曲线形牛仔式育克（western yoke），使用按扣，胸前有盖式口袋（p99）或月牙形口袋（p100）。电影中的演员或音乐家、舞蹈家等穿着的西部衬衫,会在肩膀、胸部、背部和边角位置加一些细碎的装饰或流苏（p131）等,看起来稍显夸张。这类衬衫多由青年布、牛仔布、粗棉布等结实的布料制成。

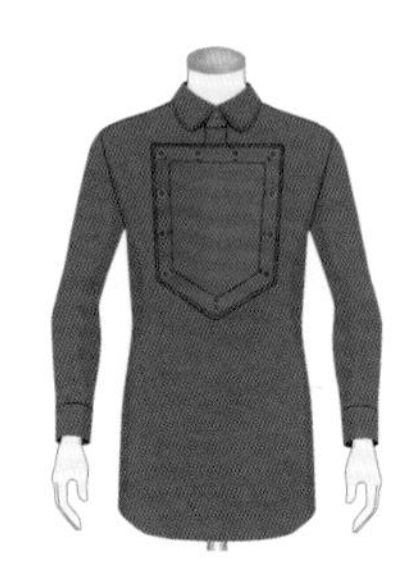

骑兵衬衣

cavalry shirt

一种以美国西部开发时的骑兵穿着的衣服为原型设计的套头式衬衫。最大的特征是前门襟添加有护胸布，据说在恶劣环境中可以保护胸部不受伤害。

橄榄球衫

rugby shirt

指橄榄球运动员所穿的运动服，或者模仿其设计的一种形似保罗衫（p52）的上衣，多为宽条纹，领子一般为白色。为了应对激烈的比赛，真正在橄榄球比赛中使用的橄榄球衫会更加注重防护性和耐磨性，纽扣由橡胶制成，领子的缝合线等处会做加固处理，还会加护肘垫，选用更结实的棉布等。也被称为“橄榄球运动衫”。

条纹海军衫

basque shirt

一种厚实的纯棉T恤，主要特点有船形领（p9）、条形花纹、九分袖。关于海军衫的来源，目前最可信的说法是：最初是西班牙巴斯克地区的渔夫的工作服，因被毕加索（Picasso）等名人穿着而逐渐为人们所熟知，后被法国海军采用为制服。它是海洋风（marine style）的代表性单品之一。白底、藏青色条纹是海军衫最主流的设计，法国ORCIVAL是条纹衫中最为经典的品牌。

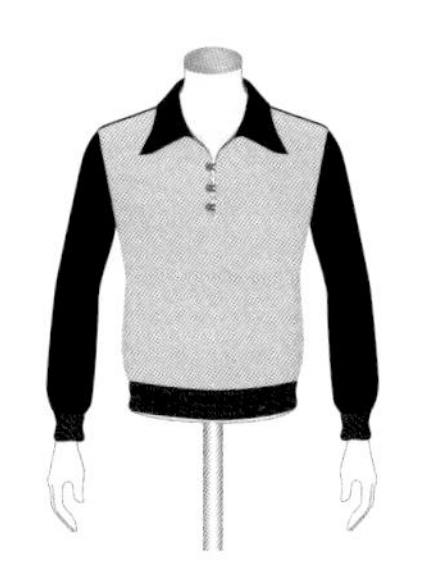

牧人衬衫

gaucho shirt

一种带领的套头式针织衫或布制上衣，曾流行于二十世纪三十年代，以南美牧童所穿的衣服为原型设计而成。

军医衫

medical smock

军队的医疗工作者穿着或以此为原型设计的上衣。从上至下微微变宽，穿脱方便，花纹朴素且耐穿。瑞士军队中所使用的多为用绳子固定前开襟的套头式。

俄式衬衫

rubashka

一种宽大的套头式衬衣，俄罗斯传统民族服装。领口和袖口绣有俄罗斯民族特色刺绣，立领，领子开襟用纽扣固定，有装饰性系绳腰带。

连帽衫

hoody

带有帽兜的上衣，也叫连帽卫衣。原本是因纽特人的防寒服。

军用毛衣

army sweater

一种用于军队的套头式毛衣，非常结实，在肩部和肘部还另用补丁加固。也称突击队毛衣（commando sweater）、格斗毛衣（combat sweater）等。

字母毛衣

lettered sweater

在胸口和袖子上设计有大号英文字母或数字的毛衣。字母是学校或球队名称的首字母，就可以用作校服、队服。也叫校园毛衣或啦啦队毛衣。

洛皮毛衣

lopi sweater

一款冰岛传统毛衣。胸部以上采用圆形育克的编织手法编制而成，并带有一圈花纹。所使用的洛皮毛线绒长线粗、保暖性好，也叫作“羊毛粗纱（wool roving）”。

秘鲁毛衣

Peru sweater

在南美秘鲁安第斯和提提喀喀湖周边地区，印第安人用羊驼和山羊的毛制作的毛衣。大多编织有羊驼、鸟、几何图案等，既轻便又保暖。

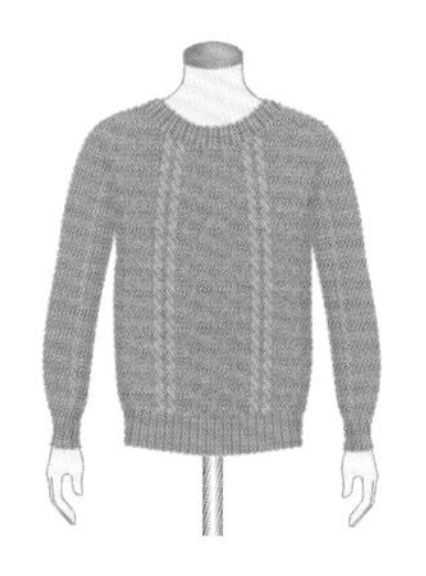

渔夫套头衫

fisherman's sweater

北欧、爱尔兰、苏格兰等地的渔夫在工作时穿着的厚毛衣。最主要的特征是以打鱼时用的绳索和渔网为设计理念编织的绳状花纹。这种毛衣多为单色，绳状交叉式的编织手法使毛衣更加立体，因此可以更好地包裹空气，以达到高性能的防寒、防水效果。毛衣复杂的花纹还有利于发生事故时甄别渔夫的身份。渔夫式套头衫在阿伦群岛又被称作“阿伦毛衣”。

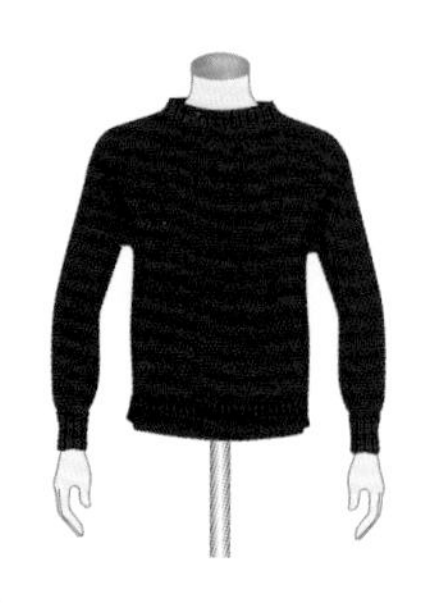

根西毛衣

Guernsey sweater

指根西岛附近的渔民所穿的毛衣。采用非脱脂的羊毛编织，防水、防风性能高，被称为“渔夫毛衣的鼻祖”。不分前后，容易穿着。在领子和双肩之间以及侧腰处有开衩，具有很多功能性特征。

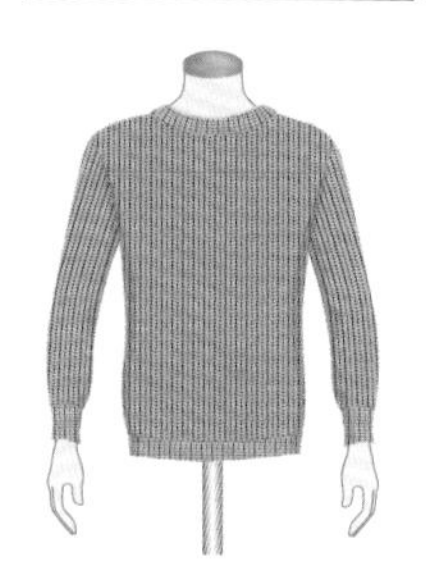

震颤派毛衣

Shaker sweater

一种用粗针亩编、设计简单的毛衣。它起源于震颤教派，他们崇尚简约、质朴的生活方式，教徒们手工编织的毛衣即为此类毛衣的雏形。

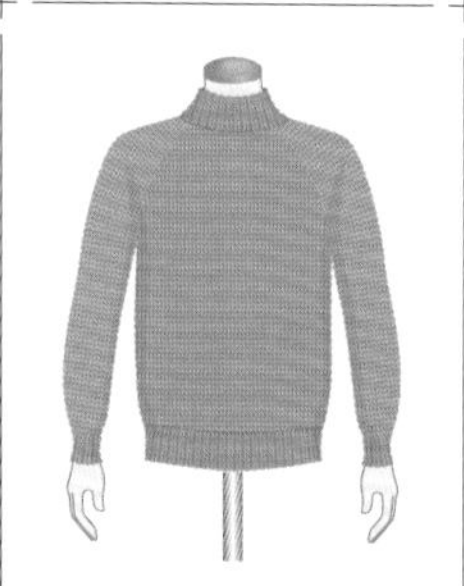

宽松针织衫

bulky knit

所有用线较粗、网眼疏松的针织衫的统称。此类针织衫一般比较厚实，渔夫套头衫就是其中的一种。bulky即体积庞大之意。

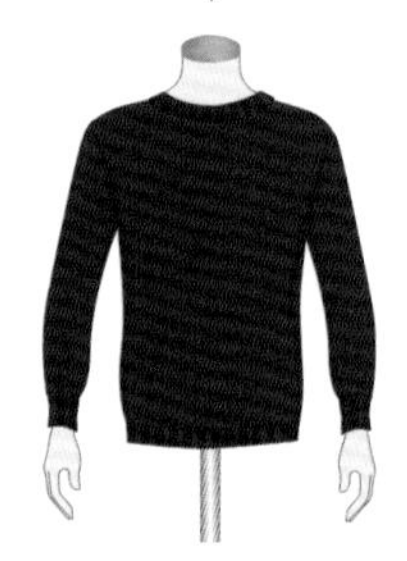

谢德兰毛衣

Shetland sweater

以苏格兰东北部谢德兰群岛原产的羊毛（谢德兰羊毛）制作的毛衣或模仿其制作的毛衣。谢德兰羊毛取自谢德兰羊，羊群生活环境特殊——严寒、湿度高，且饲料中添加了海藻，所以产出的羊毛具有很独特的肌肤触感和较好的保湿性。纯种的谢德兰羊所出产的羊毛十分稀有，即使是同一品种的羊，羊毛的颜色也不完全相同。共可分为白色、红色、灰褐色、浅褐色、褐色等十一种颜色。

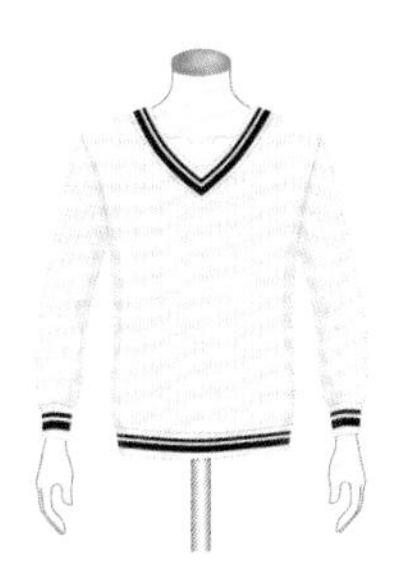

网球毛衣

Tilden sweater

指V形领口，领口、袖口和下摆处有一条或多条宽条纹的毛衣。此款毛衣一般为麻花针（p193）编织，原本比较厚实，但为了使活动更加自如并拓宽可穿着的季节，现在的网球毛衣一般都比较薄。网球毛衣兼具复古与运动元素，时下流行的大V领设计也让这款历史悠久的经典毛衣有了更多可能性。不过，此款设计也容易让人显得孩子气。还可叫作“板球毛衣”“网球针织衫”“板球针织衫”等。

网球开衫

Tilden cardigan

指V形领口，领口、袖口和下摆处有一条或多条宽条纹的开襟针织衫。原本比较厚实，但为了使活动更加自如并拓宽可穿着的季节，现在的网球开衫一般都比较薄。因美国著名网球运动员威廉·蒂尔登（William T. Tilden）经常穿着而得名。其他有类似这种宽条纹特征的针织背心、毛衣等，也可叫作“网球衫”，同类设计也经常用于学校制服等。网球针织衫也同样容易让人显得孩子气。

凯伊琴厚毛衣

Cowichan sweater

一种来自加拿大温哥华凯伊琴部落的传统毛衣。其特征有青果领（p20），以动物、大自然为主题的花纹或几何图案等。正宗的凯伊琴毛衣具有良好的防寒、防水性能，由脱脂羊毛线和美国红杉的树皮纤维编织而成，但现在市售的此类毛衣基本不含脱脂羊毛。加拿大对凯伊琴毛衣的认证标准是有天然的色泽，手工纺织的粗羊毛毛线，有鹰、杉树等传统图案，以及简洁的平纹编织（p193）。

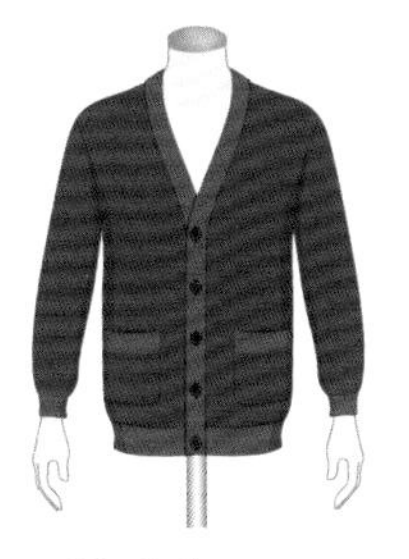

开襟毛衣

cardigan

所有毛线编织的对开襟上衣的统称，一般使用纽扣门襟。英文名cardigan源自其最初的设计者——英国的卡迪根伯爵七世詹姆斯·布鲁德内尔（James Brudenell）。

披肩毛衣

shrug

一款与波列罗开衫（p60）十分相似的毛衣。左右两襟较少重叠（或不重叠），一般穿在礼服或衬衫的外面。相比波列罗开衫，更多用针织或毛皮等柔软材质制成。

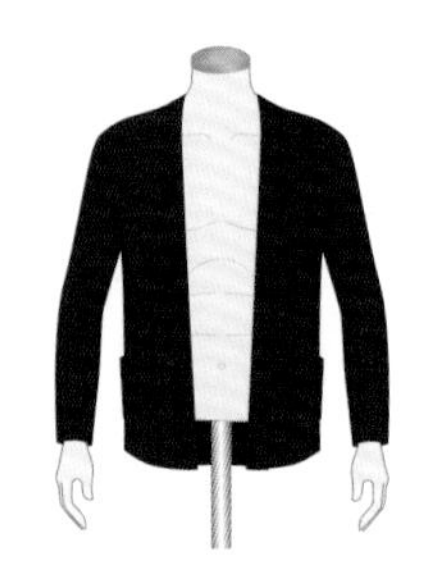

波列罗开衫

bolero cardigan

前侧敞开，左右两襟不重叠的毛衣。与披肩毛衣（p59）十分相似，也可叫作“波列罗短上衣”。

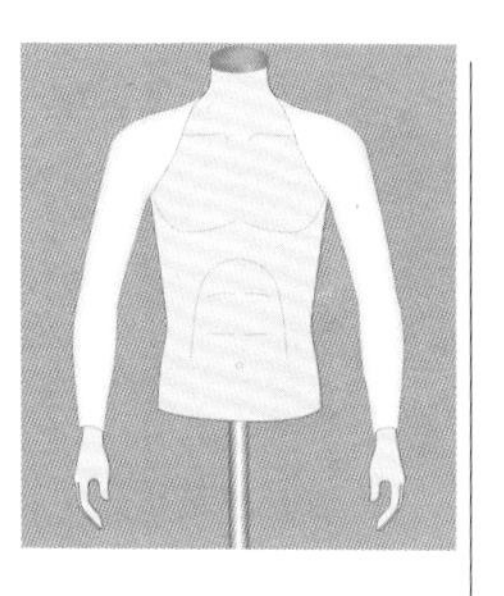

波列罗短上衣

bolero

一种衣长较短、前胸敞开或左右两襟不重叠的上衣，多用作女式服装。bolero原意是指西班牙传统舞蹈——波列罗舞曲。斗牛士所穿着的外套就是典型的波列罗上衣，所用材质及穿着形式多种多样。因前胸敞开，所以常被用作礼服或衬衫的披肩，波列罗开衫一般也被叫作“波列罗短上衣”。右图所示的仅覆盖肩部和手臂的防晒衣也可叫作“波列罗短上衣”或“连袖披肩（shoulderette）”。

美容衫

barber smock

一种在理发店穿着的工作服。领口、衣襟、口袋、袖口外缘一般会有绲边（p129）。除此之外，一些以美容院使用的罩衫为原型设计的女士衬衣，也叫作“美容衫”。

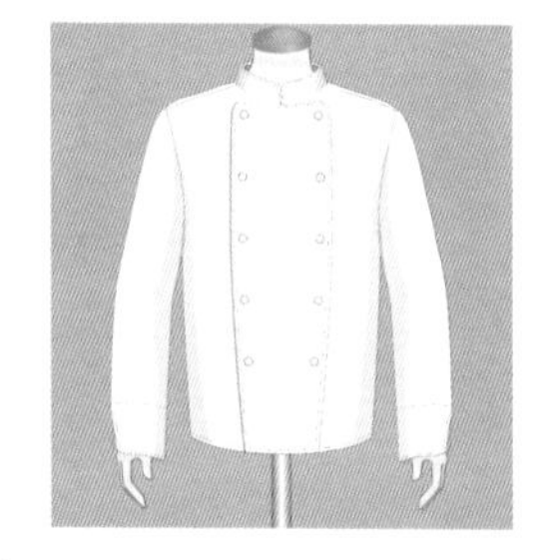

厨师服

cook coat

指厨师在厨房穿着的制服。最主要的特点有立领（p16），前襟为双排盘扣，袖子较长，多为白色。双排扣*的设计可以让厨师在见客时，将烹饪期间弄脏的门襟迅速调换到内侧，双层布料还可以降低烫伤的风险；布料盘扣可以防止纽扣在高温下发生变形，一般使用耐热性好的棉布制作；加长的袖子方便拿取热锅；白色有助于保持干净整洁等，全都是极具功能性的设计。

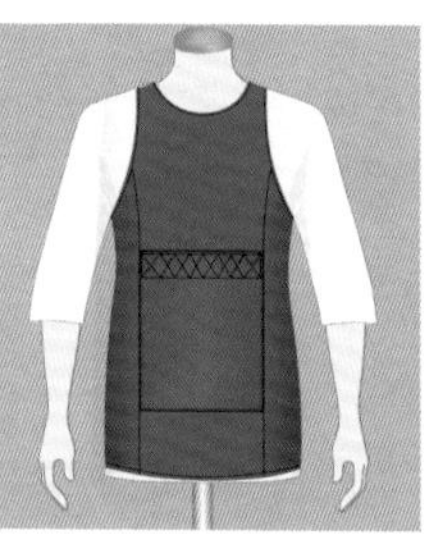

背面

腹挂

harakeke

日本传统衣物，常见于传统节日、庙会，也是日本人力车车夫的工作服，可以看作是带有护胸的围裙。一般搭配鲤口衫（p73）穿着，也可以直接单穿。背部有背带，穿着时背带呈交叉状。腹部带有被称为“大碗”的大口袋。

*门襟与里襟纵向各钉一排纽扣，可以交替使用。

下装

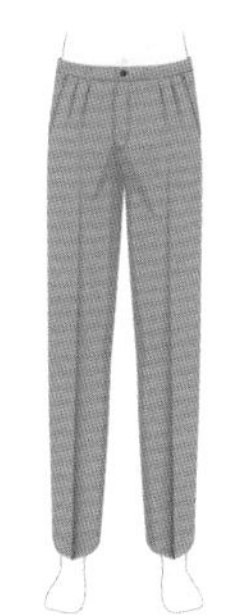

宽松长裤

slacks

长度较长的裤子，多见于西装或制服套装中，与上衣配套使用。裤管正中央一般带有折痕。

条纹西裤

striped pants

搭配男性日用准礼服和晨间礼服穿着的条纹裤，多为黑色或灰色。英文名还写作“morning trousers”。

铅笔裤

pencil pants

指如铅笔一般细长、笔直的裤子。多指设计贴身的利落休闲裤。与烟管裤和棒状裤类似。

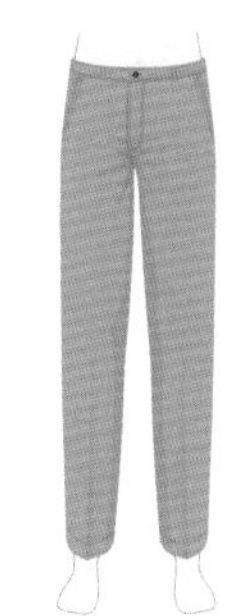

丝光卡其裤

chino pants

一种使用丝光斜纹棉布制作的裤子，源自英国陆军卡其色军装和美国陆军的劳作服，多为卡其色或原色。

宽腿裤

roomy pants

指宽松肥大的裤子。特点是立裆较深，裤长较长。roomy意为广阔、宽阔。

牛津布袋裤

Oxford bags

一种立裆较深的阔腿裤，从大腿处至裤脚上下宽度相同。据说是二十世纪二十年代，牛津大学的学生为了遮盖被禁止穿着的索脚短裤（p67）而开始穿着。

懒人裤

slouch pants

一种大腿宽松，膝盖至裤脚逐渐变窄的裤子。特别宽松，便于活动，穿着舒适，不过穿着这种裤子看起来会略显邋遢。

双耳壶形裤

amphora pants

一种形似双耳壶的裤子。其特点是大腿至膝盖较为宽松，膝盖至裤脚逐渐变窄。

球形裤
ball pants

一种比较肥大的阔腿裤，裤脚处微微收紧，整体轮廓呈球形，一般为九分裤。

锥形裤
tapered pants

指腰部宽松，从上至下逐渐变细、变窄的裤子。脚踝处贴身，大腿处宽松，非常便于腿部的活动。tapered意为锥形的、尖头的。

束脚裤
ankle tied pants

一种腰部宽松，向下逐渐变窄，脚踝处用带子、皮筋、绳子等扎紧的裤子。ankle即脚踝。

水手裤
sailor pants

一种腰部合身，裤腿从上至下逐渐变宽的高腰阔腿裤。裤子门襟一般用纽扣固定，源自水兵的制服。也可叫作“海员裤（nautical pants）”。

工装裤
cargo pants

一种由较厚的棉布制作的裤子，两侧附有口袋，源自货船工人的工作裤。

画家裤
painter pants

指油漆工人的工作裤，特点是带有铁锤环（p129）和贴袋（p99）等。多用牛仔布（p194）、山核桃条纹布（p187）等结实的布料制作，耐磨性良好，一般比较肥大。

面包裤
baker pants

指面包师的工作裤，腰部四周附有大贴袋，裤子宽松，多为卡其绿色，立裆较深。

丛林裤
bush pants

一种工作裤，为防止被树枝剐蹭，口袋会缝在前后侧。口袋一般为贴袋，选用厚实的棉布制作，结实耐磨。bush即树丛之意。

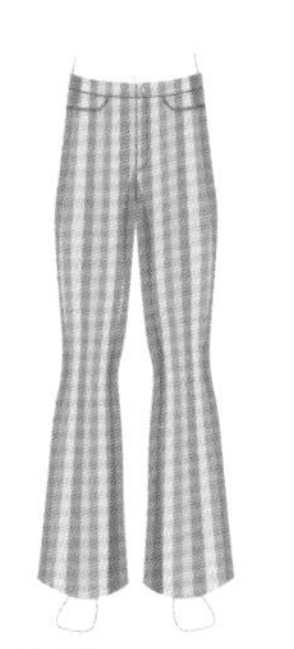

喇叭裤

flared pants

裤腿从膝盖至裤脚逐渐变宽呈喇叭状的裤子。与配靴宽脚裤十分相似。

配靴宽脚裤

boot-cut pants

裤腿从膝盖至裤脚逐渐变宽的裤子。也可叫作“喇叭裤”。

牛仔裤

denim pants

使用斜纹牛仔布（p194）制作的裤子。

低腰牛仔裤

low-rise jeans

指立裆（裆部到腰的长度）较浅的牛仔裤。立裆深，但腰带位置较低的款式也可叫作“低腰牛仔裤”。

排扣牛仔裤

button fly jeans

门襟处使用直排扣子开合，扣子尺寸比主扣稍小的牛仔裤。

无水洗牛仔裤

rigid denim pants

指未做防缩水和做旧等工艺处理、布料带浆的原色未脱浆牛仔裤。无水洗牛仔布、原牛仔布、生牛仔布都指未加工的原始牛仔布。

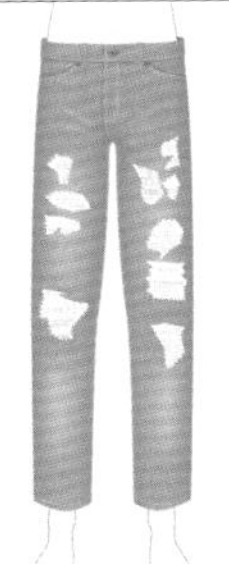

破洞牛仔裤

damage denim pants

在膝盖和大腿周边人为（用碎石进行清洗等方法）施以断线和破洞、裂缝等做旧处理，增加使用感和古着感的牛仔裤。

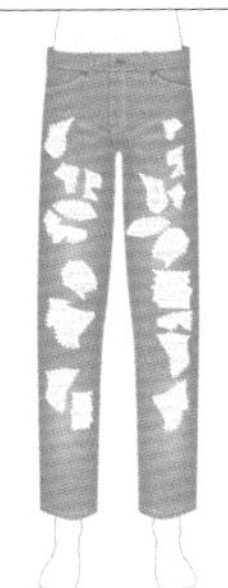

破损牛仔裤

destroyed denim pants

人为施以破坏性加工，以增加使用感的牛仔裤。与破洞牛仔裤基本相同，但其破损程度更大。destroyed意为破坏、摧残。

袋形裤

baggy pants

一种宽松肥大、外形似袋子的阔腿裤。其特征是立裆较深，从臀部至裤脚异常肥大，可以很好地遮盖体形。

垮裤

sagging pants

把裤腰穿在比通常位置更低的穿法，二十世纪九十年代初期，在受嘻哈音乐潮流影响的日本年轻人之间开始流行。到九十年代后期，渐渐成为初高中男生制服的一种穿法。

紧身裤

skinny pants

指严密贴合双腿的紧身裤子。

紧身牛仔裤

jeggings

指使用弹性好的布料制作的牛仔裤，有前门襟，用纽扣或拉链开合。可以看作是将牛仔打底裤与弹力裤合二为一的裤子，jeggings为jeans和leggings的重组词语。

弹力打底裤

leggings

指由弹性较好的材质制作的打底裤，与腿部紧密贴合，长至脚踝。和裹腿几乎没有太大差别，leggings原始的含义就是短绑腿。

滑雪裤

fuseaus

一种源自滑雪裤的修身紧腿裤，有的带有踩脚挂带。fuseau在法语中为纺锤之意。

踩脚裤

stirrup pants

指底部带有踩脚挂带的裤子，踩脚打底裤也属于踩脚裤。stirrup意为马镫，是一种骑马用具。

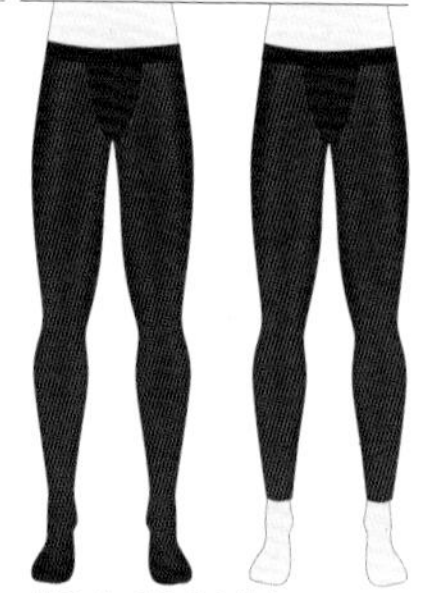

紧身连裤袜

tights

一种从脚尖一直延伸至腰部，与身体紧密贴合的裤状袜。多由尼龙等弹性好且具有保温性能的材质制作而成，常用于芭蕾、体操等身体活动幅度较大的运动中。也有不带袜子的款式。

日本（秋）裤

股引

日本传统裤装，较贴身，长度至脚踝，可做内衣。与护胸围裙一样，可作为工匠师傅的工作服。常见于日本传统节日、庙会等活动中。也有五分长的款式。

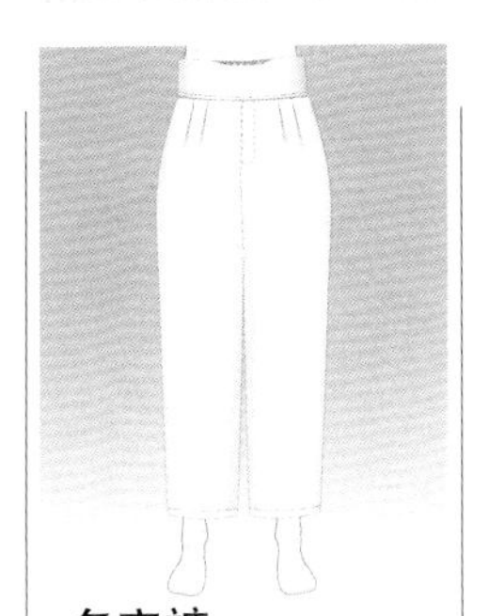

多宝裤

dabo pants

指在日本参加节日庆典或逛庙会时穿着的一种宽松裤装，多与多宝衫（p55）成套穿着。宽松版型的日本裤，也叫作“多宝裤”，也可搭配多宝衫穿着。

束脚运动裤

jogger pants

一种从上至下逐渐变窄的锥形裤。长度至脚踝，裤脚用罗纹或皮筋收紧。多选用较柔软的布料制作，搭配运动鞋会显得腿特别漂亮，一般作为运动服穿着。

松紧裤

easy pants

所有腰部用绳子或松紧带收紧的裤子的统称。这类裤子宽松舒适，可以居家或度假时穿着，对于不喜欢系腰带的人很友好。

束缚裤

bondage pants

朋克装扮中的代表性裤装，两腿膝盖之间用一条扣带连接，看起来行动很不便。穿着者试图用这种方式表达被束缚之意，多用红色底黑色方格的布料制作。

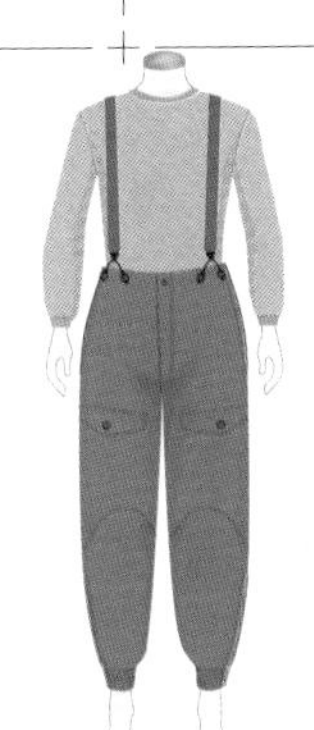

飞行裤

flight pants

飞机乘务员所穿的工作裤，多为军用。也可指以此为原型设计的裤子。为方便穿靴子，裤脚一般采用收口设计。口袋带盖，且用纽扣或拉链固定，以防在飞行途中口袋内的物品飞出。常见的飞机裤有背带式，还有两侧带有贯穿整条裤子的拉链以方便穿脱的罩裤式。

直升机裤

heli-crew pants

飞机裤的一种。为适应热带环境，专门为直升机搭乘人员改良的薄型工作裤，也可指以此为原型设计的裤子。特点是两腿有大口袋，蹲下时开口朝上。

杜管裤

dokan pants

从裆部至裤脚极度宽松的裤子。由日本的学生服演变而来，二十世纪七十年代后期开始流行。

宝弹裤

botan pants

一种裆部周围宽松、裤脚处细的裤子。由日本的学生服演变而来，二十世纪七十年代后期开始流行。

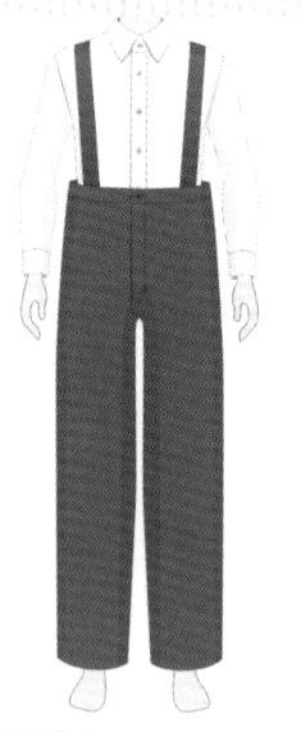

小丑裤

clown pants

指腰部宽松肥大的吊带裤，是小丑的常用表演服，也叫祖特裤（zoot pants）。

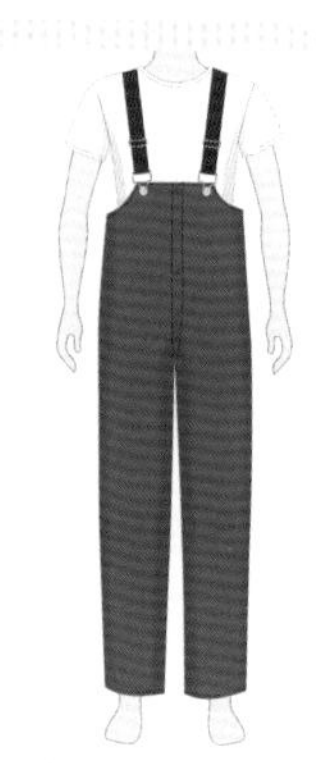

甲板裤

deck pants

在甲板上工作时穿着的工作裤。一般为连体式，耐磨保暖，曾被用作美国军队的军用服装。

双膝裤

double knee pants

在大腿至膝盖处添加衬布加固的裤子。双层布料的设计，可以增加裤子的强度，使膝盖处更不易磨损，极具功能性。现在则更重视它的设计感。

护腿套裤

chaparajos

一种穿在普通裤子外面的防护用品，多为皮革材质。主要在骑马或骑哈雷等大型摩托车以及使用电锯时穿着。因被职业摔跤选手史坦·汉森（Stan Hansen）用作擂台服穿着而出名。电锯专用的护腿套裤，采用特殊的防切割纤维制作而成，当裤子接触到锯子时，材料会缠绕在锯齿上，使其停止旋转，以防止割伤等事故发生。

绑腿裤

tethered pants

一种从膝盖或小腿至裤脚用绳子捆住的裤子，现在也可指膝盖以下比较紧身的裤子。

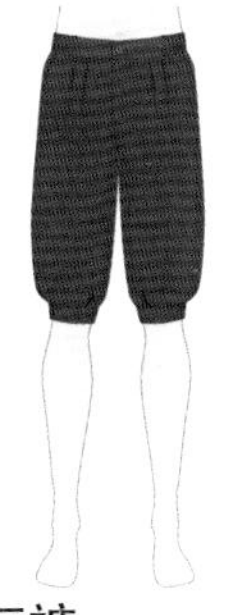

索脚短裤

knickerbockers

一种裤脚处用绳子等收紧、带有褶皱的过膝短裤，最初是居住在美国的荷兰移民穿着的衣物。曾是自行车专用裤。因便于活动，所以也被用作棒球、高尔夫、骑马、登山等运动的运动服。目前在日本常被用作工地施工人员的工作裤，但会长一些。

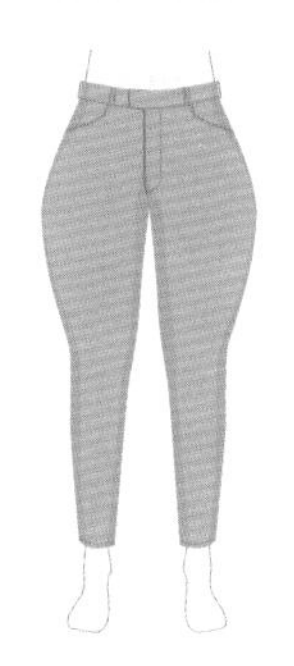

骑马裤

jodhpurs

一种骑马时穿着的裤子。为方便活动，膝盖以上较宽松，弹性较好，膝盖以下逐渐收紧，以方便穿靴子。英文名来源于以棉织品而闻名的印度城市焦特布尔（Jodhpur）。骑马裤与低档裤的主要区别在于立裆的位置。

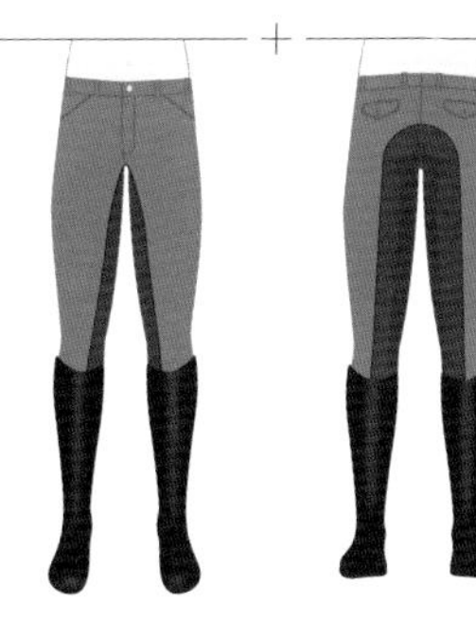

马裤

breeches

一种骑马时穿着的裤子，大腿部较为宽松，弹性较好，有长裤也有短裤，也可指相似形状的骑马裤。原本是中世纪欧洲宫廷中男性穿着的一种长裤。

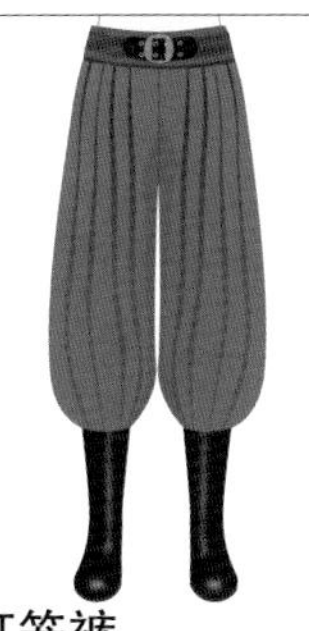

灯笼裤

bombacha

南美洲从事畜牧业的牛仔穿着的工作裤，特点是腿周宽松肥大，便于活动，脚踝处收紧，腰间一般系宽腰带。

牧人裤

gaucho pants

一种裤脚宽松的七分裤，源自南美草原的牧民们所穿的裤子。现在多选用轻薄柔软的针织布料制作，是一款穿起来非常优雅的女裤。

海盗裤

pirate pants

一种大腿宽松、略微膨胀，膝盖以下收紧或被绑起来的裤子，因容易让人联想到海盗的装扮而被命名。

泰国渔夫裤

Thai fisherman pants

泰国和缅甸的渔夫所穿着的一种传统服装。裤子的尺寸和长短可自由调节，腰部和臀部十分宽松。在穿着时，人们可以根据自己的需要把裤子提到合适的高度，腰部围裹成合适的松紧程度，然后将系带在前侧打结固定，最后把多余的部分从上面翻折下来即可。裤子多用轻薄的棉、麻布料制作而成，便于活动，现在已经作为休闲服、家居服等在世界各地普及开来。

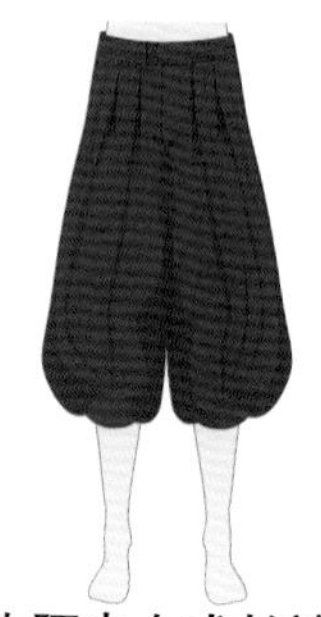

佐阿夫女式长裤

zouaves

一种宽松肥大、裤脚处收紧的裤子，长度一般为过膝或至脚踝。

低裆裤

low pants

指裆部比较低的裤子，根据布料和制作方式的不同，又可细分为低裆牛仔裤、低裆紧身裤等。

莎丽*裤

shalwar

一种膝盖以上宽松肥大，裆部位置较低的裤子，是巴基斯坦的民族服装。二十世纪八十年代因被美国说唱歌手M.C.汉默（M.C. Hammer）穿着而出名，有时会和外形十分类似的吊裆裤一同被叫作“哈马裤”。

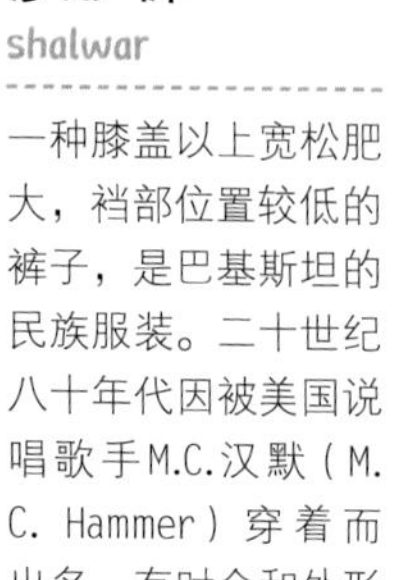

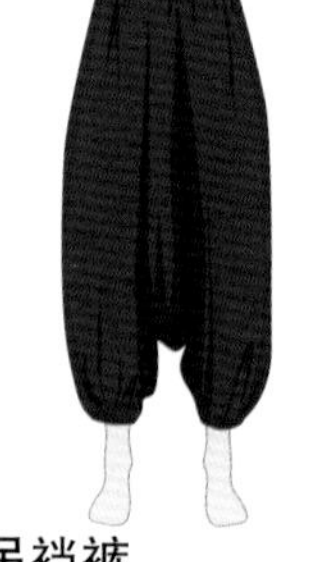

吊裆裤

sarrouel pants

一种膝盖以上宽松肥大，裆部位置十分低的裤子。有一些低裆裤裤脚会做收口处理，外形看起来几乎和莎丽裤一样，但两腿没有分开，只在最下部留有让脚通过的孔洞。

阿拉丁长裤

Aladdin pants

一种裆部位置较低，腿部宽松肥大、自然下垂的裤子。和吊裆裤十分相似。

*莎丽在印度叫夏瓦尔。

桑博

sampot

柬埔寨民族服装，特征是将一块长方形的布系于腰间，男女通用。桑博穿法多样，可以围成裙子，也可以围成裤子。

多蒂腰布

dhoti

指印度教男性用的腰布，用一块布从裆下穿过进行穿着。印度和巴基斯坦部分地区的民族服装，一般与无领古尔达衬衫（p55）搭配穿着。

笼基

longyi

通过将一整块布系在腰间穿着的筒状裙子（也可指这块布本身），缅甸传统民族服装之一，男女通用。男性穿着时，会将布料在腹部打结；女性穿着时，则是将布料裹紧在左右任意一侧，然后另外用绳子固定。插图中所示为男性穿法。男性穿着的可叫作“帕索”，女性穿着的可叫作“特敏”。穿着笼基时，上衣一般会搭配一种名为“恩基”的罩衫。职业、民族不同，笼基的颜色和花纹也不相同。

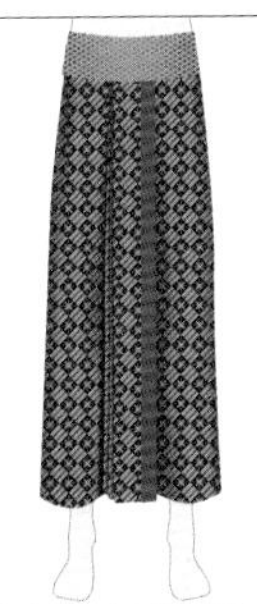

凯恩潘詹纱笼

kain pandjang

印度尼西亚传统服装，男女通用。将一大块爪哇出产的纱在一端捏褶，然后把褶皱一端围裹在身体前侧即可。地域不同，围的方法也不同。直接缝成筒状的叫作“凯恩纱笼”。

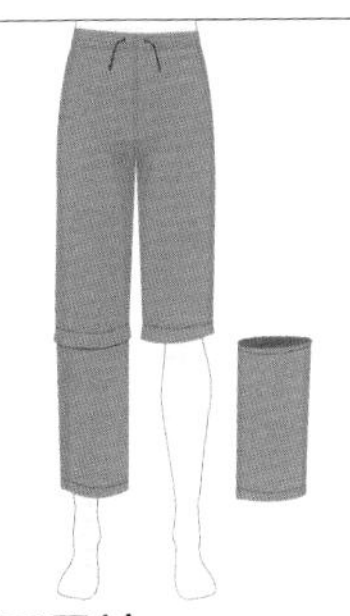

两用裤

convertible pants

借助拉链或纽扣添加穿脱式裤腿，可以灵活改变裤腿长度的裤子。convertible意为可替换的。

双层裤

double layered pants

指看上去像将两条不同长度的裤子叠穿的裤子，或指内外有两层的裤子。

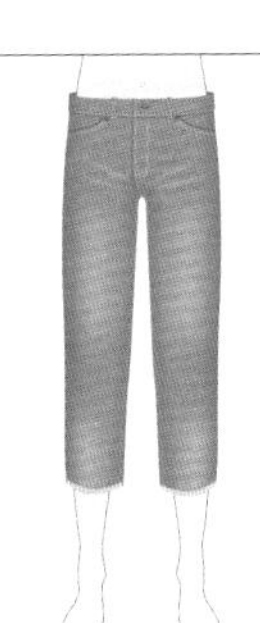

剪边裤

cut-off pants

指裤脚看起来仿佛被裁过一般的裤子。长度上没有特别的限制，有的裤脚不缝边，保留布料的毛边。

中长裤

three quarter pants

一种长度过膝的裤子，一般用作运动服或休闲服。three quarter即四分之三之意。

七分裤

cropped pants

指长度过膝，与中长裤接近，裤脚看起来仿佛被裁过一般的裤子，是剪边裤（p69）的一种。和卡普里裤、八分裤为同一分类。

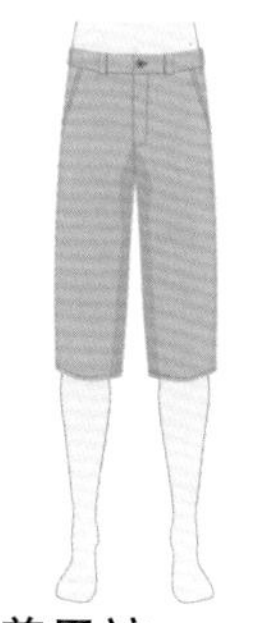

卡普里裤

Capri pants

指长度过膝或至小腿的紧身裤，在二十世纪五十年代曾风靡一时，名称中的Capri源自意大利的度假胜地卡普里岛（Capri Island）。比卡普里裤稍长的裤子叫作“八分裤”。

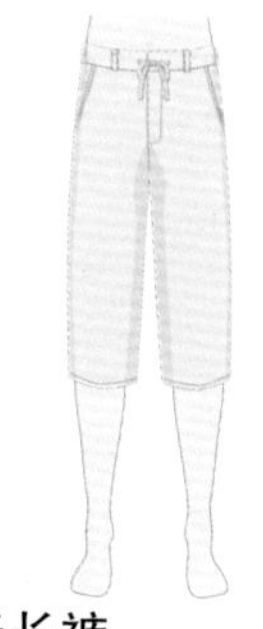

半长裤

clam diggers

一种长度至小腿的裤子，设计源于挖蛤蜊的人穿着的短牛仔裤。clam是蛤蜊、蚌等双壳贝类的统称。

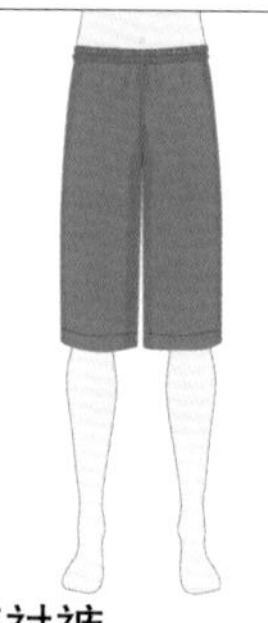

短衬裤

steteco

一种穿着于外裤内的过膝短裤。与平角短裤和秋裤不同，衬裤比较宽松，不贴身，主要作用是吸汗、保暖。现在逐渐流行将其用作居家服。

四分短裤

quarter pants

一种长度至大腿的短裤，一般用作运动服或休闲服，常见于学校的体操服。quarter即四分之一之意。

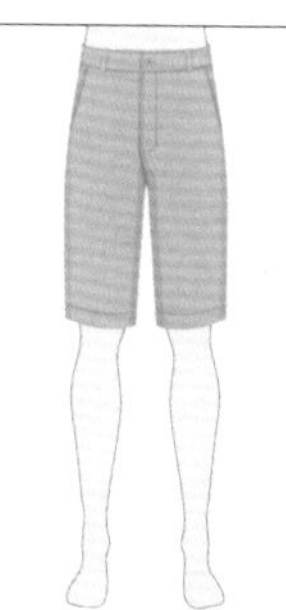

百慕大式短裤

Bermuda shorts

一种长度至膝盖上方的短裤，一般比及膝短裤要瘦，源自百慕大群岛旅游度假区的休闲裤。

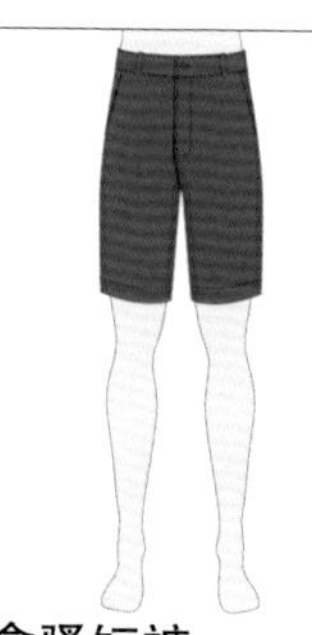

拿骚短裤

Nassau pants

一种长度在大腿中间位置的短裤，比百慕大式短裤短，比牙买加短裤长，三种都属于岛屿短裤（island pants），夏季常见于各种旅游度假区。

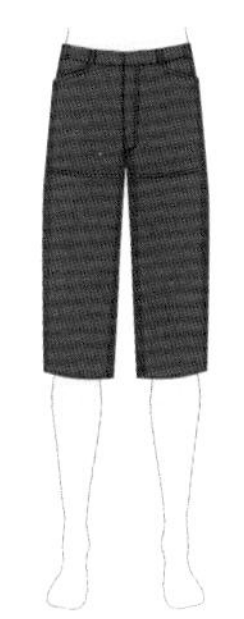

脚踏车裤
pedal pushers

一种弹性良好、较为贴身、易于活动的六分裤，源自二十世纪人们骑自行车时穿着的衣服。

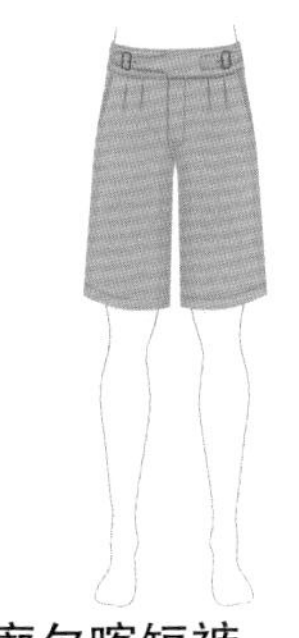

廓尔喀短裤
Gurkha shorts

一种腰部带有宽腰带、立裆较深的短裤。这种短裤源自十九世纪廓尔喀士兵的军服，二十世纪七十年代开始在美国普及，后来逐渐发展成大众服饰。

吊带皮短裤
lederhosens

指德国南部巴伐利亚高山地区的男性穿着的一种带有肩带的皮革短裤。

苏格兰短裙
kilt

一种用苏格兰格纹布料（p175）打褶，用腰带或别针固定的裹裙。原本是苏格兰男性的传统民族服装。

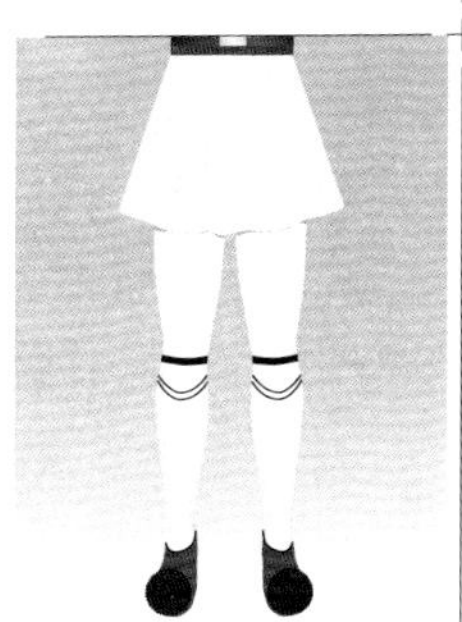

希腊白短裙
fustanella

带褶皱的白色短裙，希腊和阿尔巴尼亚男性穿的传统裙子。起源于古希腊，历史悠久。现在可见于卫兵服和民族舞蹈服。

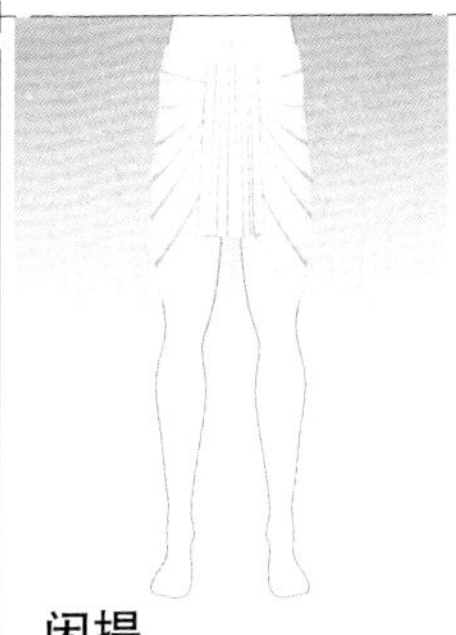

闲提
shenti

古埃及男士缠腰布。长度至膝盖上方。

袴
hakama

日本传统下装，宽松肥大，男女通用，穿着时在腰部或胸部打结固定。根据构造的不同，分为可以骑马的马乘袴（有裆裤子式）和行灯袴（无裆裙子式）两种。多在庆典、仪式、武道、表演等日本传统活动时穿着。从名称上来看，袴仅是指下装，有时将穿着袴时的整体装扮叫作“袴姿”。

运动短裤

boxer shorts

用弹性较小的材料制作的男式短内裤或拳击、游泳时所使用的短裤。原本是指紧身的五分短裤。boxer即拳击手之意。英文名还写作“trunks”。

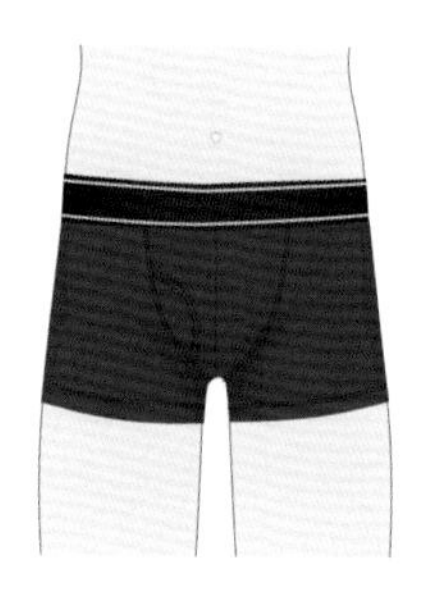

平角裤

boxer briefs

男式内衣。与运动短裤相似，采用带弹性的布料制作，与身体的贴合度较高，稍微有一点点裤腿。有一些会在前侧设置开口。在有些国家写作“trunks”。

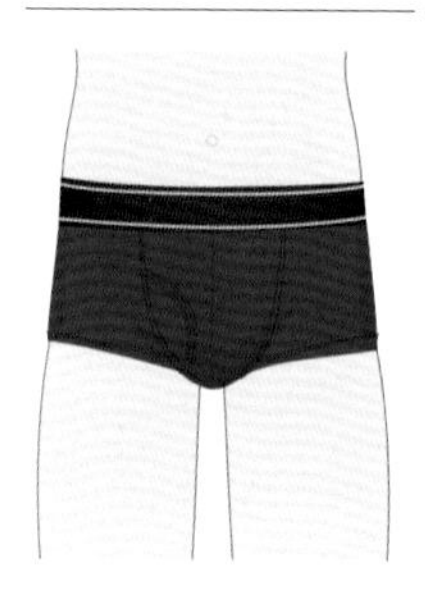

男式内裤

briefs

指没有裤腿的男式内衣。一般都比较贴身。

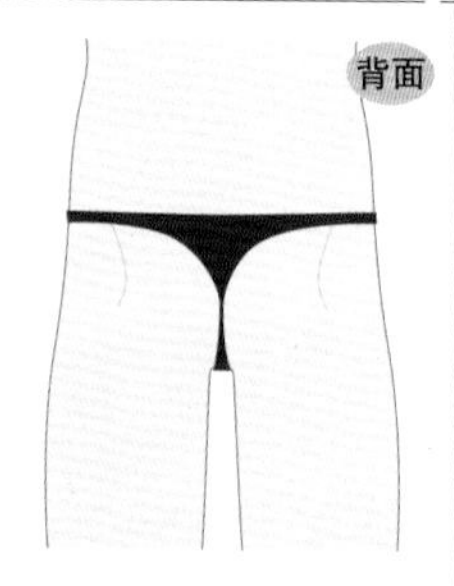

丁字裤

T-back

所有后侧呈T字形的泳衣或内裤的统称。

猿股

さるまた

日本传统男式内裤。稍微有一点点裤腿，与平角裤相似。

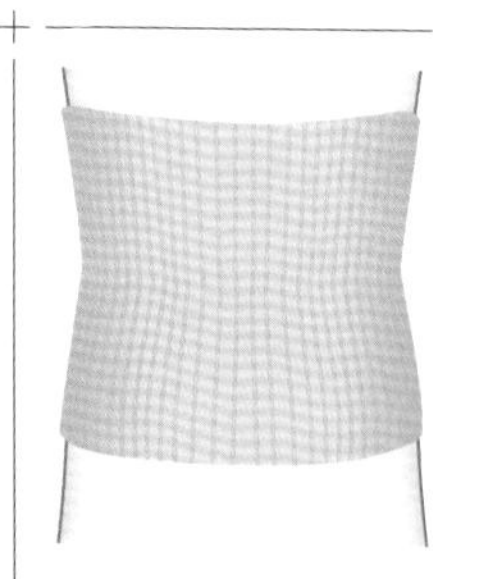

护腹带

belly warmer

日本传统衣物，有给腰腹部保暖的作用。现在市面上比较主流的是用带弹性的针织材质做成的圆筒状产品。

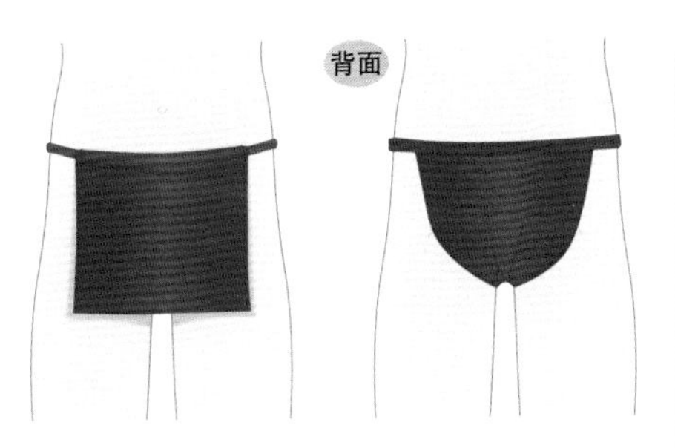

越中裤（兜裆布）

越中褌

日本传统下半身用衣物，由宽布和绳子组成。穿着时，需要先用绳子将布固定在身体的后侧，然后将布从两腿间穿过，挂在身体前侧的绳子上。在日本江户时代，人们便开始使用，明治末期流传开来。

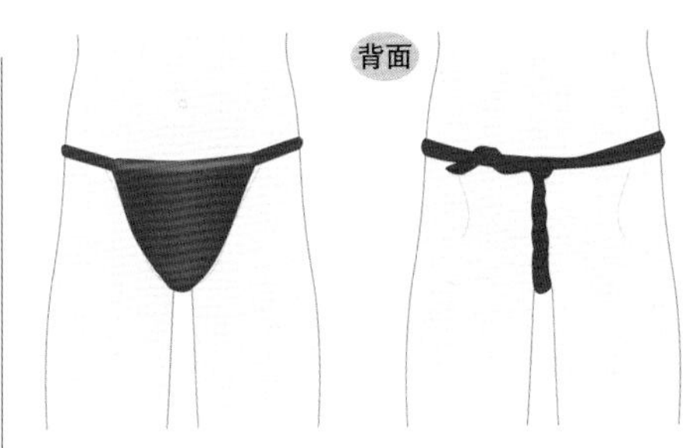

六尺裤（兜裆布）

六尺褌

日本传统下半身用衣物，用宽约30厘米，长2～3米的带状布条制成。穿着时，先将布条从两腿间穿过，再将身体后侧的布条扭转成绳，绕腰一周后在尾骨上方固定；最后将前侧布条穿过两腿间，扭转成绳后在身体后侧固定。

鲤口衫

koikuchi shirt

日本传统内衣，无领七分袖衬衣的统称，常见于日本祭祀、庆典等活动中。日本部分地区还称其为“肉襦袢”。传说因袖口形似鲤鱼嘴而得名，可直接穿于腹挂（p60）之下。多用带有日本传统花纹的布料制作，一般贴身穿着并置于裤子内。与之外形相似的多宝衫（p55）则多由纯色布料制作，宽松肥大，穿着时将下摆置于裤子外。日本祭祀中抬神轿的人常穿着此类衣物。

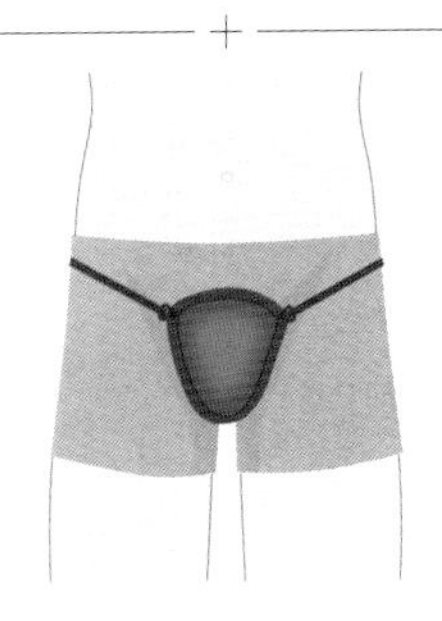

遮阴袋

codpiece

用于隐藏裤子门襟或保护裆部的覆盖物。十五至十六世纪，为了凸显裆部，人们会在遮阴布上施以装饰或在内侧添加填充物等。遮阴布虽是一种外穿的衣物，但根据它的特点，本书将其放在了内衣的分类中。

搭扣 / 皮带扣

buckle

一种金属配件，安装在绳子或带子的一端，将另一端从中穿过后，可以固定绳、带。它是腰带中使用最普遍的锁扣。

腰带

belt

系在腰间用于固定衣服和装饰品的绳子或带子的统称。一般用扁平细长的布或皮革制成，大多一端装有搭扣，用于固定腰带和调整腰带的松紧程度。也可叫作“皮带”。除固定作用外，一些装饰性强的腰带，还可以成为设计的一部分，起到调节服装线条轮廓等作用。

双排孔腰带

double pin

为方便调节松紧程度，打有两排皮带孔的腰带。

双环扣腰带

ring belt

指用金属圆环作为皮带扣的腰带。一般会先将腰带同时穿过两个重叠圆环，然后再从其中一个环下穿过、折回。设计简约，气质优雅，易于调节尺寸。

编绳腰带

mesh belt

指用皮革或布编织而成的腰带。腰带上不设计皮带孔，可将皮带扣上的针随意插进任意织孔完成固定。颜色花型多种多样，适合休闲装扮。商务场合可选用较沉稳的色调。

雕花腰带

carving belt

带有雕刻的皮革制腰带，雕刻纹样多以植物为主题。

贝壳腰带

conch belt

美洲纳瓦霍人所使用的一种带有贝壳装饰的腰带。conch意为贝壳。

教士长袍腰带

surcingle belt

中间是结实的布料，两端则为皮革的腰带，皮带扣安装在皮革上。surcingle意指捆马腹的带子。

西部腰带

western belt

一种皮革制腰带。皮带扣较大，一般为单针扣，多带有雕花或装饰。很多会在腰带部分添加压纹装饰。也叫牛仔腰带。

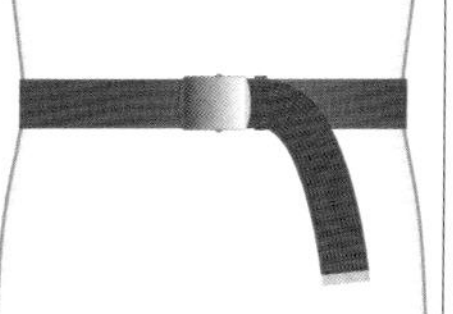

GI 腰带

GI belt

一种无孔腰带，通过按压皮带扣内的金属滚轴来达到固定的效果。源自军用腰带。因为没有固定腰带的扣眼，所以只能对腰带的松紧程度做细微调整。

铆钉腰带

studs belt

指带有金属装饰钉的腰带。比较大的铆钉（p132）会更显狂野。常见于朋克装扮中。

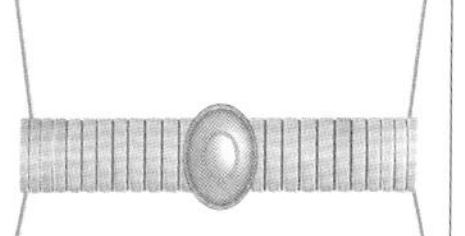

金属弹力腰带

metal stretch belt

一种带有弹力的金属腰带。运用了相同制作原理的还有手表的表带。

狩猎腰带

safari belt

指参加狩猎等活动的人所使用的腰带。安装皮带扣的部分比腰带主体要细，或是在较宽的腰带主体上叠加一条细腰带用以固定。腰带上带有用来放置物品和弹夹的口袋。

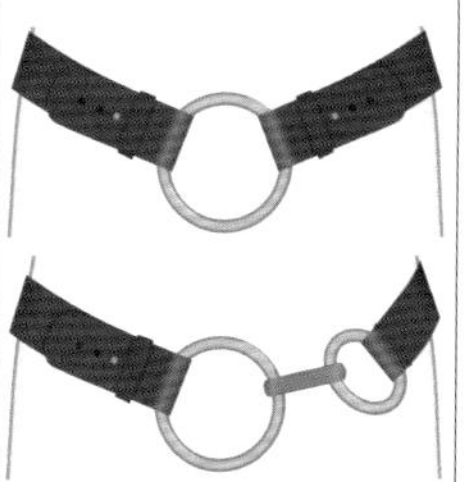

低挂式腰带

low-slung belt

指系好后垂于腰部以下的腰带，主要起装饰作用。low-slung意为低腰的。

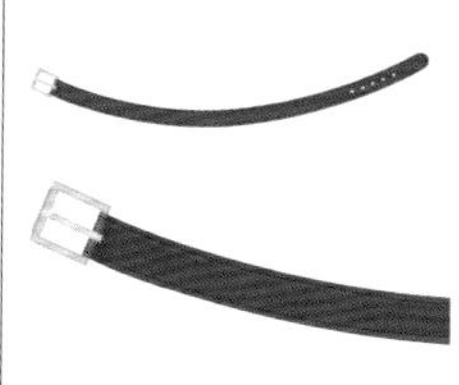

曲线腰带

curve belt

配合腰线裁剪成有一定弧度的腰带。该腰带与身体贴合度较高，使用时不易出现缝隙，显得利落整洁。

饰腰带

sash

一种较宽的装饰性腰带，多用柔软、有光泽的布料制作。十七世纪时，为了让腰带更具装饰性，饰腰带应运而生。腰带主体比皮带扣部分要宽，使用时可以将腰带聚集、打结，极具立体感。一般比较宽。除腰带外，sash还可以指斜挂于肩膀上的绶带。

腰封

cummerbund

穿着夜间准礼服（黑色领结）时，用于无尾晚礼服（p104）之下的宽布带，饰腰带的一种。最正式的颜色为黑色，其他还有红色、橙色等。因为是马甲的替代品，所以通常不与马甲共用，一般搭配领结使用。因用于正式场合，腰带应选择背带式。

背带

suspenders

从双肩垂下用以固定下装的腰带。可在穿无尾晚礼服（p104）等正装时使用。背面的设计多种多样，可交叉可平行。英文名还写作“braces”。

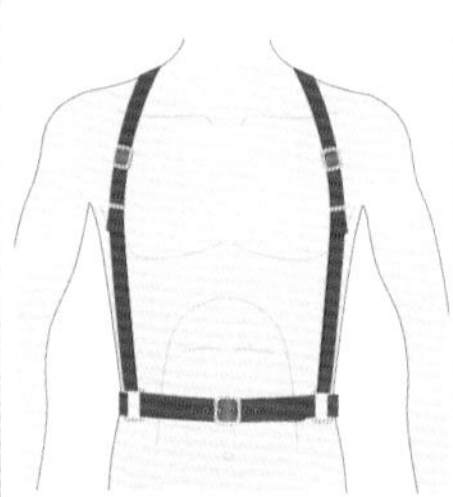

缰绳式背带

halter belt

一种形似牵马缰绳的背带。由腰带和双肩背带组合而成，可见于一些有约束感的穿着中。

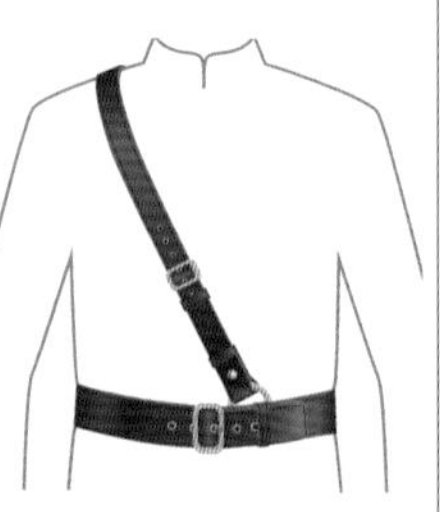

武装带

Sam Browne belt

一种由腰带和斜挎在右肩上的单肩背带组成的皮带。常见于军用和警用装束，用于携带武器。

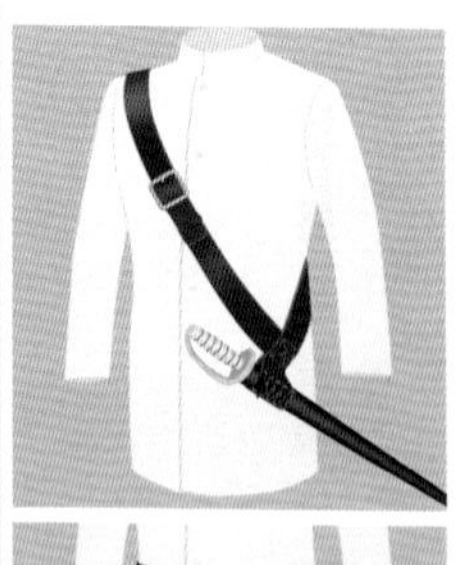

剑带

sword belt

用于佩戴剑的皮带。剑的大小和种类不同，剑带的款式也不同。

花式马甲

odd vest

指用与外衣不同材质制作的马甲，除内搭外也可以直接单穿，设计形式多样。英文还写作“fancy vest”。

英式马甲

waistcoat

在十七世纪诞生之初，原本是带有袖子的，至十八世纪后期，逐渐变成了无袖式，并延续至今。waistcoat是英国对于马甲的叫法，美国称vest，法语为gilet。

法式马甲

gilet

法国原产的一种无袖上衣，美国称其为vest，英国称其为waistcoat。各国对于马甲的定义没有太大区别，相较于其他装饰和口袋较多、经常外穿的马甲，法式马甲的设计一般比较简洁，更倾向于用作内搭。所以，法式马甲多指那些装饰少或无装饰，轮廓线相对更具特色的马甲。

有领马甲

lapeled vest

一种和外套一样的带领马甲，lapel意为翻领。

卡玛马甲

cummer vest

搭配领子开口较大的无尾晚礼服（p104）穿着的专用礼服马甲，腰封就是由卡玛马甲简化而来。背部几乎没有布料，只在颈部和腰部有少量布料。卡玛马甲是餐厅侍酒师等的常用服装。内里通常搭配翼领（p17）衬衫和蝴蝶领结（p27），外套则选择单排扣礼服，方便露出马甲。

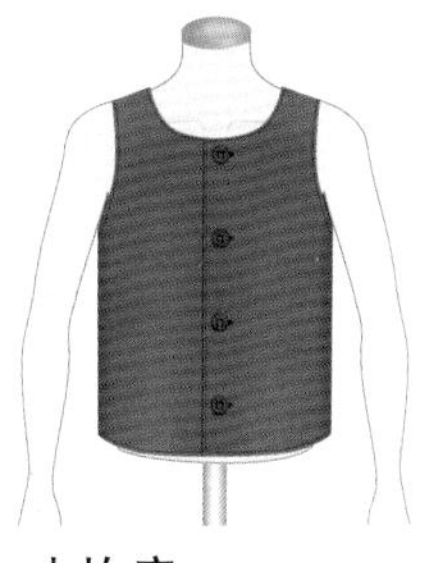

皮坎肩

jerkin

一种皮制、无领的外用马甲，十六至十七世纪起源于西欧，第一次世界大战开始投入军用。

针织背心

knit vest

指用针织材料制作的背心，一般为V字领（p10），也可叫作“无袖毛衣”。这种背心容易让人看起来略显孩子气，搭配不当还会显土气，请大家注意。

网球背心

Tilden vest

一种V形领口，领口、袖口和下摆处有一条或多条宽条纹的背心。原本比较厚实，但为了使活动更加自如并拓宽可穿着的季节，现在的网球背心都比较薄。兼具复古感与运动感，经常被用作学校制服，同时，该设计也容易让人显得孩子气。

马甲式开衫

vest cardigan

前侧通过纽扣开合的无袖针织马甲。

长马甲

long vest

指尺寸较长的马甲或无袖大衣，有的有领，有的无领。有拉长身体线条的效果，很显身材。

尼赫鲁马甲

Nehru vest

流行于南亚地区的立领马甲（无袖外套）。内侧一般搭配古尔达衬衫（p55），更偏向于当作外套使用。

嬉皮士马甲

hippy Vest

二十世纪六十年代，由于对现实的不满，某些西方国家的年轻人兴起了嬉皮士文化，他们蓄长发、着奇装异服，反对传统价值观。嬉皮士马甲便是极具代表性的服装之一，马甲一般比较长，带有流苏装饰。

羽绒马甲

down vest

内部加入了羽绒的防寒用马甲，基本采用绗缝（p195）和树脂压制制作。

越野跑马甲

trail vest

一种徒步旅行、越野跑或钓鱼时穿着的马甲，具有很好的防水性能，可细分为有帽款和无帽款。

防风马甲

wind vest

防风运动服的马甲款，衣领部分多附有可折叠收纳的帽兜，常用作简易版运动外套。目前市售的此类马甲大多由轻质材料制作而成，体积较小，可折叠，易携带，便于外出时随时穿脱。

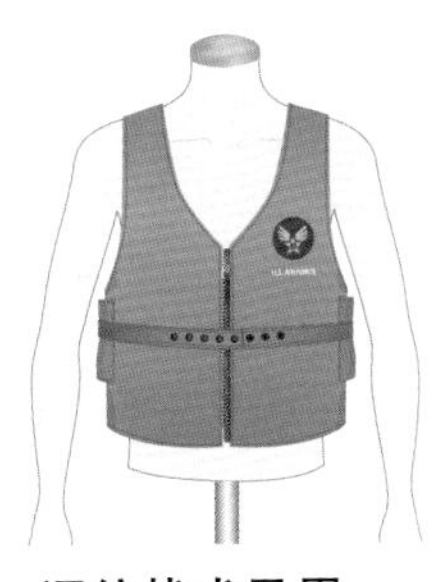

通信战术马甲

radio vest

美国通信兵穿着的马甲，或以此为原型设计的深领口马甲。最具代表性的是一种名为“E-1”的款式。为便于携带通信设备，马甲上安装有特殊的带子，不过现在大多已经去掉了。

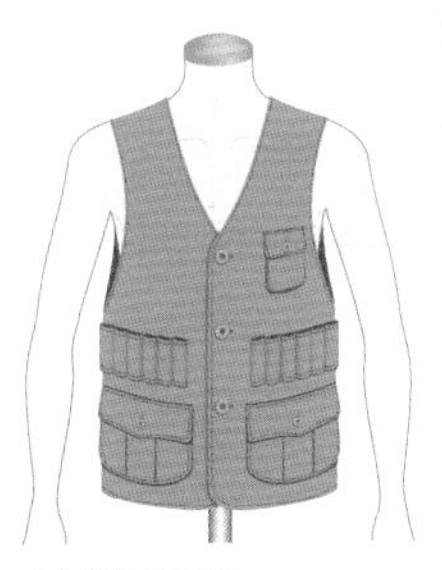

狩猎马甲

hunting vest

顾名思义，这是一种狩猎时穿着的马甲，前身附有很多口袋，以方便携带弹药。

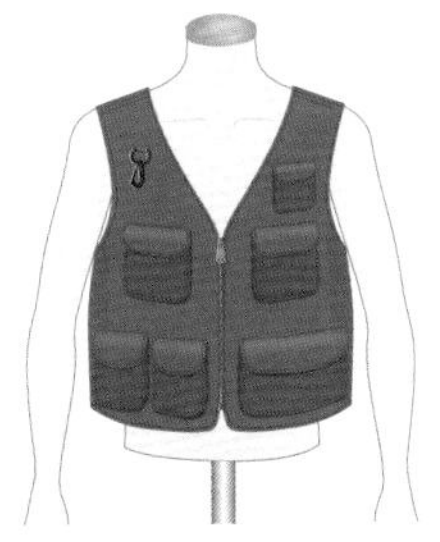

钓鱼马甲

fishing vest

带有很多口袋、方便钓鱼时收纳小物件的马甲。有些钓鱼马甲带有浮力设备，具有一定的救生功能。

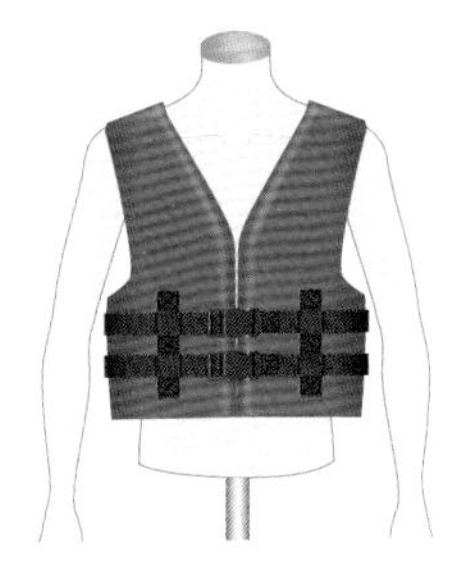

救生马甲

life vest

在落水避难逃生时，为了能让头部露出水面的救生装备。通过在制作马甲时加入浮力材料或放置小型储气瓶等使其膨胀获得浮力。还可以叫作“救生衣（life jacket）”。

◆ 西装马甲

现在的西服套装大多由西服和西裤组成，但早期的西服套装中还包含马甲，马甲与西服、西裤共同组成了西装三件套。过去，衬衫被视为内衣，脱下西服外套露出衬衣会被视为不礼貌，西装马甲的出现可以说是很巧妙地解决了这个问题。

现在，在日常生活中穿三件套的人越来越少。但是，一件与西服外套材质相同的马甲，不仅可以增加造型的层次感，还能使整个人看起来更加时尚、有品位。经典款马甲大致有三个特点：直线下摆，门襟处有六颗纽扣，全身共四个口袋。美式马甲（vest）、英式马甲（waistcoat）和法式马甲（gilet）虽略有差异，但在设计和功能上没有太大区别。

经典款马甲

西装三件套

脱下西装外套后的样子

◆ 开襟和领子

无领、单排扣是马甲最基本的款式。双排扣的马甲更适合出席较为正式的场合时穿着，但是双排扣容易被外套遮挡，穿着时需要特别注意。有领马甲则更能凸显层次感和厚重感，马甲的存在感也因此显得过于强烈，在搭配时需要注意与外套协调。

无领单排扣　无领双排扣　有领单排扣　有领双排扣

◆ 背部设计与着装礼仪

西装三件套里面的马甲的背部通常会使用与内里相同的布料制作。因为按照礼仪，在客人面前是不可以脱下外套的，所以这种采用光泽面料制作、略带私密感的背部设计，不仅可以缓和会场紧张的气氛，还可以给人留下一种独特的时尚感。

西装马甲与西装外套一样，也有特定的着装礼仪，穿着时最下面的纽扣一般不扣上。

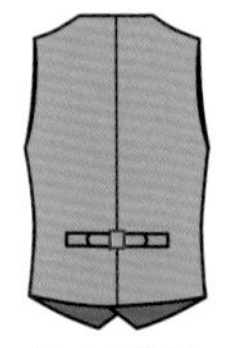

背部样式

穿上西装外套的样子

脱下西装外套后的样子

◆ 卡玛马甲

卡玛马甲是一种背部无布料覆盖的马甲，在搭配西服外套出席正式场合时，与腰封功能相同。因背部没有布料，所以穿着时不会让人感到闷热。单穿时可以作为餐厅服务员或侍酒师的工作服，清爽的背部设计别具一格。

卡玛马甲

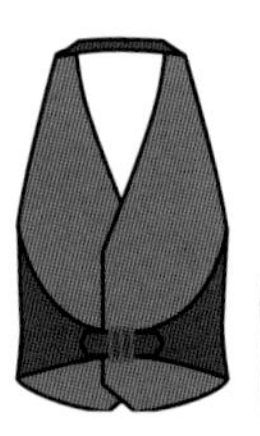

背部样式

穿着效果

◆ U字领马甲

指领口呈U字形裁剪的马甲。穿上外套后的效果基本和使用腰封的效果一样。内搭以排褶衬衫（p54）最优，可以把衬衫胸前的装饰很好地展现出来。

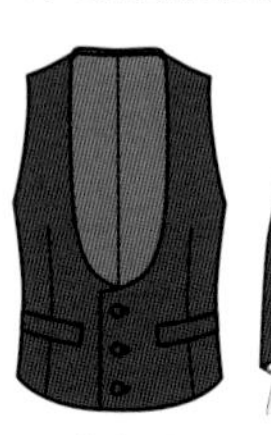

U字领马甲

正式场合下的标准形态

脱下西装外套后的状态

外套※

燕尾服

tailcoat

男性夜用正礼服，其基本结构形式为前身短、长度至腰部以上，后身长、后衣片呈燕尾形两片开衩，缎面驳头（p126）的戗驳领（p20），穿着时门襟敞开、不系扣，多搭配蝴蝶领结（p27）和缎面礼帽（p148），因后摆形似燕尾而得名，也叫作“燕尾大衣”“晚礼服大衣”。

晨间礼服

morning coat

一种男性在白天穿着的正礼服，长度至膝盖，单排扣，戗驳领（p20），前身的下摆向两侧斜下方逐渐变长，也叫常礼服。

无尾晚礼服

tuxedo

一种男性在夜间穿着的准礼服，多为黑色或深蓝色，缎面青果领或戗驳领（p20），长度及腰，一般搭配黑色蝴蝶领结、马甲以及侧缝装饰有缎条的裤子。在英国又叫晚宴服（dinner jacket）。

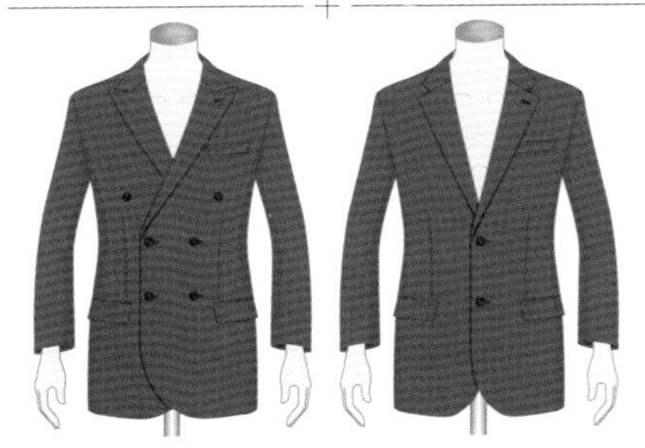

西装外套

tailored jacket

一种仿西装裁剪、前身较宽的外套，可分为双排扣式（左图）和单排扣式（右图）。英文名中的tailor为裁缝店、裁缝之意，tailored在此意指男式西装裁剪。西装外套与定制西装（tailored suit）原本是相同的意思，但西装外套更倾向于在休闲场合下穿着，而定制西装则更多地用于商务等正式场合。女式西装外套也很常见。

雪茄夹克

smoking jacket

原本是指一种可以在舒适放松的场合穿着的华丽宽松上衣，长度较短，有说法称雪茄夹克是无尾晚礼服的原型。其主要外形特征是青果领（p20）、折边袖口（p46）和栓扣（p134）。在美国，雪茄夹克和无尾晚礼服为同一种衣服。法国叫作“雪茄夹克”，英国则称其为“晚宴服”。雪茄夹克也可指模仿男式无尾晚礼服制作的女式夹克外套。

※黄色部分为该服装的着装要求。

梅斯晚礼服

mess jacket

一种夏季用简约白色正礼服，长度较短，一般为青果领或戗驳领（p20）。mess即军队会餐或会餐室之意。

斯宾赛夹克

Spencer jacket

一种高腰，长袖，日常穿着的修身短上装，可以看作是省略掉燕尾的燕尾服。

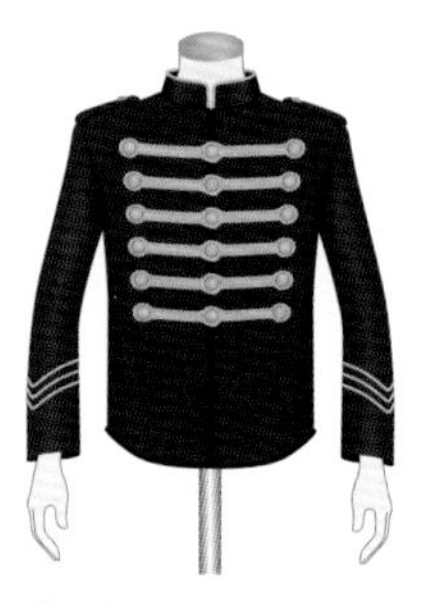

拿破仑夹克

Napoleon jacket

以拿破仑曾经穿着的军官服为原型设计的夹克外套，带有浓烈的欧洲宫廷风。其主要特征是醒目的金线装饰、立领（p16）、肩袢（p130）和前身两排紧密排列的纽扣。

侍者夹克

bellboy jacket

一种在酒店大堂门口负责接管客人行李的行李员所穿的夹克，立领（p16），长度较短，多为金属纽扣，腰部一般做收紧处理。英文名还写作“pageboy jacket”。

轻便制服外套

blazer

所有休闲运动款西服外套的统称，特征是金属纽扣，胸前口袋上带有穿着者所属团体的徽章等。多为学校、体育俱乐部、航空公司的制服等。

纽波特制服外套

Newport blazer

制服外套的一种。最典型的特征为双排扣，金色纽扣（两排共4颗），戗驳领（p20），侧开衩，直线形轮廓。

便装短外套

sack jacket

一种不紧贴身体的宽松短夹克，穿着十分舒适，能很好地掩盖体形，即休闲又兼具复古感，非常易于搭配。

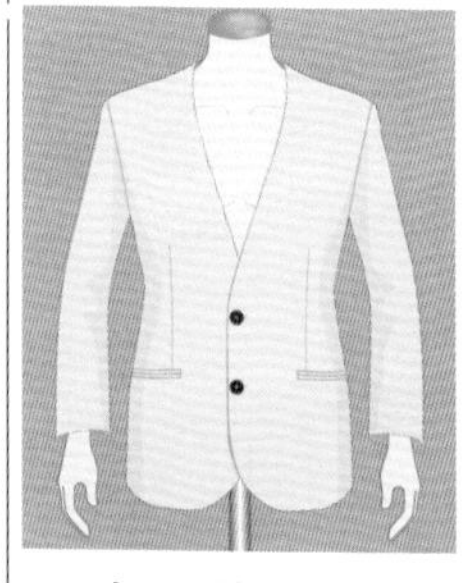

无领西装外套

no collar jacket

所有无领夹克的统称，一般搭配无领内搭穿着，比西装外套更能展现女性的魅力，镶边的设计多种多样。

夹克骑马装

hacking jacket

一种单排扣粗呢外套，源自骑马服。特征是前身下摆呈圆形，后身下摆中间开衩，口袋倾斜以方便骑马时拿取物品。

诺福克夹克

Norfolk jacket

一种带有与外套布料相同的宽肩带和宽腰带的夹克外套。原本是狩猎专用外套，逐渐发展为现代警用制服和军用制服。

尼赫鲁夹克

Nehru jacket

源自印度贵族所穿着的大衣。主要特征有立领（p16），单排扣，轮廓修身。因印度前总理尼赫鲁穿着而得名。

蒂罗尔夹克

Tyrolean jacket

奥地利蒂罗尔地区的传统外套。使用结实的材质手工编织制作，特征是短款圆领，单排扣，口袋和领子等处有绲边（p129），第一颗纽扣处有折边设计。

伊顿夹克

Eton jacket

英国伊顿公学在1967年之前使用的制服外套，长度较短，里面搭配马甲、伊顿领（p14）衬衣和黑色领带，下身多搭配条纹或格纹裤。

学兰服

诘襟

日本中学男生的标准制服上装。立领（p16），前襟和衣袖上大多带有印有校徽的纽扣。

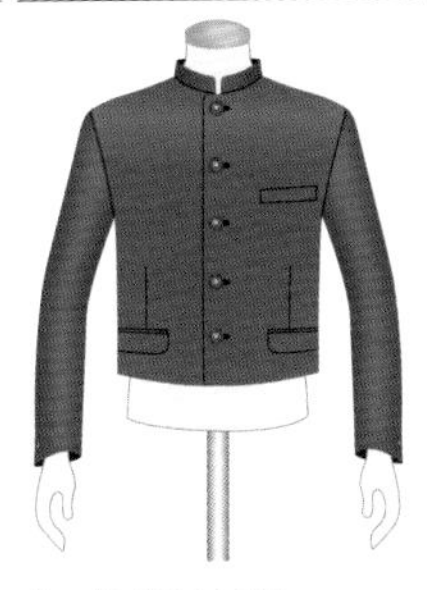

短款学兰服

诘襟

流行于日本二十世纪七十年代的一种长度极短的学生制服。立领较矮，袖子上的纽扣较少，是学兰服的变形款。当时的部分学生试图以这种标新立异的设计来表达自己的个性。

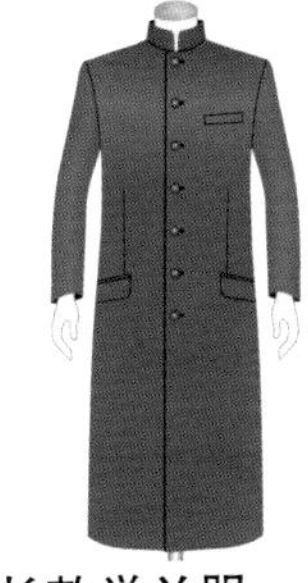

长款学兰服

诘襟

流行于日本二十世纪七十年代的一种长度极长（至小腿）的学生制服。立领较高，门襟及袖子上的纽扣较多。最初是啦啦队服装，后与短款学兰服一样，因被部分学生穿着逐渐演变为学生制服。

中山装
Mao suit

一种立翻领、有袋盖的四贴袋服装，因孙中山先生率先穿着而得名，曾是中国的代表性服装，从国家领导人到普通大众都会穿着。二十世纪八十年代初逐渐退出常用服装舞台。西方人称其为“Mao suit”，正式名称为“Chinese tunic suit”。

战壕夹克
trench jacket

从设计上看，战壕夹克像是将战壕风衣（p95）的腰部以下部分裁去后得到的。英文名还写作“short trench”等。

卡玛尼奥拉短上衣
carmagnole

在法国大革命时期，革命党人穿着的一种翻领短上衣。法国的革命歌舞也叫卡玛尼奥拉。

男式紧身短外套
doublet

中世纪至十七世纪流行于西欧地区的男式紧身及腰短外套。随着时代的发展，其设计也不断变化，有立领（p16）、加衬垫、绗缝（p195）、V字形腰线等。法语可写作“pourpoint”。

波列罗夹克
bolero jacket

一种衣长较短、前胸敞开或左右两襟不重叠的夹克外套。最有名的例子是斗牛士所穿着的斗牛士外套，左右两襟大多不重叠，也有部分重叠固定的款式。

主斗牛士夹克
matador jacket

西班牙主斗牛士*所穿着的一种短款夹克，长度与波列罗夹克基本相同。带有刺绣等装饰，比普通斗牛士夹克更加华贵。

*担当持剑给牛致命一击的主角斗牛士。

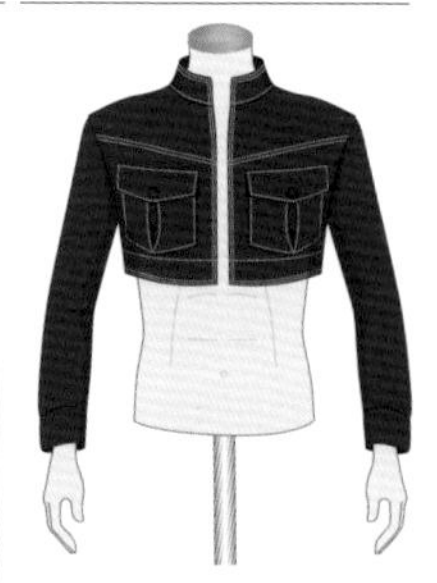

半身夹克
cropped jacket

比普通夹克长度短的夹克。长度至上腹部的叫作“露腰短夹克（midriff jacket）”。

哈士奇夹克
Husky jacket

绗缝（p195）制狩猎外套的统称。衣领一般采用灯芯绒（p194）面料制作，因最早由英国王室钟爱的老牌服装店HUSKY推出而得名。也叫作“绗缝夹克”。

CPO 夹克（美国海军士官夹克）
CPO jacket

以美国海军士官（Chief Petty Officer，CPO）的制服为原型设计的羊毛夹克。胸前设置有厚实的盖式口袋（p99）。

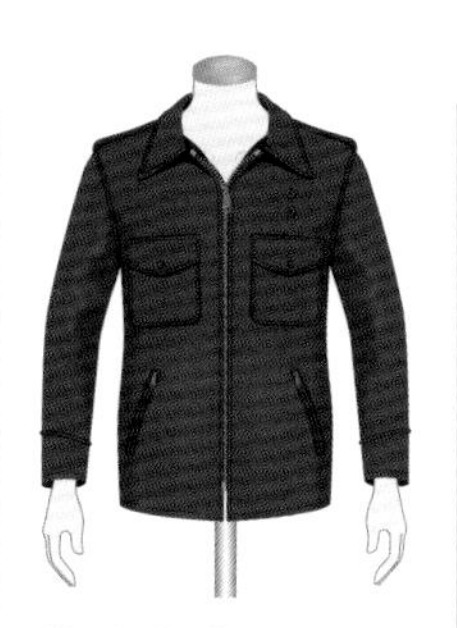

警察夹克
policeman jacket

美国警察穿着的夹克，或以此为原型设计的夹克。地域不同，警察夹克的特点也不同，最具代表性的是黑色、短款的皮制夹克。

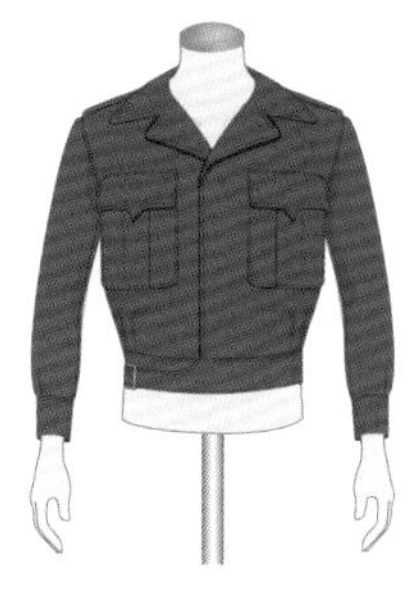

艾森豪威尔夹克
Eisenhower jacket

由美国总统艾森豪威尔（Dwight David Eisenhower）提议制作的军用外套。长度及腰，西装领，胸前有补丁和盖式口袋（p99），腰部和袖口采用收口设计。是战斗夹克（p87）的一种。

工程夹克
engineer jacket

专为室内工作的工程师们设计的工作服。为便于活动，工程夹克采用的是无领设计，长度较短。也可以指比较宽松肥大的衬衫夹克。

哥萨克夹克
Cossack jacket

以哥萨克骑兵所穿着的夹克为原型设计的短夹克外套，领型以青果领（p20）和两用领（p22）居多，一般为皮制。

丹奇夹克
donkey jacket

丹奇风衣
donkey coat

指英国的煤矿工人或港口劳作人员在作业时穿着的一种麦尔登呢*防风厚外套。其特征有纽扣式罗纹宽领，肩部添加防水补丁以减少磨损。这种罗纹大宽领叫作“丹奇领（p24）”。丹奇夹克（风衣）在制作时，一般会在丹奇领或肩部加补丁二者中选其一。

*将毛织物进行缩呢加工后，再将绒毛剪短制成的布料。是一种厚实、保暖性好的高品质布料。

西部牛仔夹克

western jacket

指美国西部牛仔所穿着的上衣，或以此为原型设计的夹克外套。一般由起绒皮革制成，特征是有流苏（p131）装饰，肩部、胸部、背部有弧形育克。

驾车短外套

car coat

模仿二十世纪初流行的驾车外套设计制作的上衣，长度较短，多为西装领，在开敞篷车时穿着，既能展现复古时尚，又能防寒防风，是一件非常好的外套单品。

水手领夹克

middy jacket

水手领的夹克外套，其设计源自候补海军学校学生所穿着的制服。middy是midshipman（海军学校学生）的简称。

甲板服

deck jacket

在甲板上进行作业时穿着的军用防寒外套，或者以此概念设计的外套。特征是领口带有扣带、可以将领子竖起并固定，袖子里侧添加罗纹袖口，有很好的防风效果。

战地夹克

field jacket

模仿士兵在野战时穿着的军服而设计的上衣，防水性良好，多为迷彩图案，带有多个功能性口袋。

巴伯（风雨衣）

Barbour

过油布夹克的统称，也可指厂商名。将棉布过油制成的过油布具有防水功能，有良好的防水、耐磨和保温效果。特征有灯芯绒（p194）衣领、双门襟、暖手口袋、盖式口袋（p99）等。

消防服

fireman jacket

消防员在参与消防活动时所穿着的衣服，或以此为原型设计的衣服。双层门襟设计，金属扣，厚实防水，大多带有反光带。

麦基诺短大衣

mackinaw

方格纹羊毛厚呢短大衣，特征是有双排扣、盖式口袋（p99）、腰带等。其名称来源于美国密歇根州麦基诺。

羽绒服

down jacket

填充了动物羽毛、绒毛的防寒上衣。一般是绗缝（p195）或树脂压制制作，无袖款为羽绒马甲（p78）。

战斗夹克

battle jacket

战斗夹克种类繁多，有重金属音乐迷喜爱的、布满了补丁和徽章的无袖牛仔夹克（左图），也有艾森豪威尔夹克（p85）等军用夹克。像右图这种添加了护具的夹克，则是骑摩托车时穿的。

牛仔夹克

denim jacket

指用牛仔布料制作的夹克外套。

工装外套

coverall

指用牛仔等结实的布料制成的外套，比牛仔夹克长，口袋一般比较多，多作为工作服。

棒球夹克

stadium jumper

指棒球选手所穿着的一种防寒制服，一般在胸前或背部会有棒球队的标志，是美国休闲时尚类服装的代表。

短上衣

jumper

长度较短、便于活动的外套。与法语中的短夹克（blouson）基本相同。用jumper表示时更加倾向于突出衣服的功能性，如防寒保暖、便于活动等。

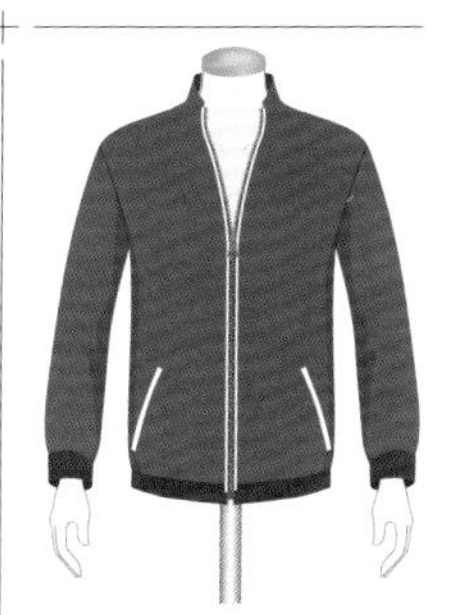

短夹克

blouson

在法语中为“紧口罩衫”之意，与英语中的短上衣（jumper）基本相同。blouson更倾向于突出衣服的时尚性。

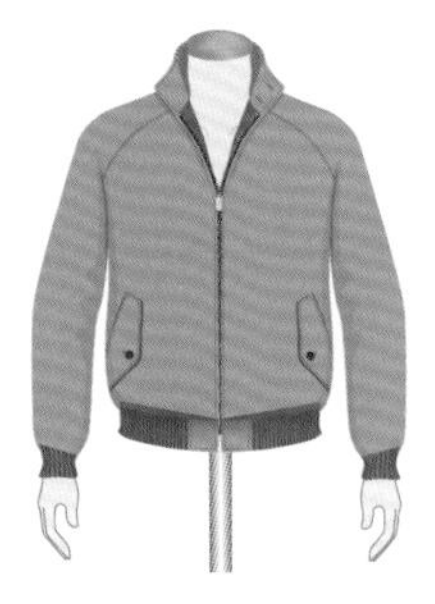

高尔夫短夹克

swing top

高尔夫选手穿着的轻便外套。主要特征有插肩袖（p38），拉链开合，垂耳领（p24）。别名细雨夹克（drizzle jacket）等。以英国品牌BARACUTA的经典夹克G9为原型制作，G9也被称作“夹克衫的鼻祖”。

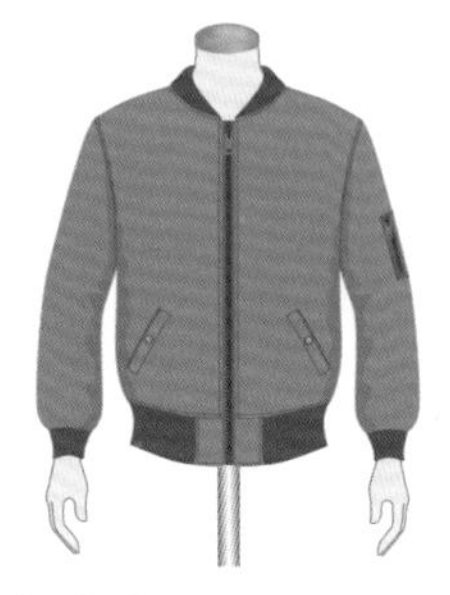

MA-1 飞行夹克

MA-1

一种尼龙外套，极具代表性的飞行夹克之一，二十世纪五十年代曾被美国空军征用为军用服装。为方便低温环境下的活动，由常规的皮革改良为尼龙材质，下摆、领口、袖口为罗纹，后身一般比前身短。现在也指以其为原型设计的时装。因被电影《这个杀手不太冷》（*Léon*）的女主角玛蒂尔达穿着，在女性中也很受欢迎。

蒙奇紧身短夹克

monkey jacket

蒙奇紧身短夹克共分两种，一种是在袖口和下摆带有罗纹边、形似MA-1飞行夹克的薄款简约短夹克（左图）；另一种是长度及腰、门襟排满纽扣的水兵服（右图）。现在大多指前者。

飞行夹克

flight jacket

拉链开合式皮制夹克外套，其设计灵感源自军队中飞行员的制服，原本是操作敞篷式飞机的飞行员的防寒外衣。

飞行员夹克

aviator jacket

飞行员穿着的拉链开合式皮制短夹克，多为毛领，与骑行夹克（p89）十分相似。

骑行夹克

rider's jacket

指摩托车骑手在骑行时穿着的一种短皮衣，袖口和开襟处一般用拉链等开合以便防风，结实的缝制还可以减少骑行意外摔倒时造成的伤痛。

防寒训练服

piste

套头式防风外套，主要用作足球、排球、手球等运动的热身服或训练服，没有口袋和拉链等装饰，有一定的防寒作用。piste在法语中意为跑道，在德语中意为室内滑雪场。滑雪运动员所穿着的外套也叫作“滑雪服（piste jacket）”。

连帽防寒夹克

anorak

具有防寒、防雨、防风效果的连帽外套，也叫防风衣，源自因纽特人所穿的皮制上衣，在极地地区使用会另加毛皮内衬。

登山外套

mountain parka

登山用连帽外套，或是以此为原型设计的外套。防水性好，颜色以荧光、原色系居多，以便遇难时易于搜救。袖口的带子和帽兜的绳子兼具调节功能。

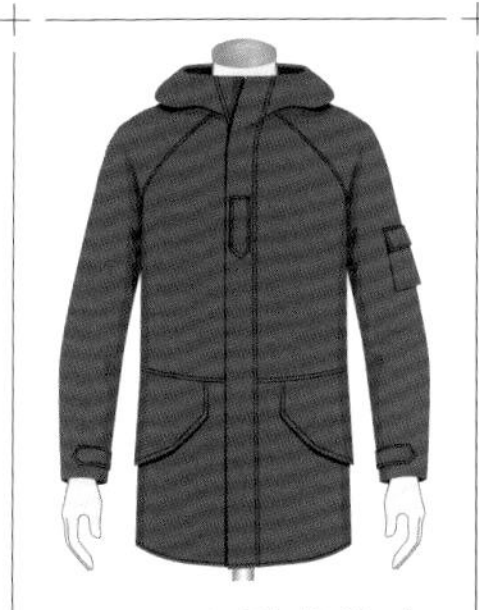

ECWCS 防寒外套

ECWCS parka

二十世纪八十年代美国陆军开发的一种极寒地区专用的防寒外套。采用防水透气的戈尔特斯面料*制作，具有优越的耐磨性和防寒功能。

*由美国戈尔公司独家发明和生产的一种布料，具有轻薄、防水、透气等特点。

浮潜外套

snorkel coat

一种类似消防服的连帽外套。snorkel为水下呼吸管之意。关于浮潜外套的起源，有一种说法是这种衣服原本为军用防寒服，拉链可以连同帽子拉到眼镜的位置，穿着者为了防止眼镜起雾，便于观察外部情况，就加了一根细管（snorkel），所以有了这个名字。

摄影师外套

cameraman coat

摄影师在户外穿着的多功能大衣。长度至大腿，具有防寒、防水、防污等作用。附有大量口袋用以收纳小物件，多为拉链暗门襟设计，一般带有帽子。

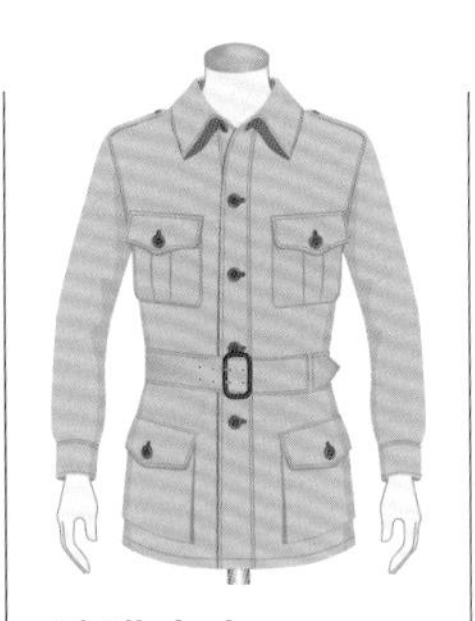

狩猎夹克

safari jacket

狩猎、探险、旅行时穿着的夹克，兼具舒适度和功能性。其特征是两胸和左右腰间有补丁贴袋（p99）、肩袢（p130）、腰带，多为卡其色。

双排扣厚毛短大衣

reefer jacket

指左右双襟较宽，厚制双排扣大衣，源自乘船时穿的防寒服，reefer意为收帆的人。英文名还写作“pea coat”，pea即锚爪。

牧场大衣

ranch coat

指将带毛的羊皮翻过来做成的大衣，或模仿其制作的内里带绒的大衣，是美国西部牛仔用来防寒的常用衣物。英文名中的ranch即牧场之意。

哈德逊湾外套

Hudson's Bay coat

身上和袖子上有横条纹的厚羊毛大衣。白底，红色、黄色、绿色条纹，双排扣（共6颗纽扣），纵向开口的口袋。这种外套是哈德逊湾公司（Hudson's Bay Company）的商品，图中的多条纹大衣最为深入人心，颇受欢迎。

加拿大外套

Canadian coat

指加拿大林业工作者所穿的领口、袖口等处带有毛皮或动物毛的大衣。

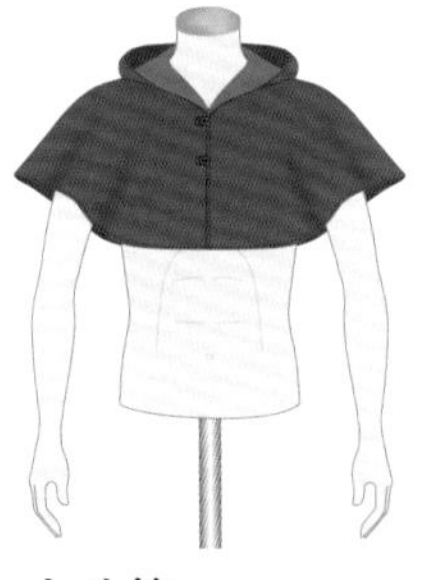

小斗篷

capelet

一种长至肩膀以下的短斗篷，斗篷型育克（p129）有时也可指这种小斗篷。

连帽斗篷

cucullus

欧洲部分地区的人所穿的带有帽子的小斗篷，最具代表性的设计是帽兜的顶部带有尖角。

斗篷风衣

cape

所有形似斗篷的无袖外套的统称，披风也属于斗篷风衣的一种。有圆形裁剪和直线裁剪等多种裁剪方式，长度、布料和设计也花样繁多。

连帽披风

capa

指带有帽兜的披风。

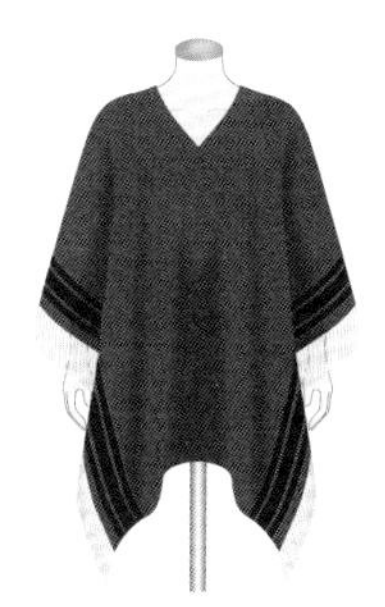

庞乔斗篷（南美披风）

poncho

一种在布料中央开领口制成的简单外套，源自安第斯地区的原住民穿在普通衣服外面的罩衣。长度过腰，一般由防水性和隔热性良好的厚羊绒制成，具有很好的防寒、防风作用，表面大多印有具有民族特色的、多彩鲜艳的几何图案。最大的特点是穿脱简单，无袖设计解放了双臂。在现代时装中也很受欢迎。

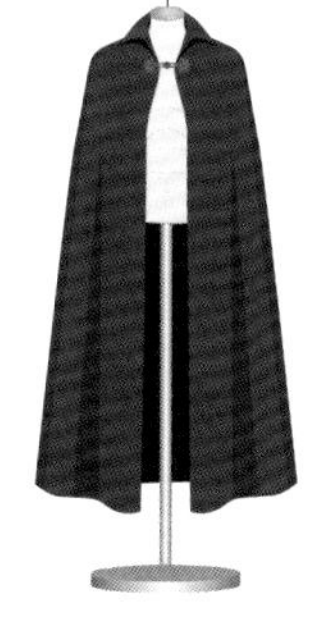

晚礼服披风

opera cloak

使用高级面料制作的斗篷式无袖外套。长度至脚踝或地面，通常在观看歌剧或参加晚会时，穿在无尾晚礼服（配黑领结，p104）、白领结燕尾服（p104）或女性晚礼服的外面。脖子前方用编织纽扣固定。也叫作“晚礼服斗篷（opera cape）”。也有带袖的款式，形似大衣，这时叫作“晚礼服大衣（opera coat）”。

披风

cloak

一种无袖外衣，属于斗篷的一种，一般比较长，吊钟形轮廓，对身体的包裹性较好。

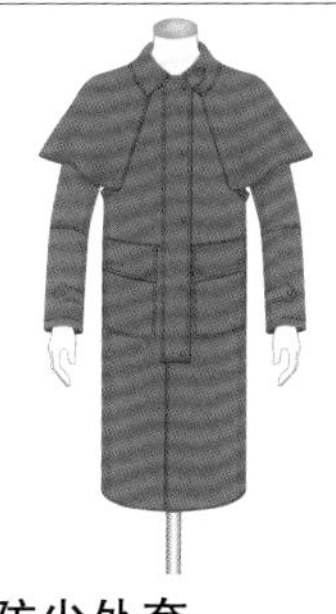

防尘外套

duster coat

指在初春时为防尘而穿着的宽松长外套，一般比较薄，背部有开衩，原本是在草原等处骑马时所穿的外衣。大多采用防水性能好的布料制作，所以还可以兼作雨衣。

意式防尘外套
spolverino

不带肩垫和衬里的轻量外套，原本是防尘用的轻量大衣、雨衣。spolverino在意大利语中为防尘之意。

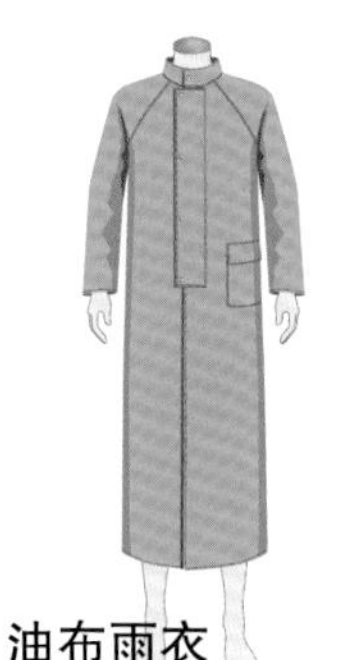

油布雨衣
slicker

指用防水面料制作的雨衣，尺寸较长，整体宽松肥大。源自十九世纪初期海员穿着的一种用橡胶做了防水处理的外套。

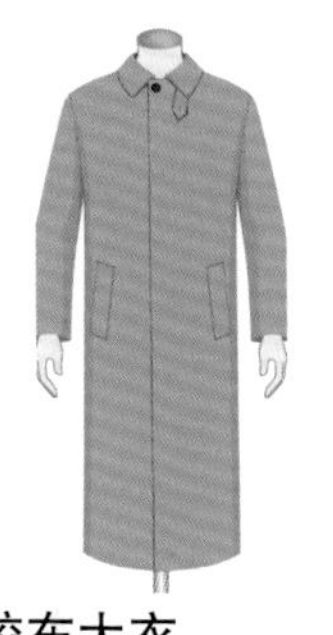

胶布大衣
mackintosh

用橡胶防水面料制作的大衣。mackintosh也指这种防水面料。1823年英国人查理·麦金塔（Charles Macintosh）在两层布料中间加入一层天然橡胶，使之具有防水功能。之后它逐渐成为制作雨衣的常规布料。

柯达弟亚
cotardie

十三至十五世纪，欧洲人所穿的外套。上半身为紧身设计，男款长度及腰，女款为深领口、长度及地的裙装。特征是门襟和袖子上带有成排的纽扣。

候场保暖大衣
bench coat

在寒冷天气里运动或比赛时，运动员和工作人员在候场时，为了防止身体热量流失所穿的外套。易于穿脱，带有帽子，厚实简约，长度大多过膝。

观赛大衣
spectator

一种连帽大衣，以候场保暖大衣等运动专用观赛服为原型做了大众化设计。一般为双门襟。spectator意为观众。

镶边大衣
trimming coat

指在边缘处添加有饰物的大衣，trim意为修剪、点缀。

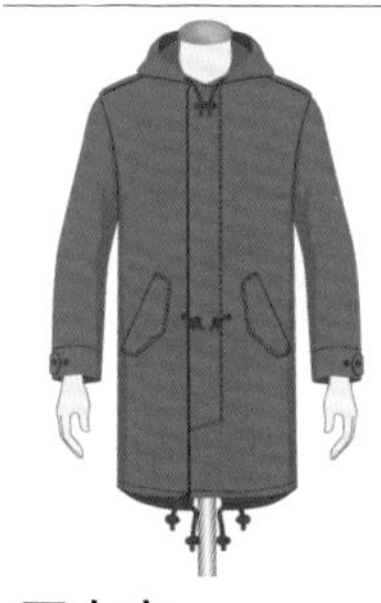

军大衣
mods coat

一种以美国军队的军用连帽衫为原型设计的外套。其特征是军绿色，有帽兜，鱼尾式后衣摆。

长毛绒大衣

teddy bear coat

由长毛绒或人造毛皮制作的大衣。蓬松厚实，保暖性好，带给人一种柔和的感觉。

箱式直筒大衣

box coat

所有外形似方盒的大衣的统称，肩部以下为直线设计，不收腰，原本是马车夫所穿着的一种纯色防寒厚外套。

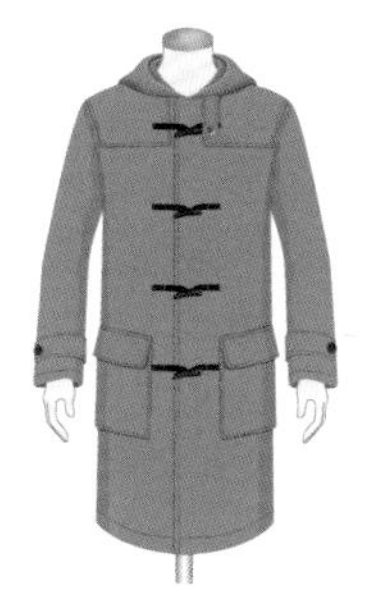

毛呢栓扣大衣

duffle coat

一种较厚的羊毛外套，源自北欧渔民的工作服。其最大的特征是对襟处的栓扣（p134），多带有帽兜。这种外套在第二次世界大战时曾被英国海军征用为军用防寒大衣，战后逐渐普及。

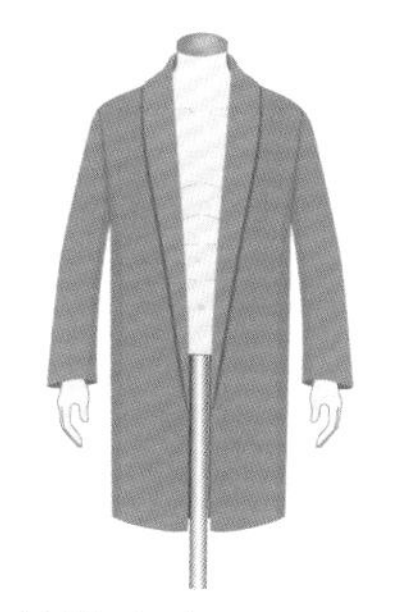

长袍大衣

gown coat

左右两襟不重叠或较少重叠，形似睡袍的大衣，款式多种多样。与开衫十分相似。

切斯特大衣

Chesterfield coat

这是一款有着很高地位的经典大衣，尺寸较长，隐藏式暗门襟（p126），平驳领（p20），现在也有明扣款。

双排扣礼服大衣

frock coat

黑色双排扣（现在也有单排扣款）及膝大衣，纽扣一般为4～6颗。它是穿着晨间礼服之前的时间段使用的男式正礼服，下身一般搭配条纹西裤。

维多利亚大衣

Victorian coat

一款流行于英国维多利亚女王时期（1837—1901年）的外套。腰部收紧的双排扣礼服大衣也叫作“维多利亚大衣”。

轻皮短外套

covert coat

用covert布料*制作的大衣。暗门襟，袖口和下摆有压线，后衣摆有开衩，长度比普通大衣略短，曾被用作骑马服。这种大衣最早出现于十九世纪后期，二十世纪三十年代开始流行。

*一种由多色羊毛编织或羊毛和棉混纺制成的布料，具有很好的耐磨性。

桶形大衣

barrel coat

指身体部分膨起、形似圆桶的大衣，与茧形大衣基本相同。

茧形大衣

cocoon coat

穿着时轮廓线条呈椭圆，形似蚕茧的大衣。这种形状的线条也叫茧形线条，cocoon即蚕茧之意。

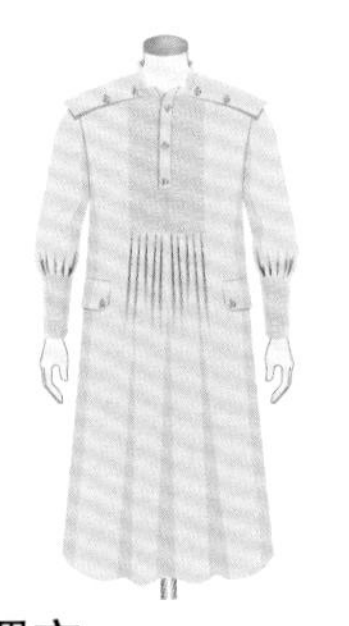

罩衣

smock

胸口、袖子、背部带有褶皱的轻工作服。整体宽松，长度在大腿到小腿之间。源自英格兰和威尔士农业工作者的工作服。现在常用于画家的工作服、幼儿园园服等。

裹襟式大衣

wrap coat

指不使用纽扣或拉链等固定，而是像缠在身上一样，左右双襟深度交叉的大衣，腰间一般用与大衣相同材质的腰带固定，线条柔美，看起来高贵优雅。

阿尔斯特大衣

Ulster coat

一种防寒性极好的经典款大衣，一般由羊毛材质的厚实布料制作而成，多为双排扣设计，纽扣数量为6～8颗，左右双襟深度交叉，腰间可搭配腰带，长度至小腿。上领采用的是阿尔斯特领（p22），与下领同宽或稍宽于下领，这也是其主要特征。名称来源于北爱尔兰阿尔斯特岛东北部出产的毛织品。阿尔斯特大衣可以说是大衣品类中最为经典的一种，前文提到的战壕风衣可以看作是它的改良版。

背面

马球大衣

polo coat

一种背部带有腰带的长款大衣，阿尔斯特领（p22），双排扣，共有6颗纽扣，两侧一般有补丁贴袋，翻边袖（p40）。源自马球比赛时，队员候场或观众观赛时所穿着的大衣。1910年由美国服装品牌布克兄弟（BROOKS BROTHERS）为其命名，并以该名称正式发售。

有袖斗篷大衣

garnache

一款来自中世纪的外套大衣，外形酷似庞乔斗篷（p91），胸前有舌状饰物（左图），袖子宽大，有的带有帽兜。不过现代的有袖斗篷大衣胸前一般不带舌状饰物（右图）。

厚呢大衣

British warm

第一次世界大战期间，英国陆军军官所穿的羊毛厚大衣。双排扣，共6颗纽扣，戗驳领（p20），带有肩袢（p130），长度至膝盖或七分长。

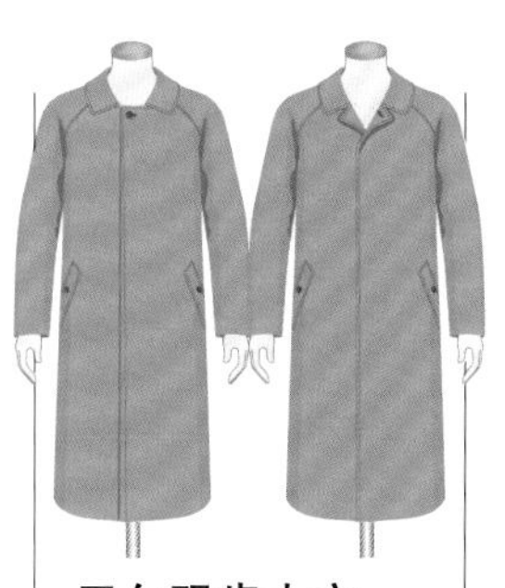

巴尔玛肯大衣

Balmacaan

一种巴尔玛肯领（p16）、插肩袖（p38）、下摆宽松的大衣，在衣领的正下方通常会加一颗纽扣，穿着时可以系上（左图），也可以解开（右图）。其名称来源于苏格兰因弗内斯的一处庄园的名称。

战壕风衣

trench coat

一款以第一次世界大战中，士兵们在战壕中穿着的功能性大衣为原型设计制作的大衣。最大特征是腰部、袖口、领口处有扣带，以调节温度，有很好的防寒作用。

帐篷形大衣

tent coat

一种腰部不收紧，自肩部开始向下摆逐渐变宽的大衣，外观整体呈三角形，也叫金字塔形大衣或喇叭形大衣。

披风大衣

Inverness coat

诞生于苏格兰因弗内斯地区的双层大衣。外面有一层能遮住肩部的斗篷，里面是无袖（现代多为有袖）长大衣。这种设计的初衷是保护风笛不受风雨侵蚀。它是夏洛克·福尔摩斯（Sherlock Holmes）最爱穿的服装。

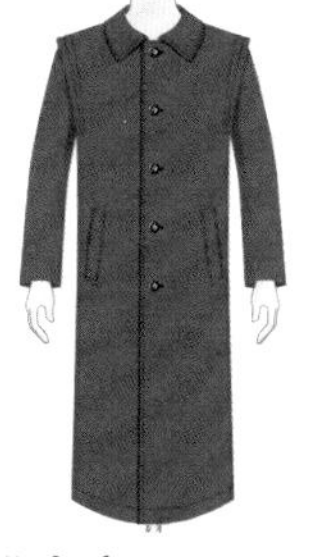

洛登大衣

loden coat

十九世纪中后期，欧洲贵族狩猎时所穿的御寒外套，起源于阿尔卑斯山蒂罗尔地区。采用被称为“loden cross”的厚实布料制作，防寒性好。布料采用缩绒（利用热量和压力使布料变得致密）脱脂处理，因此具有一定的防水功能。洛登大衣有许多独特的设计，如洛登肩（翼形肩，p36）；背部中央从肩胛骨至下摆有内工字褶（p132）；腋下有开口；纵向口袋；两侧有开衩，以方便使用衣服内侧的口袋。

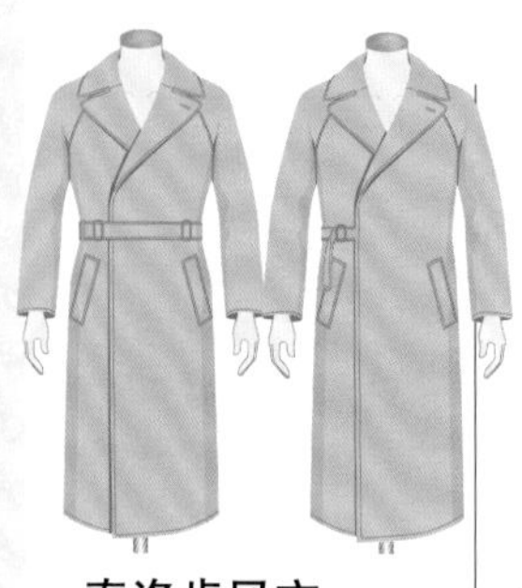

泰洛肯风衣
tielocken

该风衣没有纽扣，使用与衣服材质相同的腰带固定。据说是战壕风衣的原型。

拿破仑大衣
Napoleon coat

以拿破仑的军用制服大衣为原型设计制作的大衣。立领（p16），有肩袢（p130），前身有两条较长的纵排纽扣，双襟可根据风向调节位置。

榕树服
banyan

印度传统大衣。十七世纪后半期到十八世纪，作为休闲的日常服在欧洲贵族中很受欢迎。衣服从上至下逐渐变宽，形似睡袍。

布布装
boubou

马里和塞内加尔等西非地区的民族服装，男女都能穿。布布装宽松舒适，透气性好。在制作时，一般是在长方形的布块上裁出过头的缺口，前后自然下垂，两侧缝合或通过纽扣、系带等其他方式固定。

肯特服
kente

非洲加纳民族服装。由交织的布条制成的织物，穿着时露出右臂和右肩后，将其他部分围裹在身上。色彩鲜艳，不同的颜色有着不同的寓意。

吉拉巴长袍
djellaba

北非传统羊毛外套，起源于摩洛哥。长袖，带有帽子，形似长袍，男女通用。今天，吉拉巴的款式已非常多样，颜色各异，长短不一。

朱巴大衣（藏袍）
chuba

一种羊皮外套，西藏传统民族服装，穿于绸衫之外，有的单侧有袖子。

帼
gho

不丹传统男性服装。左右两襟在身体前侧重叠，用带子绑住固定。下摆提到膝盖以上，使上半身保持一定的松弛度。出席正式场合时，肩上还需要披一块名为“卡慕尼”的布。

丘卡大衣

chokha

高加索地区男性穿着的羊毛大衣，胸前装饰有子弹袋，尺寸较长，是该地的传统民族服装。据说动画电影《风之谷》(《風の谷のナウシカ》)中就借用了这种服饰。

究斯特科尔大衣

justaucorps

十七至十八世纪流行于欧洲的男式上衣。里面一般搭配法式马甲，下身穿及膝裙裤，衣体装饰物多且华丽，袖口多有蕾丝花边。

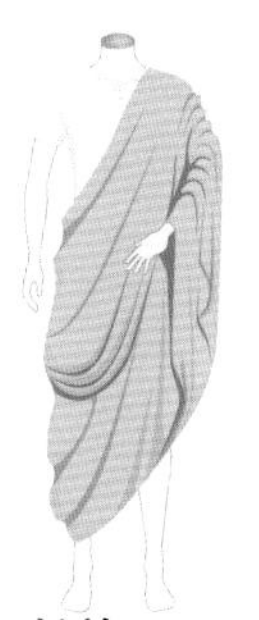

托加长袍

toga

古罗马男性市民穿着的一种服饰。袍子本身是一块布（大多为半圆形），将其包裹住身体即完成穿着。早期也曾用作女性服装。

坎迪斯宽袍

kandys

古代波斯等地的一种长至脚踝的宽松衣物，主要作为贵族阶层的服装，袖口呈喇叭状。

胡普兰长衫

houppelande

十四世纪后期至十五世纪流行于欧洲的一种宽松长袍。最初是男性的室内服装，后来女性也开始穿着。下摆长至脚踝及以下，衣体宽松肥大，穿着时一般会系腰带。

吉普恩大衣

zipun

十七世纪时俄罗斯农夫穿着的一种上衣，下摆微微呈喇叭状。

僧袍

monk robe

修道士穿着的一种宽松外衣。长袖，长度及地，腰间一般系有绳子或带子。也叫修道士服（monk dress）。

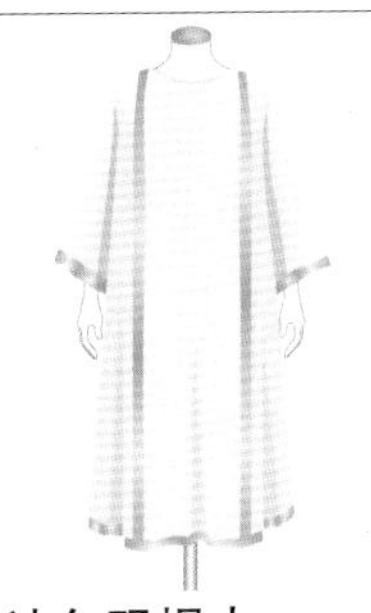

达尔玛提卡

dalmatic

中世纪之前流行于欧洲的一种十字形宽松服装，源自克罗地亚达尔马提亚地区的民族服装。

祭披

phelonion

某些教会教职人员在举行仪式时穿着的一种无袖长袍。

阿鲁巴长袍

alb

某些教会教徒所穿的长至脚踝的宽松长袍。

教士服

cassock

某些教会神职人员所穿着的一种黑色便服，立领（p16），长至脚踝，全衣无装饰，里面一般用罗马结（p19）打底。

羽织

haori

日本传统上衣、防寒服，一般穿在和服的外面。左右两襟不重叠，中间用羽织纽扣连接。印有家徽的羽织名为“纹付羽织”，作为正装和服纹付羽织袴（p111）的外褂使用。与大衣不同，羽织在室内也可以穿着。

法被

haqpi

日本在祭典活动时穿着的传统对襟上衣。日本的工匠、手艺人也常穿着。一般领子上标有所属团体或自己的名字。原本是武士穿着的纹付羽织，后来逐渐演变为现在的法被。

阵羽织

jinbaori

日本战国时期的武士在战阵之中穿于当世具足（一种轻盈、方便行动的铠甲）外面的外套。一般没有袖子。为显示威严，有些会施以华丽的装饰。也叫具足羽织。

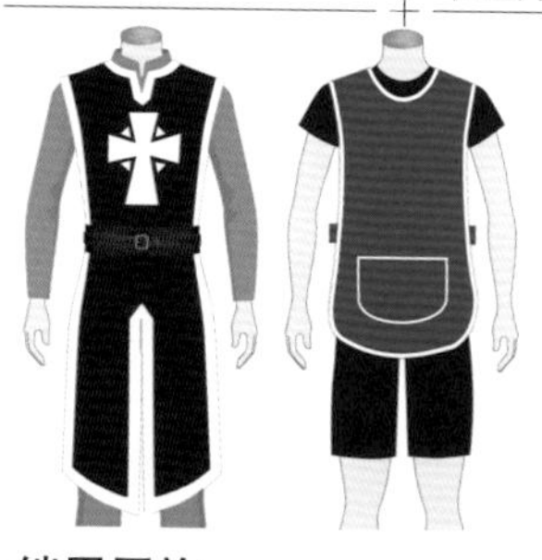

铠甲罩袍

tabard

中世纪骑士穿在铠甲外面的无袖或短袖套头式外衣。无领，腋下大多是敞开的。骑士用的罩袍上面绘有家族或军队的标志。穿着时一般会在腰间系腰带，也可不用。在现代的施工现场，为提高辨识度、保证施工人员安全所使用的安全马甲，与之十分相似。

口袋

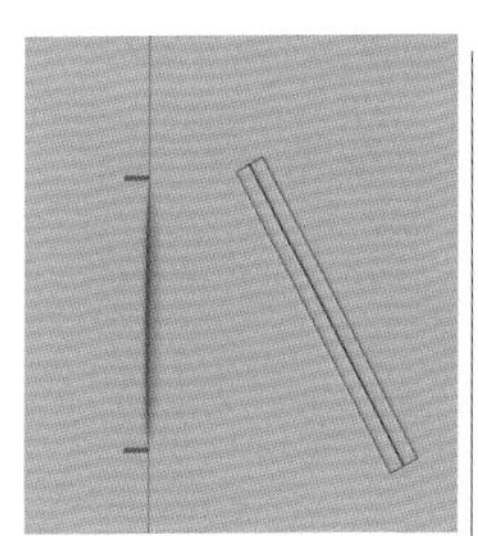

开口袋
slash pocket

所有在布面上添加开口制作的口袋的统称。开口袋种类丰富，其中，裤子上利用侧缝制作的侧缝直插袋最具代表性。这种口袋干净利落、不显眼。

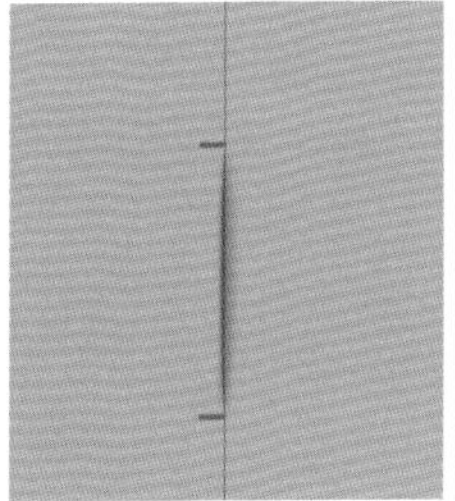

侧缝直插袋
seam pocket

利用缝口制作的口袋，从外面很难看出，不会破坏衣服的整体设计。是切缝口袋的一种。seam即缝合线之意。

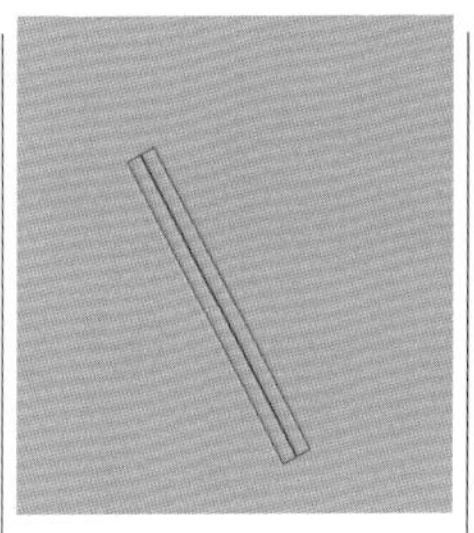

嵌线挖袋
piping pocket

用另外裁剪的布作为切缝嵌线绲边制作出的口袋。是切缝口袋的一种。上图为双嵌线挖袋，如果只在一边嵌线，则叫作“单嵌线挖袋”。

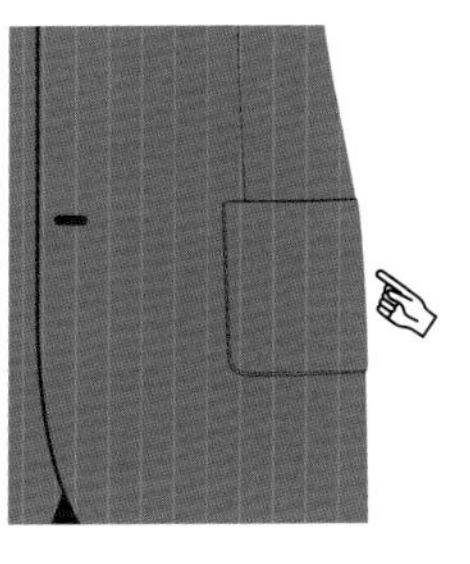

贴袋
patch pocket

在衣服上另贴一块布做成的口袋。结实耐用，做法简单，是用途最广的口袋。

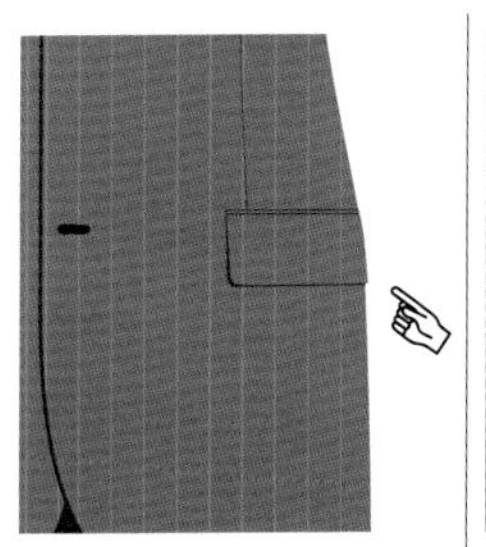

盖式口袋
flap pocket

指上方带有袋盖的口袋。设计初衷是防止雨水进入口袋，在现代则主要起装饰作用。一般使用与衣服主体相同的布料制作，有些还可以将袋盖收纳进口袋内。

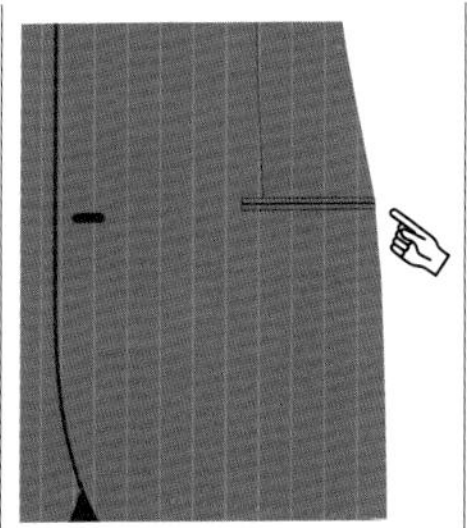

双嵌线挖袋
jetted pocket

在口袋上下施以细窄绲边的挖袋，嵌线挖袋的一种。英文名还写作“besom pocket”。

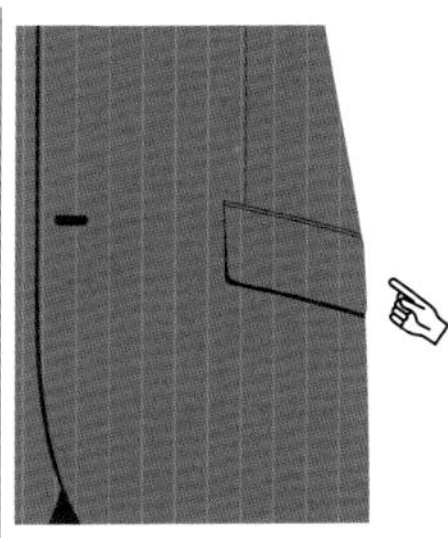

有盖斜袋
hacking pocket

盖式口袋的一种，主要用于夹克骑马装（p83）。口袋微微向后倾斜，且带有袋盖，即使在骑马时身体呈前屈姿势也可以正常使用。这是最具代表性的斜袋*（slant pocket）。

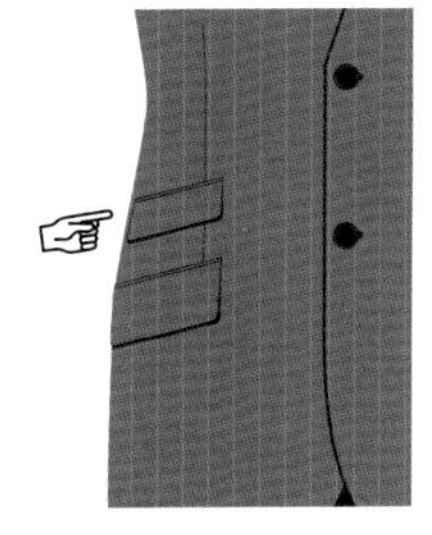

零钱袋
change pocket

一种设置在外套右侧口袋上方的小口袋，用于存放零钱、车票等小物件，常见于尺寸较长的英式西装。change即零钱之意。

*指倾斜安装于夹克腰间的口袋。

帆船袋

barca pocket

形状沿胸部轮廓弯曲、腋窝一侧做成船头状的西装胸袋。与直线的口袋相比，这种曲线处理可以使胸部的轮廓看起来更加优雅立体，与意大利古典收腰西装十分相配。barca在意大利语中为小船之意。这种口袋也叫船形胸袋。

箱形挖袋

welt pocket

呈箱形的西装胸袋，挖袋的一种。带有装饰性袋口布的切缝口袋（slit pocket）也可叫作“箱形口袋”。

月牙形口袋

crescent pocket

一种呈月牙形的弯曲口袋，可见于西部衬衫（p56）的育克下方。crescent意为月牙、新月。因看上去像微笑时的唇形，所以也叫作“微笑口袋（smile pocket）”。

暗裥袋

inverted pleats pocket

指在中央添加了暗裥的口袋。折边向外，褶皱内凹。

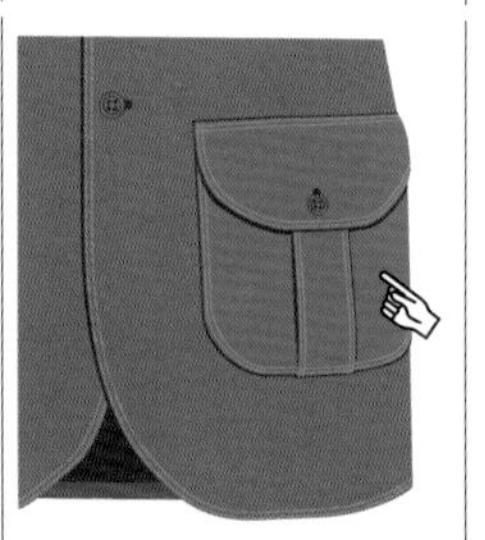

箱形褶袋

box pleats pocket

指在中央添加了箱形褶的口袋。折边向内，褶皱外凸。

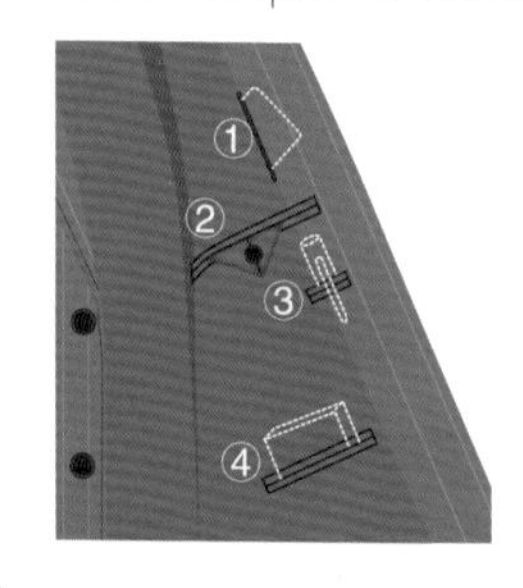

内口袋

inside pocket

设置在西装、大衣内侧的口袋的统称。男式西装的内口袋在左前侧，极具实用性。流行趋势的改变和上衣种类的不同使内口袋的样式千变万化。上图中主要展示了四种：①为车票袋，用于放置卡片、票据等；②为最为一般的内口袋；③为笔袋（水滴兜），用于放置钢笔等；④为处于最下方的烟袋（左下口袋），可以放置香烟、名片盒等略有厚度的物品，不会影响西装的整体轮廓。

深色西装

dark suits

指深蓝色或灰色的西装。可作为简礼服、简丧服出席一般的婚丧嫁娶等活动。从着装要求的层面来看，可认为是稍显郑重的礼服便装，但不是普通意义上的便装。

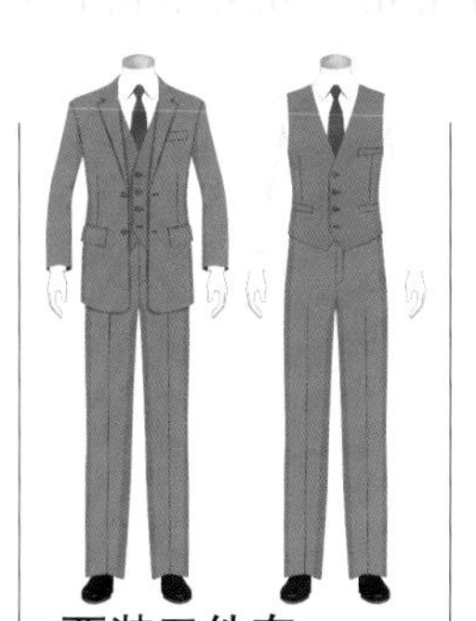

西装三件套

three piece suits

指采用相同布料制作的西服、马甲、西裤套装。现在的西服套装大多只有西服和西裤，但最初指的是包含马甲在内的三件套。

门厅侍者制服

doorman's uniform

在高级酒店或老牌店铺等的正门前，为客人提供服务的工作人员所穿的制服。常见的装扮有长夹克、燕尾服（p81）、缎面礼帽（p148）或制服帽等。

伊顿公学制服

Eton College uniform

英国伊顿公学的学生制服。1967年以前，低年级或个子矮的学生所穿的制服中的外套较短（左图）。现在则无论年级高低，统一采用燕尾服、小领子、领下围白色领带*的装扮（右图）。

爱德华风格

Edwardian style

原本指维多利亚女王的第二个孩子爱德华七世（Edward Ⅶ）所统治的时期（1901—1910年），也可以表示那个时代诞生的文化，其中就包括当时流行的男装式样。爱德华风格男装最典型的特征是天鹅绒上领，胸前有一个大大的盖式口袋（p99），收腰设计，8颗大纽扣的双排扣礼服大衣（p93）和高领衬衫。该时期的珠宝也很有名，以白色为主，精致细腻，晶莹剔透，富有端庄的贵族气息。

基督公学制服

Christ's Hospital uniform

英国基督公学的学生制服。特征是深蓝色长外套，黄色及膝袜，长方形白色领带。被认为是世界上最古老的制服。

制服

Boy Scout uniform

童子军联盟的队员所穿着的制服。联盟通过户外活动来培养青少年的生存技能以及自主性、协调性、社会性、坚韧性和领导力等。不同的部门制服稍有区别。

*白色领带卷绕在假领中央。特别优秀的学生也可以带白色领结。

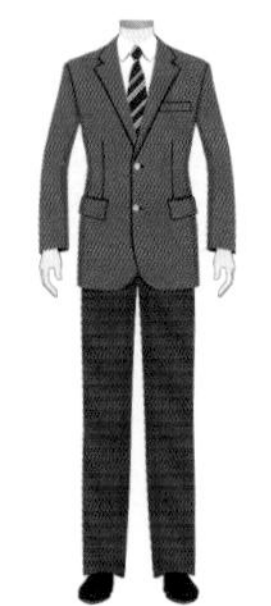

轻便制服校服

blazer school uniform

以轻便制服外套（p82）作为上衣的校服，是日本高中的主流校服，与诘襟立领校服相似。金色纽扣的轻便制服上衣与格子裤是最为常见的搭配。

诘襟立领校服

tsumeeri school uniform

上装和下装采用相同布料制作，上衣为立领的男生校服。多为黑色或深蓝色，也被简称为“学兰”。日本江户时代将洋装称为“兰服”，后来通过漫画，逐渐变成固定称谓。

变形校服

henkei school uniform

日本二十世纪七十年代后期至八十年代，部分学生为了彰显自我，把标准的诘襟立领校服改成了变形校服。最具代表性的有以下两种：长度尤其长的长款学兰服（p83），搭配肥大的直筒裤（左图）；衣长十分短的短款学兰服（p83），搭配裤脚收紧的小脚裤（右图）。

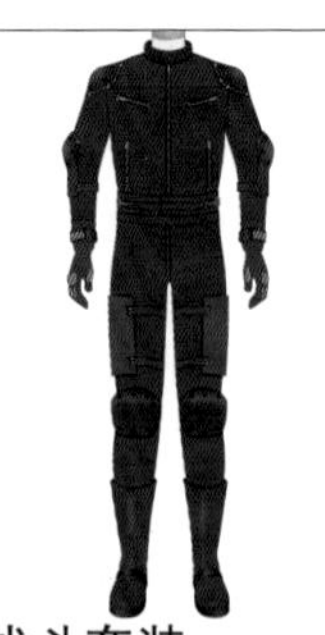

战斗套装

battle suit

所有对战用服装的统称，没有特定的式样。在日本，战斗套装大多是指骑摩托车时穿着的黑色皮衣、皮裤套装，在肩部、肘部、膝盖处带有护具。

苏格兰民族服装

Scotland traditional costume

最具特色的服饰是用苏格兰格纹布料（p175）制作的苏格兰短裙（p71）。悬挂在裙子前面的小包是苏格兰短裙专用的毛皮袋。

伦敦塔卫兵制服

Beefeater

过去英国王宫伦敦塔的卫兵所穿着的制服。英文正式名称为“Yeoman Warder”。被称作“beef eater”，据说是因为卫兵的待遇里有当时的高级食材——牛肉，后来就成了卫兵的代名词。

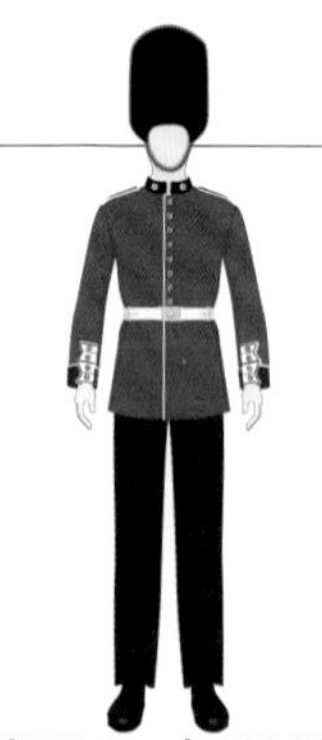

英国近卫步兵制服

Grenadier guards

英国陆军近卫师团的步兵制服。步兵的主要职责是保卫君主的安全。服装最大的特征是高耸的熊毛帽子和大红色上衣。卫兵执勤的场景，也是一道独特的风景线，其中的军乐队非常有名。

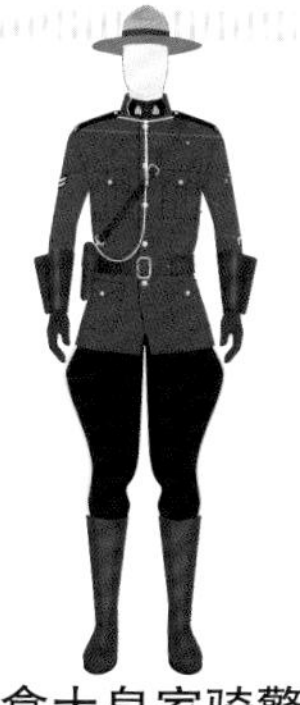

加拿大皇家骑警制服

Royal Canadian Mounted Police

加拿大皇家骑警的仪式用正装。红色夹克和宽沿帽子独具特色。骑警在日常执勤时并不会骑马，穿着与其他警察一样。上图中的专用制服仅在迎接国宾的仪式上才会穿着。

冰岛民族服装

Icelandic traditional costume

位于大西洋北部的火山岛——冰岛的男性民族服装。主要特点是在胸前、袖口以及裤脚的侧面装有纽扣。

克拉科夫民族服装

Kraków traditional costume

以波兰南部、波兰旧都克拉科为中心的地区民族服装。主要特点有带孔雀羽毛的帽子，有流苏装饰的及膝夹克和腰带，细条纹裤子。

卡舒贝民族服装

Kaszuby traditional costume

波兰北部湖泊区域——卡舒贝地区的民族服装。衣服上带有彩色刺绣，用小羊皮制作的帽子独具特色。

库亚维民族服装

Kujawy traditional costume

位于波兰中部库亚维地区的民族服装之一，也是库亚维舞曲的演出服。服装整体由蓝色和红色两种颜色组成，宽头腰带和帽子很有特点。

萨米民族服装

Saami traditional costume

斯堪的纳维亚半岛北部和俄罗斯北部拉普兰德地区萨米族的民族服装。上衣称为“加克蒂（gákti）”或“考尔特（kolt）”，多为毛毡质地，带有刺绣装饰，色彩丰富鲜艳。

撒丁岛民族服装

Sardegna traditional costume

意大利南部度假胜地——撒丁岛的民族服装，可见于岛上各种传统庆典活动中。形似头巾的黑色帽子，与看似短裙的黑色上衣非常有特色。

巴纳德

bunad

挪威民族服装，现在可见于当地的婚丧嫁娶等仪式中。上装为马甲，下装是及膝收口短裤。特点是马甲或外套上带有多排纽扣。女性用巴纳德是带有刺绣装饰的裙装。

希腊总统卫队制服

Greek presidential guard

希腊、雅典等地的卫兵制服。主要特征有袖口宽大的白色上衣、白色褶裙和带有毛绒球的希腊传统鞋子。

佐特套装

zoot suit

流行于二十世纪四十年代的一种式样夸张的男式套装。常见搭配为驳头宽大、宽肩、长度较长的宽松夹克，系领带，宽松肥大、裤脚收紧的高腰裤（多为吊带）和宽檐帽。

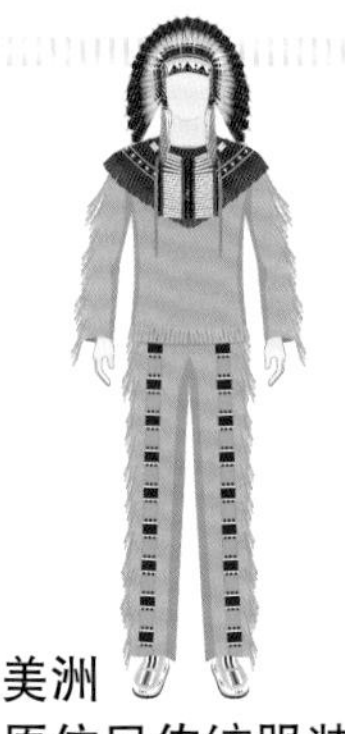

美洲原住民传统服装

Native American costume

十五世纪末欧洲移民进入北美之前，居住在北美的印第安人的民族服装。其中，用鹰和鹫等的羽毛做成的羽冠头饰极具特色。

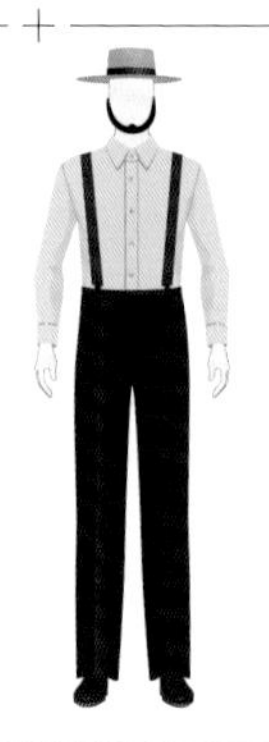

阿米什

Amish

阿米什摈弃汽车、电力等现代设施，以朴素的生活而闻名。阿米什的男性装扮是简单的衬衫和裤子，宽檐帽，不留胡子（结婚后会留长下巴上的胡子）。女性的衣服则由单色连衣裙、围裙、旧式女帽组成。皆不使用纽扣，用带子固定。已婚女性和未婚女性的服饰颜色有差异。

无套裤汉

sans-culotte

法国大革命时期处于下层阶级的巴黎共和主义者穿着的服装。典型的装扮是长裤、卡玛尼奥拉短上衣（p84）、弗里吉亚帽（p155）。

佐阿夫制服

zouaves

十九世纪三十年代由阿尔及利亚人编成的法国陆军轻步兵军团所穿的制服。现在的佐阿夫女式长裤（p68）就是以此为原型制作的。

图阿雷格民族服装

Tuareg

撒哈拉沙漠西部的游牧民图阿雷格人的民族服装。由图阿雷格头巾（多为蓝色）和蓝色的外衣组成，所以图阿雷格人又被称为“蓝色的人”。

危地马拉民族服装

Guatemala traditional costume

危地马拉男性民族服装。主要特征有竖条纹的衬衫，绣有色彩鲜艳的刺绣的宽大领子，红色底白色条纹的裤子。

秘鲁民族服装

Peru traditional costume

秘鲁库斯科一带的民族服装。特征是戴在出游毛线帽（p155）上的盆形帽和颜色鲜艳的庞乔斗篷（p91）。

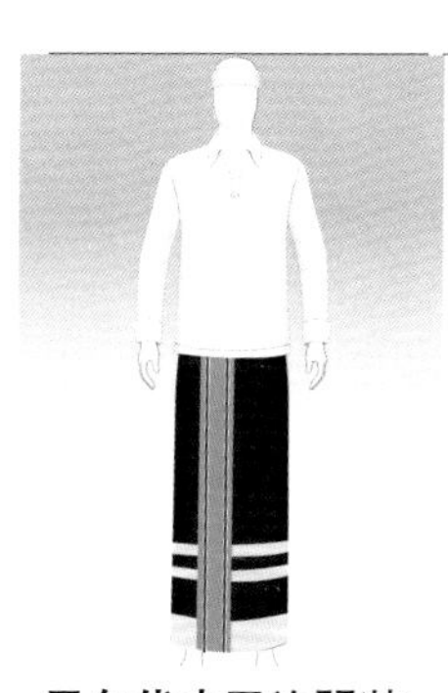

马尔代夫民族服装

Maldivian traditional costume

主要特征是头缠白色发带，身着白色上衣，下装为黑色或深蓝色的纱笼，下摆处有条纹。

伦巴舞蹈服

rumba dance costume

一种色彩缤纷、袖子和裤脚用荷叶边装饰的舞蹈服装。可见于伦巴舞和中南美的狂欢节等场合。现在的伦巴舞蹈服设计更加趋向简洁且凸显身体曲线。

斐济民族服装

Fijian traditional costume

用部落风印花（p189）的玛西树皮布，通过多层重叠制作而成的裙式服装。可见于斐济传统结婚仪式中。

柬埔寨民族服装

Cambodian traditional costume

柬埔寨高棉人的民族服装。用长方形的丝绸碎花布料做成的下装极具特色，被称为“桑博（p69）”。

巴基赤古里

baji jeogori

朝鲜族传统民族服装，由上衣襦（jeogori）和下衣巴基组成。女性民族服装由上衣襦和下衣裳组成，叫作“赤古里裙”。

汉服

hanfu

中国汉族传统服装，袖子宽大，是明末清初以前汉族的主要服饰。在现代，除道士的道袍、僧侣的僧袍和部分礼服外，汉服原本已经很少见了。但随着传统文化复兴，汉服逐渐回到人们的视野中，受到越来越多的人的喜爱。

哈雷迪犹太教教服

Haredi Judaism

黑色帽子，黑色长外套，黑色裤子。脸上一般会留长长的鬓角。

十八世纪西欧贵族服饰

18 century costume

十八世纪的西欧贵族大多会穿着法式马甲（p77）和短裤，外穿究斯特科尔大衣（p97），头戴假发。

火枪手服装

musketeer

佩戴火枪的步兵和骑兵穿着的服装。服装的形式原本多种多样，并不固定。但随着小说《三个火枪手》（*Les Trois Mousquetaires*）多次被翻拍成电影，火枪手装扮也逐渐固定了下来。

中世纪的丘尼卡和曼特

tunica & manteau

十一至十二世纪时，欧洲贵族阶层以穿着布里奥（p115）为主。平民阶层的服装则由丘尼卡（内衣）、曼特（斗篷）和形似紧身裤的肖斯（chausses）组成。这也是中世纪服饰的基本构成。

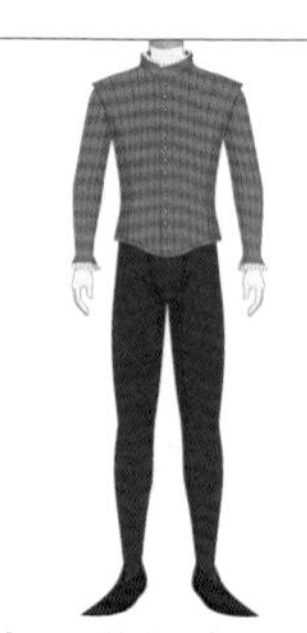

十五世纪宫廷服饰

15 century costume

十五世纪时，欧洲宫廷的主要服装构成有模仿骑士铠甲制作的男式紧身短外套（p84），被称作“肖斯”的裤装，鞋头尖锐看起来不太方便走路的波兰那鞋（p164）。

主教法衣

bishop

天主教最高神职人员——主教在祭祀时穿着的祭祀服。在阿鲁巴长袍（p98）外面套无袖祭披（p98），头戴主教冠（p157）。

衣冠束带

ikannsokutai

日本平安时代以后，天皇、公家、贵族和身份等级较高的官员等的装束。正装束带，与袴（p71）、简装衣冠共同组成衣冠束带。

狩衣

kariginu

原本是日本平安时代以后，贵族官员的便服上衣，后演变为武士的礼服和神职人员的服装。穿着时下装搭配指贯（和服裤子），头戴立乌帽子。便于活动，曾用作狩猎用衣并因此得名。

裃

kamishimo

日本从室町到江户时代武士所穿的正装礼服。由穿于窄袖口衬衣外面的肩衣和袴（p71）组成。肩衣与袴一般使用相同的布料制作，高级武士在正式场合会穿着尺寸更长的长袴，普通长度的袴为半袴。

纹付羽织袴

monntukihaorihakama

五花纹：衬衣和羽织在背部、两胸、两袖后侧各印有一枚花纹，搭配袴（p71）共同组成日本的和服正礼服。一套正式装扮包括黑色的衬衣和羽织、条纹袴、白色短布袜、带木屐带的竹皮屐。袖子上的花纹一般在正面很难看到。

三花纹：衬衣和羽织在背部、两袖后侧各印有一枚花纹（右图），搭配袴共同组成日本的和服准礼服。仅在背部印有一枚花纹的单花纹也是准礼服。

羽织袴

haorihakama

日本男性的普通和服装扮，包括无纹样的上衣和袴（p71）。纯色的羽织袴可用作和服简礼服。

书生服

shoseihuku

日本明治、大正时代，寄宿在别人家或亲戚家，一边打杂一边学习的年轻人的装扮。最典型的装扮包括立领衬衫，棉质上衣和袴（p71），头戴学生帽，脚穿木屐（p168）。

作务衣

samue

日本禅宗僧人在日常做杂务（作务）时穿着的衣服。可以看作日式传统作业服，便于活动，深受日本匠人师傅的喜爱。

僧服

Buddhist monk robe

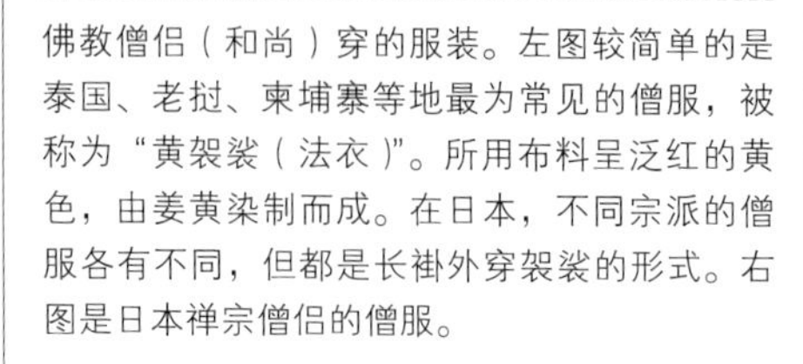

佛教僧侣（和尚）穿的服装。左图较简单的是泰国、老挝、柬埔寨等地最为常见的僧服，被称为“黄袈裟（法衣）”。所用布料呈泛红的黄色，由姜黄染制而成。在日本，不同宗派的僧服各有不同，但都是长褂外穿袈裟的形式。右图是日本禅宗僧侣的僧服。

虚无僧*

komusou

日本禅宗派普化宗的蓄发僧人。头戴深草笠，手托钵盂，吹尺八，云游四海的形象深入人心。袈裟一侧挂有饷箱，用来接受布施。

山伏

yamabusi

隐藏于山野之中进行严酷修行，以求顿悟的日本僧侣。也叫修验者。装束独特，头戴兜巾，身着铃悬上衣，袈裟上带有菊缀（一种形似毛绒球的装饰物），提杖，身携法螺等。

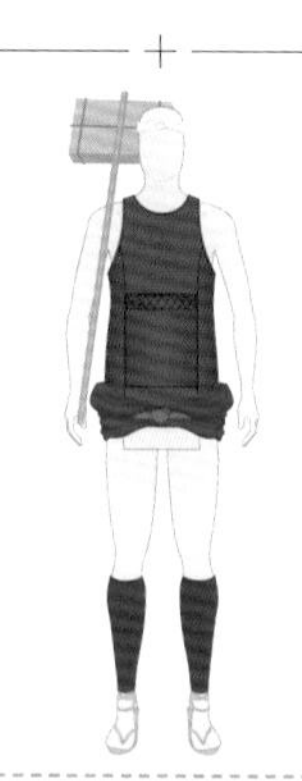

飞脚服

hikyaku

日本古代邮递信件、金钱或转运货物的从业者所穿着的服装。传统职业町飞脚在江户时代于民间得以发展壮大，据说当时的町飞脚所穿的服装与一般的装束无异。在驿站中转急运文书等的幕府公用继飞脚和大名的大名飞脚则以腹挂和兜裆布为主要穿着，也是现代飞脚的固定穿搭。

忍者装

shinobishouzoku

日本从室町到江户时代的忍者的装束。忍者的装束包括蒙头巾、手甲、绑腿裤。在一般印象中，忍者的装束通体为黑色，实际上，为更好地隐匿于黑夜多采用深蓝色或红褐色。

* 也有人认为这是一种带有职业歧视意味的称呼，本书中仅用于名词解释，无其他含义。

连体衣

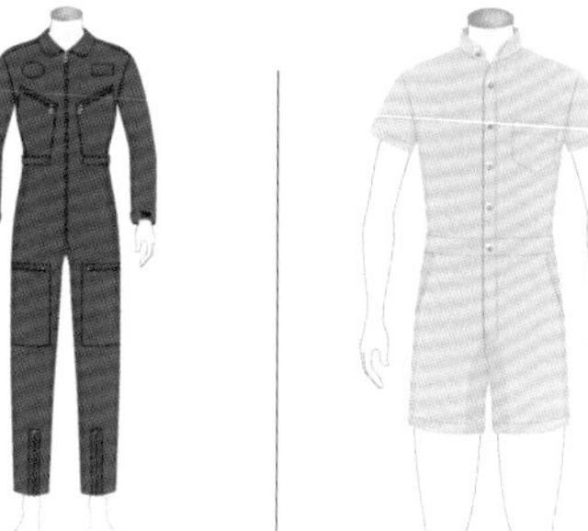

连体服

one-piece suits

指上衣和下衣相连的衣服。常见于工作服、防护服、赛车服等。与婴幼儿的连体裤、军用连身衣十分相似。类似的还有背带裤，但穿背带裤时，上身需要另穿上衣，而连体服则不需要。

连身衣（跳伞服）

jumpsuits

一种有前开襟，裤子与上衣连为一体的连体服。于二十世纪二十年代作为飞行服问世，之后被选为伞兵部队的制服。与连体衣基本相同。

连体裤

rompers

指上衣和下衣连在一起的衣服，原本为婴幼儿游戏时所穿着。现在上下身成套的分离式衣服也可用“romper”表示，款式越来越多样。

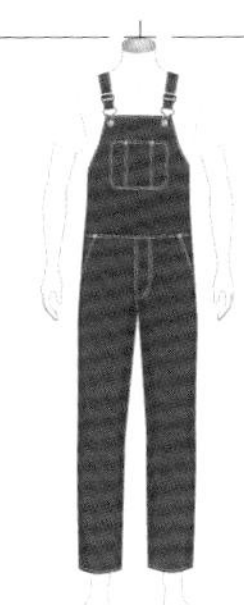

背带裤（裙） 背带裙（裤）

overalls salopettes

指带有护胸布，两侧有肩带的连体裤或连体裙。这种设计的初衷是防止弄脏里面穿的毛衣和衬衣等，是一种防污工作服。其英文为overalls，法文为salopettes。现代背带裤上常见的铁锤环（p129）和尺袋（p101），其实是保留了其最初作为工作服时的设计。材质和颜色多种多样，一般由结实的牛仔布料制作而成。这种服装腰腹部宽松，对穿着者来说不挑身材，所以也常用作孕妇装。

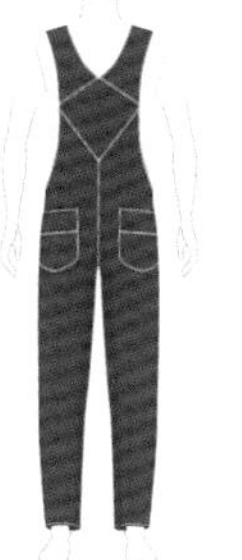

高背背带裤

high back overalls

指背侧从臀部一直延伸至肩膀下方的背带裤，原本也是一种工作服，可以很好地遮盖住穿着者的身材，显得人更加活泼可爱。

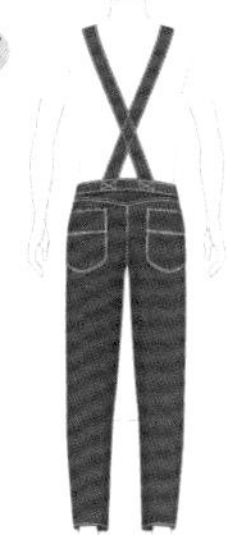

肩带交叉式背带裤

cross back overalls

指两侧的肩带在背部呈十字状交叉的背带裤。

晨衣

dressing gown

在室内休息时穿着的及膝宽松上衣，一般配有束带。多为青果领（p20），采用绸缎等手感良好的面料制作。还可以叫作“化妆衣”“睡袍”等。同类型的还有洗完澡穿的毛巾质地的浴袍（bathrobe）。

浴衣*

yukata

一种里面不穿打底衬衣的简式和服，常用作浴衣、睡衣和日本舞蹈练习服，多见于日本夏季庆典和日式旅馆等。采用吸湿性好的棉布制作，鞋子一般搭配木屐（p168）。

着流

kinagasi

不穿羽织（p98）和袴（p71）的和服装扮。适用于日常穿着，用西服来比喻的话，就等同于休闲便服。仅用于男性，女性和服中没有这种穿法。

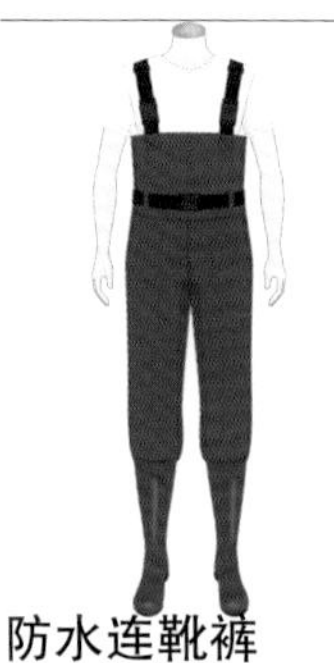

防水连靴裤

waders

一种在钓鱼或户外工作时，能进入水中作业的长筒靴。其长度可至腰部甚至胸部，根据用途的不同，长度也不同，有的可划分到靴子、裤子、背带裤等不同品类中。

卡夫坦长衫

caftan

中亚地区穿着的一种长衫。长度较长，直线裁剪，有前开襟，开襟上一般绣有民族特色的刺绣。遮阳透气，穿法多样，可搭配腰带等。

蒙古袍

deel

一种立领、右衽、外形酷似旗袍的衣物，蒙古族传统民族服装。男女式都有，男款整体宽松，以蓝色最为高贵；女款多彩鲜艳。

贾拉比亚长袍

jellabiya

埃及民族服装，男女式都有。轮廓宽松的套头式长袍，整体呈筒状，长袖。一般为U形或V形立领，领上有刺绣装饰。

*日本平安时代沐浴时所穿的汤帷子的简称。

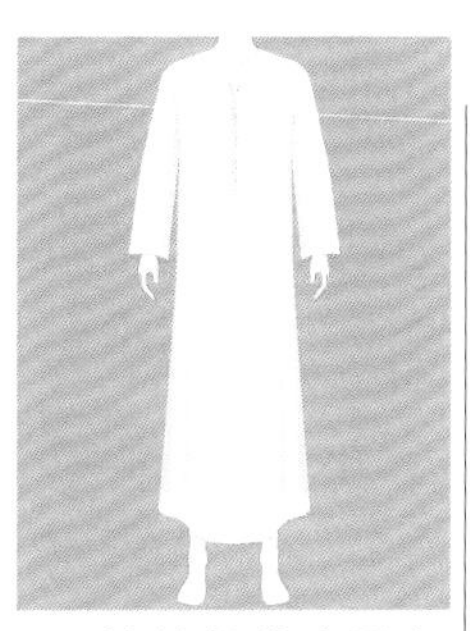

阿拉伯长袍（男）

kandoora

一种长度及脚踝的长袖长袍，中东男性的民族服装。多为白色，以抵御炎热的天气。传统长袍为棉质。领子的形状具有很强的地域性，有的地区会在脖子上挂浸满香水的流苏作为装饰。

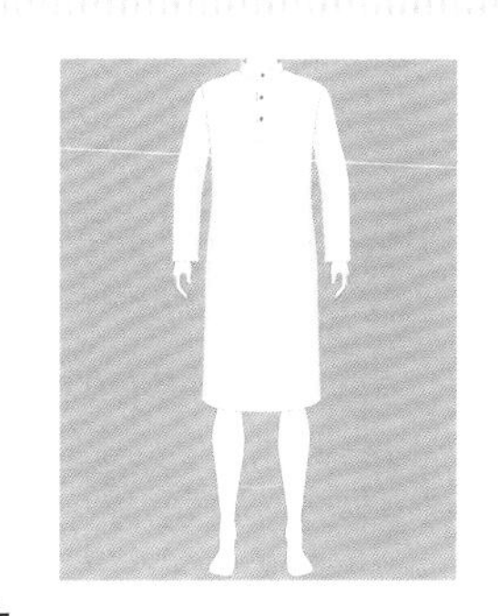

古尔达

kurta

印度传统男性服饰。一种套头式长衫，长袖，小立领，一般比较宽大，长度至大腿或及膝，与古希腊短袍类似。透气性好，尽管尺寸较长，但丝毫不影响它的清凉舒适，与裤子配套也称作“古尔达睡衣”。（因其长度较长，本书将其归类于连体衣。）

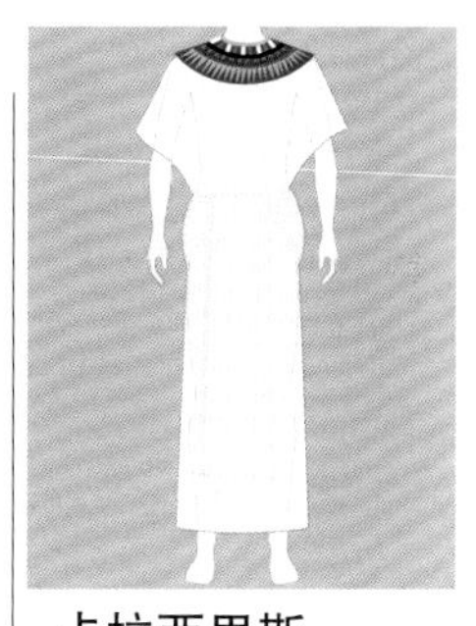

卡拉西里斯

kalasiris

古埃及贵族穿着的一种半透明紧身连衣裙或上衣，多搭配腰带，不露肩。

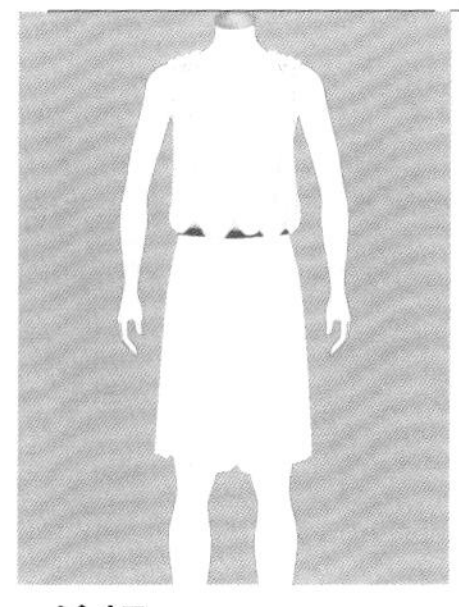

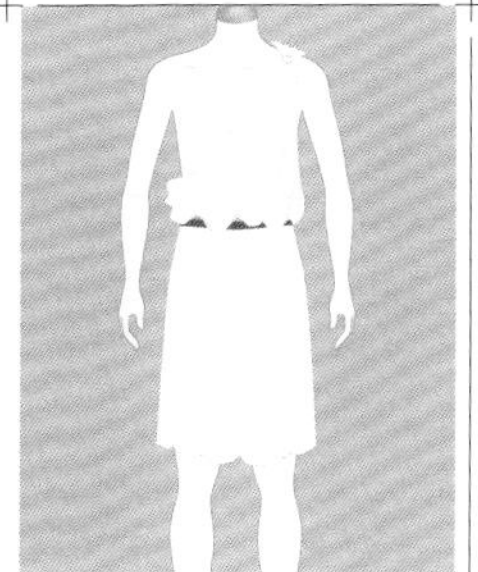

希顿

chiton

古希腊人贴身穿着的宽大长袍。一种用未经裁剪的长方形布料制出褶，肩膀处用别针或胸针固定，腰部用腰带或绳子扎紧。分为多利亚式（无须缝制）和爱奥尼亚式（侧缝留出伸手的空隙，其余部分缝合）两种。女款一般长至脚踝。

希玛纯

himation

古希腊时期穿在希顿外面的披风外衣，男女通用。穿法多种多样，大多是从身体一侧斜挂在肩上，形成很多褶皱。它是古罗马托加长袍的原型。

布里奥

bliaut

中世纪西欧宽松的长袖连衣裙。男女通用，下摆很长。有的下摆和袖子上带有刺绣等装饰，或是在下摆两侧有开衩。

西欧男装史

——借由那些唤醒了时代的电影为指引——

在绘制有关旧时代时装的插画时，很多时候我都会觉得“好像在哪部电影里看过”。只是看电影的时候并没有特意关注服装，也不太了解电影的时代背景。

在此，我想把构成现代服饰基本要素的西欧服装，按照历史的进程，结合电影来介绍一下。尽管解说略显粗糙，但如果像这样按时间顺序展开来看的话，也是别有一番乐趣。

◆公元前五世纪

古希腊时期，人们通常在身上披挂一块长方形的布料做内衣，这种衣物被称作“希顿（chiton）”，通过在外侧缠绕更大块的布料形成的外衣叫作“希玛纯（himation）”。

在我看过的电影里，以古希腊为背景的电影屈指可数。虽然当时没有这方面的意识，但仔细回想起来，好像《特洛伊》（*Troy*）里面的服装与古希腊时期的比较相似。我重温了这部电影，故事主要是以皇族和士兵展开的。在主角们凯旋的场景中，我猛然发现街上的普通民众很多都穿着希顿。如同发现了宝藏一般，我不禁高兴地说道：“就是这个！就是这个！”

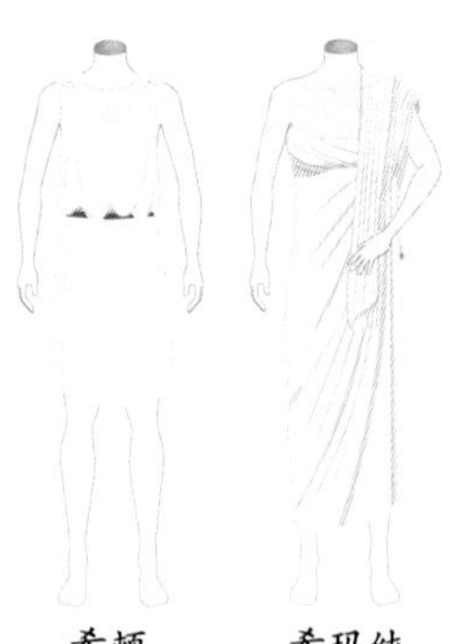

希顿　　希玛纯

◆公元前一世纪

在古罗马，人们通常会在衬衫外裹一件托加长袍。托加长袍是由一块大布做成的衣物。

目前为止，以古罗马为故事背景的电影数不胜数。我比较推荐的是日本的喜剧电影《罗马浴场》（*Thermae Romae*）。电影主要讲述的是古罗马时代的洗浴文化，电影选角十分绝妙，由五官立体的演员饰演罗马人，五官扁平的演员饰演剧中的“扁脸族”。阿部宽所饰演的主人公等一众罗马人都穿着托加长袍。而且，“托加长袍”一词也出现在了电影台词中。

后来，穿着于托加长袍内侧的丘尼卡长衫逐渐演变为达尔玛提卡（dalmatic）。到了中世纪，随着商业的发展，服装的制作方法慢慢变得复杂起来，材料也慢慢丰富起来。

托加长袍　　达尔玛提卡

◆公元五世纪拜占庭帝国

公元五世纪开始，受从波斯和中亚迁徙过来的游牧民的影响，人们开始穿着类似裤子的服装。

电影《第一武士》（*First Knight*）讲述的就是发生在公元五世纪英国的故事。在看电影之前，我暗自期待，没准儿这里面会有“裤子”这种东西的前身。看过之后才发现，剧中的人穿的都是现代的裤子。不管我如何臆想，电影本身还是非常好看、非常有意思的，剧中骑士的服装设计得特别帅气。

◆十一世纪

十一世纪日耳曼人的服装由曼特（斗篷）、丘尼卡（上衣）以及形似紧身裤的肖斯组成。这也是中世纪服饰的基本形态。在《冬狮》（*The Lionin Winter*，1968年）和《侠盗王子罗宾汉》（*Robin Hood: Prince of Thieves*，1991年）等以中世纪为舞台背景的影视剧中，这类服装十分常见。

丘尼卡和曼特

布里奥

◆十二世纪

布里奥开始普及。布里奥是一种喇叭袖紧身短袍，男款比女款略短，穿着时下半身需要搭配裤子。

◆十三世纪

到十三世纪时，比布里奥袖子更瘦的长裙考特（cotte）出现，当时最主要的服装形态也转变为柯达弟亚（cotardie）。cotardie在法语中意为大胆的考特。

在以十四世纪的欧洲为背景的电影《圣战骑士》（*A Knight's Tale*）中，开篇就出现了身着柯达弟亚的人物形象。他吹着长长的喇叭，袖子上缀着成排的纽扣。剧中的男女都穿着中世纪的服装，从服装鉴赏的角度来说，电影很有看头。

柯达弟亚

◆十四世纪

这个时期最主要的服装是胡普兰长衫（houppelande）。这是一种高领、腰间系腰带的宽大长袍。最主要的特征是长而宽大的袖子和袖口锯齿状的装饰。

在1968年上映的电影《罗密欧与朱丽叶》（*Romeo and Juliet*）中，人们跳舞时穿的就是袖口宽大垂坠的胡普兰长衫或悬垂袖的衣服。虽然没有见到锯齿状的饰边，但无论男女的服装衣袖都极具装饰性。

在柯达弟亚之后，长度更短的紧身短外套逐渐成为当时人们的主要服装。一些比较夸张的装扮也开始出现，例如穿着遮阴袋以遮挡内衣前部的开口等。

在前文介绍过的电影《罗密欧与朱丽叶》中，影片开篇的市集场景里，就有市民身穿紧身裤和遮阴袋战斗。在电影《发条橙》（*A Clockwork Orange*）中，也可以见到穿着遮阴袋的人。不过《发条橙》所讲的并非发生在十四世纪的故事。

我在看电影《玫瑰之名》（*The Name of the Rose*）的时候一直在想，从时代背景来看，应该会有类似胡普兰长衫的衣服出现吧，但遗憾的是，场景始终都在修道院中，角色穿的也都是修道士服。不过电影本身还是很值得推荐的，气氛神秘而诡异，节奏感很好。

紧身短外套

胡普兰长衫　遮阴袋

◆**十五世纪**

再来看一下以十五世纪的法国为舞台背景的电影《圣女贞德》（*Joan of Arc*）。主演米拉·乔沃维奇（Milla Jovovich）把贞德的形象刻画得惟妙惟肖，演技非常棒。尤其是战斗和审判的情节，给我留下了十分深刻的印象。

在贵族周围，出现了一些身穿类似柯达弟亚衣物的男性，胸前有排列细密的纽扣，也比较紧身，但袖子上却没有纽扣。在穿脱盔甲的场景中还可以发现，紧身短外套原本是穿在铠甲下面的。虽然这部影片中主角的装扮并不是特别精致，但同时代女性的礼服和发饰却十分优雅美丽，引人注目。

修道士服

◆**十六至十七世纪**

这个时期，人们开始重视衣着的实用性，裤子长度到了膝盖以下。2011年上映的电影《三个火枪手》（*The Three Musketeers*），在原作的基础上加入了动作元素，十分过瘾。服装都是雍容华贵、光彩熠熠的中世纪样式，非常值得一看。除此之外，很久以前由麦克尔·约克（Michael York）主演电影《四个火枪手》（*The Four Musketeers*）也很不错，狂野的表演尤其令人振奋。记得我在看的时候还忍不住质疑，莫非欧美人眼中的硬汉就是麦克尔·约克这样的吗？时至今日再次审视，不可否认，麦克尔·约克的确是货真价实的硬汉。

柯达弟亚（女式）　火枪手

◆十七至十八世纪

这个时期，贵族中最为普遍的服装搭配为究斯特科尔大衣、法式马甲、短套裤。

说到这个时期的贵族服装，我不禁想起了1984年上映的电影《莫扎特传》(*Amadeus*)。其中有大量描写宫廷和大型演奏会的情节，各种贵族服装一一登场，令人目不暇接。该电影还获得了第57届奥斯卡金像奖的服装设计奖。

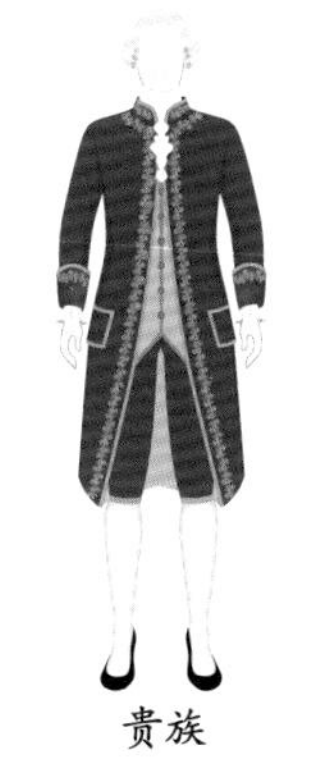
贵族

无套裤汉

◆十八世纪

发生在此时期最轰动的历史事件，莫过于由身穿长裤的劳动阶级无套裤汉掀起的法国大革命。革命开始的同时，也喻示了贵族服装的消亡。在电影《悲惨世界》(*Les Misérables*)的结尾处，大量涌现的卡玛尼奥短上衣让人印象深刻。不过电影中并没有出现具有象征意义的弗里吉亚帽，取而代之的是一种不知名的短檐帽。

卡玛尼奥短上衣

弗里吉亚帽

◆十九世纪～

从这个时期开始，服装的变化逐渐趋于稳定，现代服装的雏形基本形成。或者说现代礼服和正式服装的式样在当时已经形成，之后经过慢慢简化，最终变成了今天大家所熟悉的样子。

要想看到现代社交礼服的最初形态，那2013年上映的电影《了不起的盖茨比》(*The Great Gatsby*)绝对不容错过。故事发生在二十世纪二十年代。豪宅中夜夜笙歌，身着绚丽服装的男女光彩夺目。电影中，还可以看到一个使用了莱恩德克尔(J.C.Leyendecker)作品的巨大广告牌(ARROW COLLARS)。莱恩德克尔是美国二十世纪的杰出插画师之一，他笔下的绅士帅气又时尚，让无数人惊叹。我感受到了电影中负责服装和道具的工作人员的饱满热情以及对莱恩德克尔的敬意，这让我十分感动。

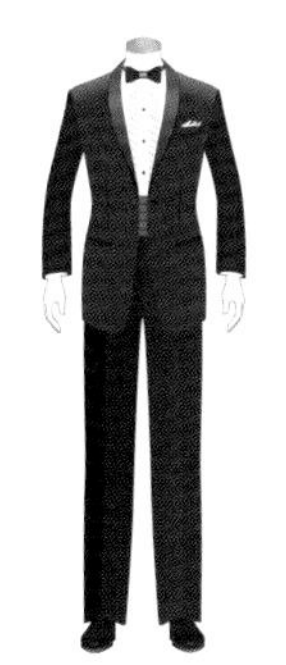
无尾晚礼服

一路走下来不难发现，现代服装是多么的朴素、温和。我一直认为时尚是一个允许“无用”和“拘泥”存在的领域，但为了追求舒适，“无用”和“拘泥”越来越少，这多少让我感到有些落寞。据说文化总是朝着过去曾有缺失的方向发展，希望我们不要过度被某一特定的价值观所束缚，而是更多地去展现自己地域和民族的风采。

让我们一起创造出属于下一个时代的时尚潮流吧！

手套

短手套
shortie

指长度至手腕、尺寸较短的手套，有一定的防寒效果，但更多是用作服装搭配。英文也可写作"shorty"。

连指手套
mitten

一种拇指分开、其余四根手指连在一起的手套。

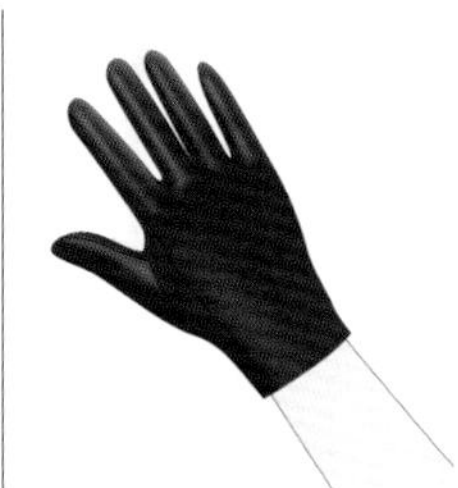

皮手套
leather glove

用皮革制作的手套。不知何时起，在人们的印象中，杀手一般都会佩戴黑色皮手套。

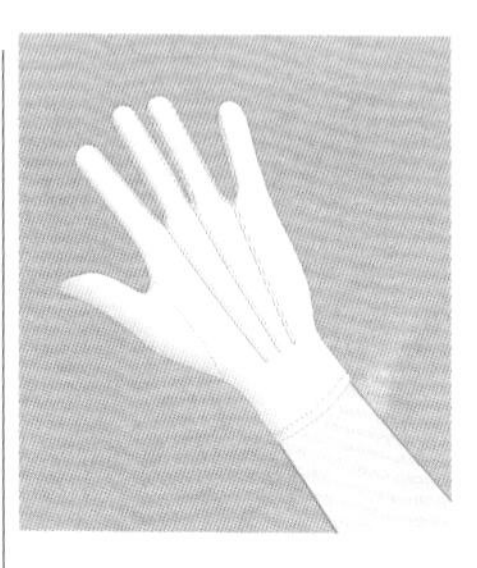

白手套
white glove

象征执行任务的白色手套。常见于警察、保安、司机、管家等职业。还可搭配正装和礼服使用，一般搭配燕尾服，现在也可搭配其他类型的正装。

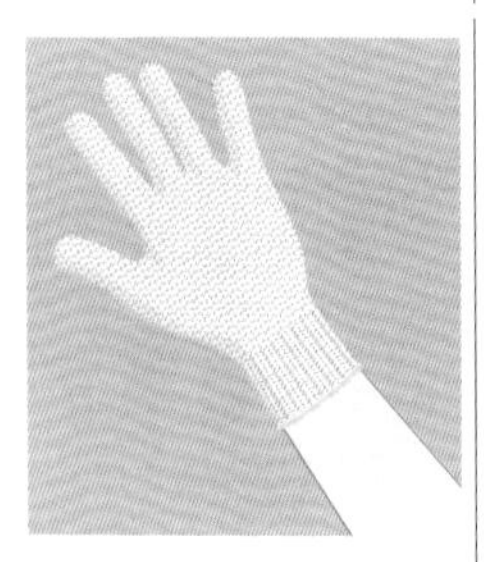

劳保手套
work glove

一种劳动或做工时使用的手套。对双手有一定的保护作用。

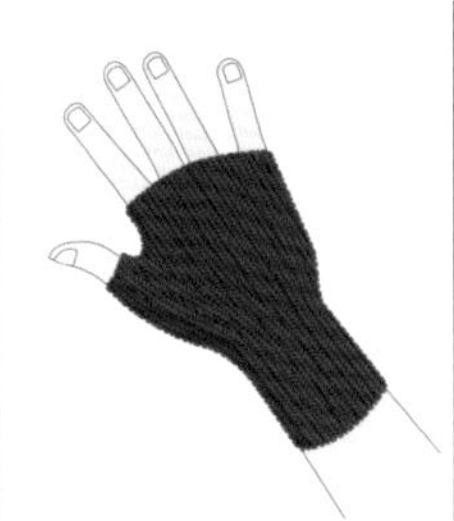

无指手套
demi-glove

指没有手指部分的手套。这种手套的材质和用途多种多样，比较注重功能性，适合在对手指的灵活度要求较高的工作中使用。有些无指手套只暴露指尖部分。demi在法语中为一半之意。

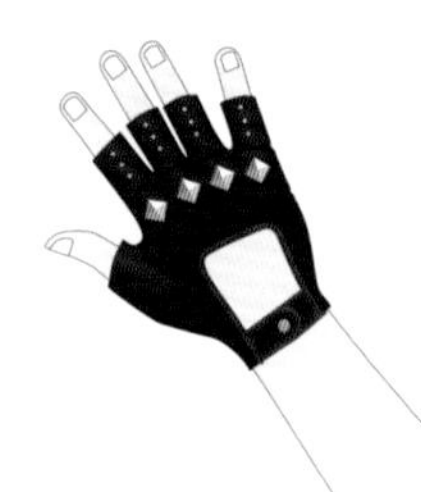

铆钉手套
studs glove

带有金属铆钉的手套，是朋克摇滚人士的常用装备。

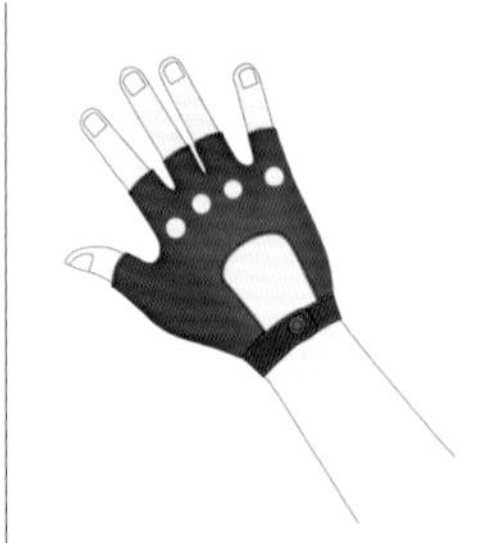

驾驶手套
driving glove

开车或驾驶摩托车时佩戴的手套。主要用来增强手掌的摩擦力，具有防滑、防晒的作用。款式多种多样，有无指款，也有长至上臂的款式。

铁手套(防护手套)

gauntlet

一种入口处呈喇叭状、长度较长的金属手套，盔甲防护用具。在现代时装中，铁手套一般指以中世纪骑士战斗时穿着的臂铠为原型设计的手套。还可指骑摩托车、击剑运动、骑马时所佩戴的防护用长手套。

半指手套

open fingered glove

一种手指部分不闭合，暴露手指的手套。这种手套的主要作用不是防寒，而是为了保护手掌或提升握力。常见于拳击等体育运动中。

训练手套

training glove

半指手套的一种，佩戴目的是在训练时（主要是无氧锻炼）用来防滑，减轻手腕的负荷，防止受伤。

射击手套

shooting glove

射击时使用的手套。大多会在手掌部位做防滑处理或增加防滑补丁。弓箭或枪支品种不同，射击手套的种类也不同：有手指全包的，也有暴露手指的，还有部分手指开关式的。

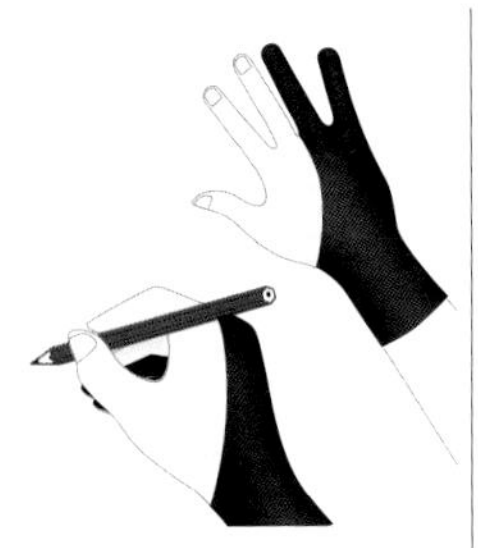

绘画手套

drawing glove

绘画时佩戴的手套。为不影响手指的灵活度，仅小指和无名指上有布料包裹，拇指、食指、中指暴露。

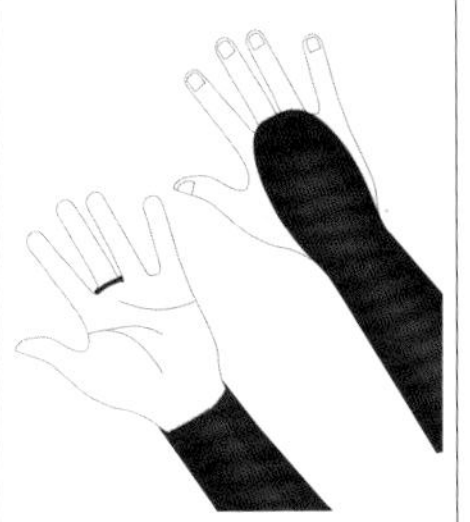

手甲

tekkou

一种布制的户外服饰用品。可从手背覆盖至胳膊，不影响手指的活动，具有防护、防污、防晒和御寒的功能。一般会用一个绳圈固定在中指上。历史悠久，常用作行装、做工装备和武器防护装备。

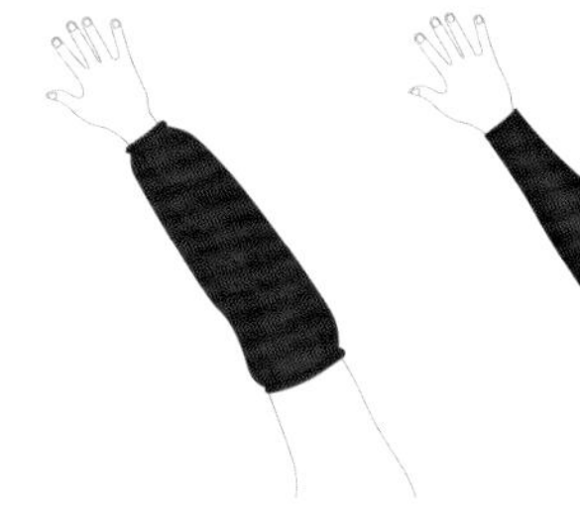

袖套

arm cover

一种戴在手臂上的圆筒状遮盖物，有防晒、防污和防护的作用。原本是指为防止做工时弄脏衣袖，两端用皮筋收紧的筒状袖管（左图）。现在则主要是指弹性好、吸汗速干、贴身的袖管（右图）。可用于运动、外出，或为减少受伤而要求长袖作业时，作为可穿脱的袖子使用。

袜子

短袜
socks

所有长至脚踝上部的袜子的统称，穿着这种袜子的主要目的是保暖、吸汗、透气、减缓压力等。

无跟筒袜
tube socks

不带后跟的直筒形袜子，诞生于二十世纪六十年代。因深受滑板爱好者的喜爱，所以也被称为“滑板袜”。最具代表性的设计为通体白色，在袜口处有几条线。

踝袜
ankle socks

长度至脚踝的超短袜。日本二十世纪八十年代以前，女学生常穿的经典袜子。最初使用群体主要是女性和儿童，现在穿踝袜的男性也越来越多了。

船袜
foot covers

一种十分浅的袜子。脚背处开口较大，只有脚尖和足跟处被包裹。主要作用是保暖、吸汗、透气、减缓压力等。穿着浅口鞋时，可以防止因袜子外露影响美观。易于穿脱，内侧多带有防滑设计。

五趾袜
toe socks

指五根脚趾分开的袜子。

护腿袜套
leg warmers

一种上至大腿或膝盖下方，下至脚踝的保暖用筒状袜套。最初是练习滑雪、芭蕾时穿着的护具。

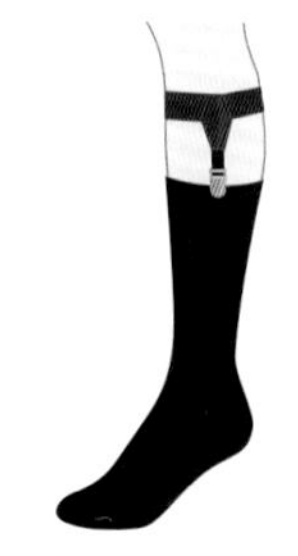

吊袜带
socks garter

为了防止袜子滑落，绑在膝盖至小腿之间的带状固定装置。

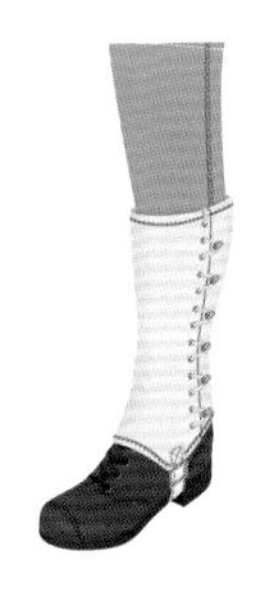

绑腿

gaiters

一种对腿部起保护作用的户外护身用具，主要用于小腿。可以直接贴身使用，也可以套在裤子或靴子的外侧。形式多种多样，有利用带状布条捆绑在腿上的（左图），也有在一侧通过锁扣固定的筒状的（右图）。除了可以防止泥污溅脏裤脚或鞋子，高弹力的绑腿还可以有效预防长时间行走后造成的腿部淤血。

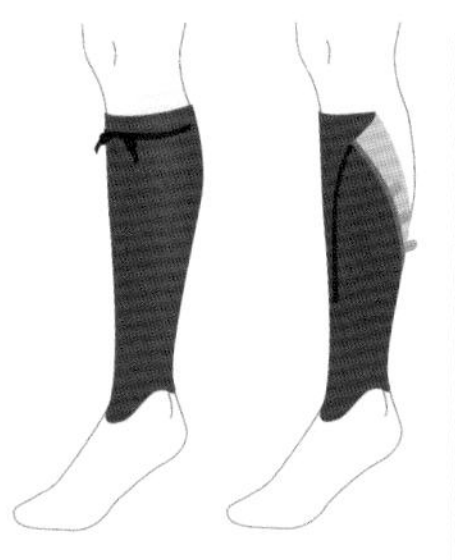

脚袢

kyahann

指日式绑腿。使用于小腿，有预防外部伤害、固定裤脚防止绊倒、给小腿施压以防长时间行走后造成淤血等作用。

足袋

tabi

日本传统布袜。袜头在拇趾和二趾中间分开形成两部分，在穿着草履或木屐（p168）时也可以穿，是和服装扮的固定配件。袜口用一种日式挂钩——小钩（p134）固定。

紧身衣

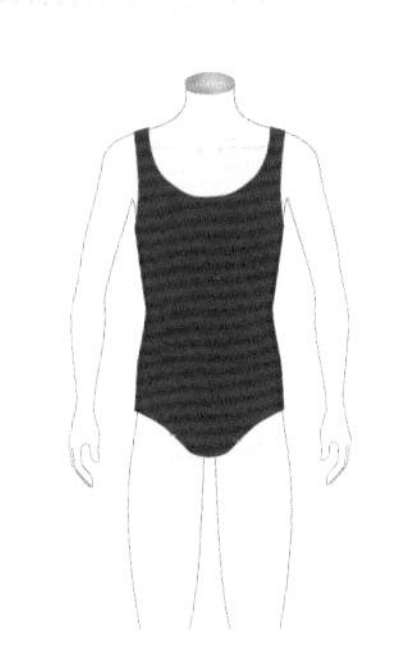

紧身连体裤

leotard

体操运动员、芭蕾舞者、舞蹈演员所穿着的一种上下一体式的、有弹性的服装。

运动紧身连体裤

singlet

主要指摔跤、举重等项目的运动员所穿着的一种上下一体式的、有弹性的贴身服装。

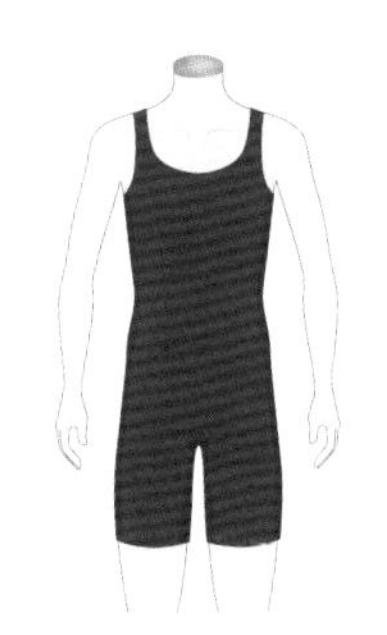

紧身连体衣

body suit

上衣和裤子一体式紧身衣。一般作内衣用，也可以作为可贴身穿着的运动连体衣。一般代指塑形内衣。

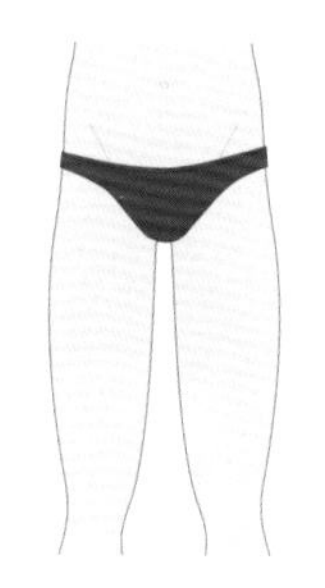

三角泳裤

swim tranks

腰部细窄、立裆较浅，皮肤暴露程度较高的泳衣。从正面看呈倒三角形。优点是腿和髋关节的活动范围大。

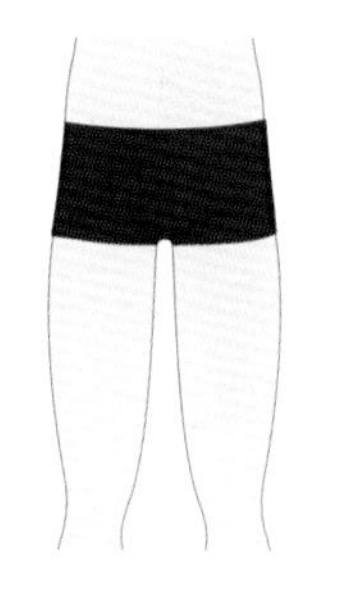

平角泳裤

boxer swim shorts

采用弹力布料制作，与身体贴合度高，稍微有一点点裤腿的泳裤。从正面看呈长方形。

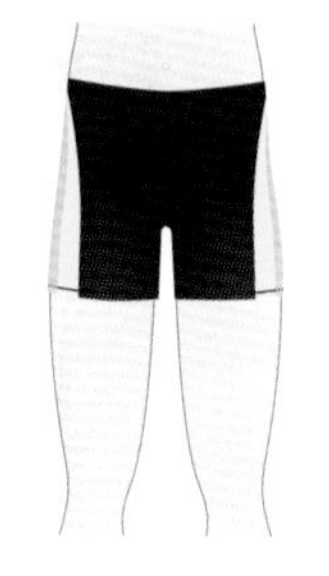

半平角泳裤

half spats

采用弹力布料制作，与身体贴合度高，可以完全覆盖大腿根部的泳裤。

及膝泳裤

jammers

采用弹力布料制作，与身体贴合度高，长度至大腿中部的泳裤。

冲浪短裤

board shorts

指冲浪时穿的短裤。其外形比较日常，穿着走在大街上也不会奇怪，所以现在冲浪短裤在设计上都比较偏向于日常穿着。

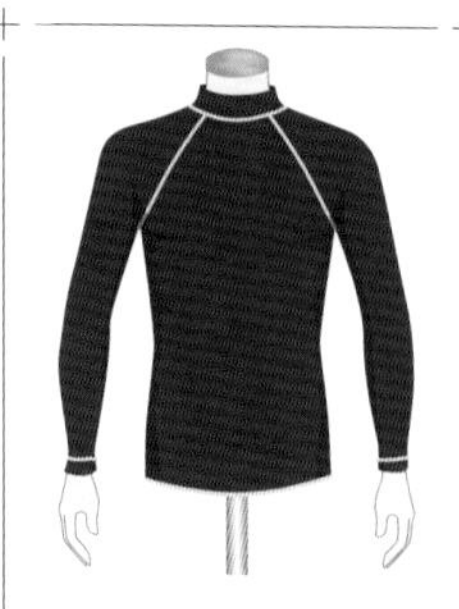

冲浪服

rash guard

参加水上运动时穿着的上衣。主要用于防晒、保暖、防止擦伤和水母等有害生物的蜇伤等。成人、小孩都能用。rash意为擦伤。

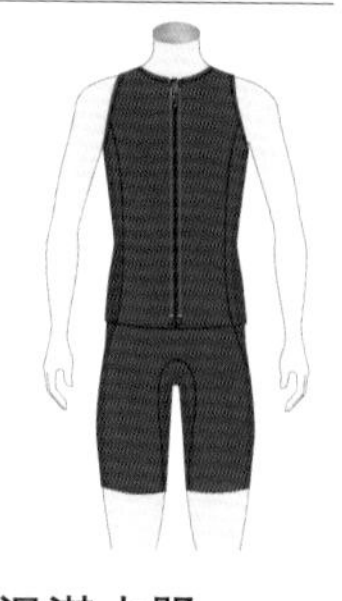

保温潜水服

wetsuits

冲浪或潜水时穿着的一种水上及水中用运动服。采用橡胶质地制作，包裹全身能起到一定的保温和防护作用。厚度一般在2～7毫米之间，越厚保暖性越好，越薄越便于活动。让衣服内进入少量的水，利用自身体温暖热后，可以反过来温暖身体，达到保温的目的。由于布料中含有气泡，所以越厚浮力越大，潜水时需要配重。潜水服的种类多种多样，也有内侧不会进水的干燥型，设计上又可分为无袖、短袖、长袖、短裤、长裤等，样式十分丰富。

部位、部件名称、装饰

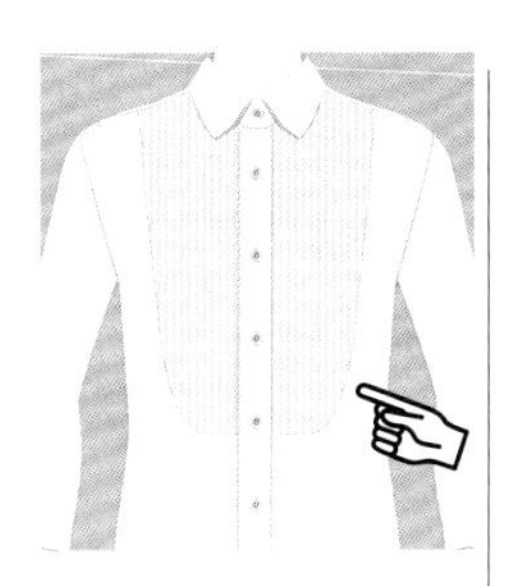

胸饰

bosom

使用于礼服、衬衫前胸部位的装饰物或护胸布。根据形状，有的叫作“围兜（bib）”，带有荷叶边等装饰的叫作“褶边胸饰（plastron，也可以用来表示击剑运动中的护胸）”。

挂浆胸饰（衬衫）

starched bosom

呈U字形或长方形的胸饰。用与衬衫本体相同的布料制作而成，也可指使用了这种设计的衬衫本身。多用于礼服衬衫。starched即为挂浆、上浆之意。类似的还有褶片胸饰（衬衫）。

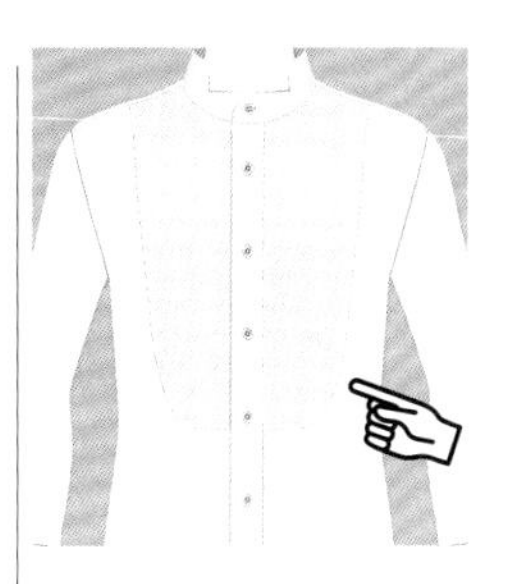

凸纹挂浆胸饰

piqué front

挂浆胸饰的一种。是采用一种凸纹编织物做胸襟的设计。

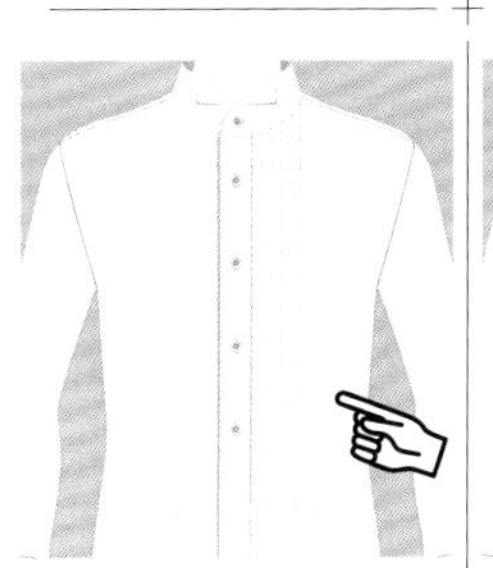

褶片胸饰（衬衫）

pleated bosom

一种褶皱胸饰。也可指带有这种设计的衬衫。多用来搭配无尾晚礼服。其中褶皱宽度为1厘米的褶片衬衫最为正式。

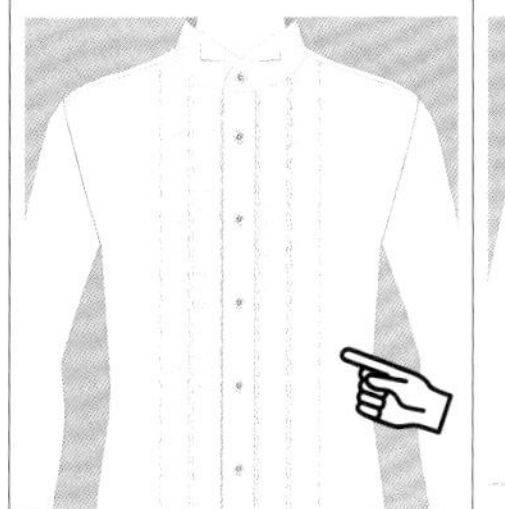

褶边胸饰（多排）

frilled bosom

用于礼服、衬衫前胸部位的条状荷叶边装饰。带有褶边胸饰的衬衫叫作“褶边衬衫（p55）”。

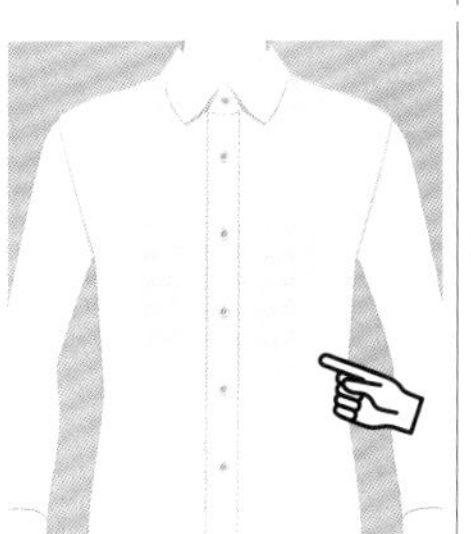

围兜式育克

bib yoke

看起来如同儿童围兜一般的育克，bib意指围兜、护胸布。

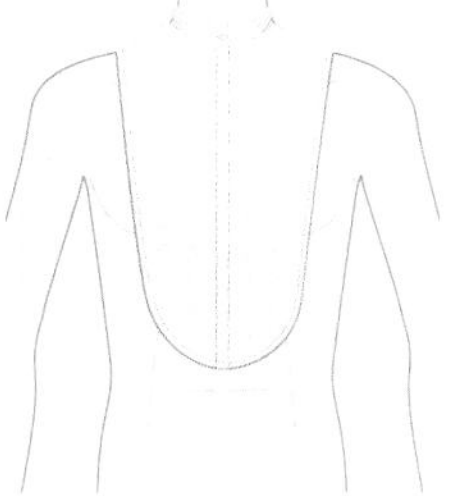

假衬衫

dickey

指仅有胸襟或只有脖子部分的上衣。在外面穿上马甲或外套后，看起来就像穿了衬衫一样。

暗门襟

French front

指可以将纽扣或拉链隐藏起来的双层门襟设计，常见于大衣或衬衣的设计，可以使领子周围和胸前看起来更加干净利落。

底领

collar stand

连接领口与翻领的部位，也叫领基。如果底领较宽，领子会紧贴颈部；如果没有底领，即为平翻领（flat collar），贴于肩膀上。

吊袢

hanging tape

指外套等衣物后方领子内侧的小吊环，可用其将衣服挂在挂钩上。有时上面会织入品牌或厂商的名称，这时也可叫作“吊牌”。

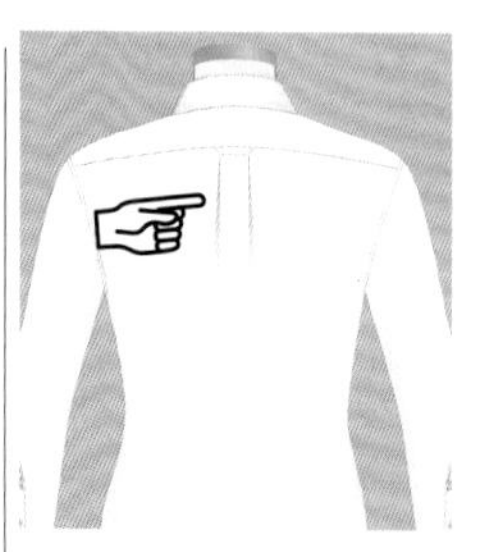

中心箱褶

center box pleat

指在衬衣背部中间位置的箱形褶裥（p132），其目的是给肩膀、胸部周围留出空间，便于活动。有的箱褶上方会带有一个细环，用于挂置衬衣。

侧缝带

side stripe

裤子侧缝处的带状设计，一般为一条或两条。这种装饰源自十八世纪末至十九世纪拿破仑军队的军服，最基本的用法是用于礼服裤，常用一条装饰。现代在运动服、训练服等制服上也较常见。

缎面驳头

facing collar

晚宴服或燕尾服领子的一种设计形式。原本为绸缎材质，现在也可用涤纶布料代替，也可称作“真丝驳头（silk facing）”。

领卷

lapel roll

驳头（下领）起翘的部分。领卷使驳头微微竖起，增添了立体感，能体现出服装精良的做工和高级感。为了不让领卷变形，很多人在收纳衣服时会特别小心。

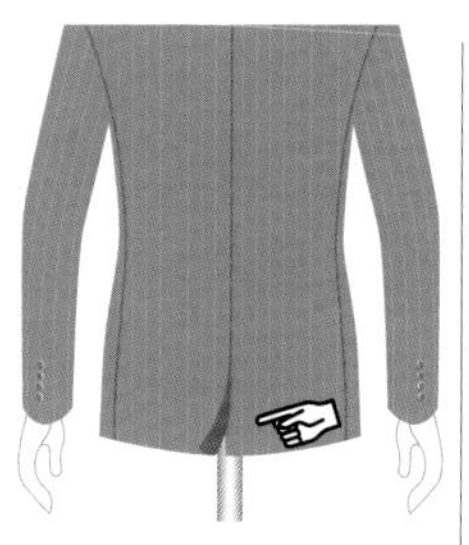

中央背衩

center vent

在大衣和夹克的后下摆处添加的开衩*设计，可以使身体活动更自如，也具有一定的装饰性。像上图中这种位于中间位置的就叫作“中央背衩”。

*衩处会有布片重叠，并不是单纯地从一块布中间剪开一条缝。

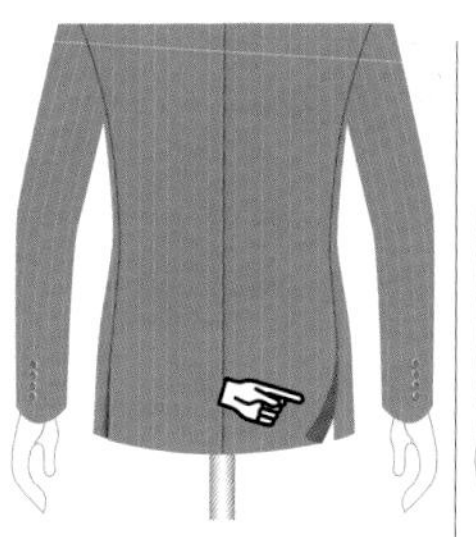

摆衩

side vents

在大衣和夹克的下摆两侧添加的开衩设计，可以使身体活动更自如，也具有一定的装饰性。

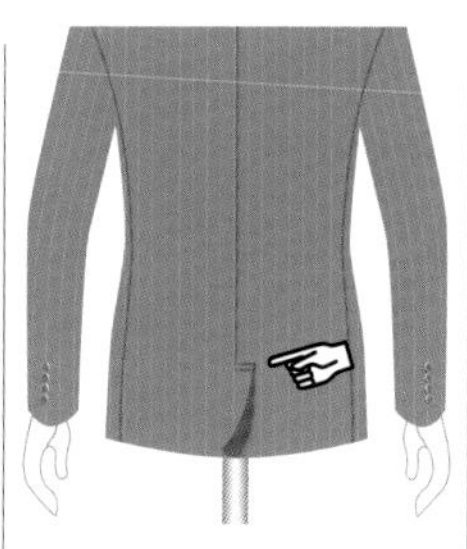

钩形背衩

hook vent

指开衩带有拐角的、呈钩形的背衩。常见于美式传统礼服和一些较长的礼服。弯钩部分通过缝纫机倒针做加固处理，防止撕裂。

省

darts

在衣服上通过辑缝得以消失的锥形或近似锥形的部分。这是一种可以使衣服更具立体感或更贴合身体的制衣技术。根据部位可分为肩省、领省、腰省、腋下省、侧省等。

掐腰（外套）

pinch back

通过在背部捏省、打褶并添加后腰带，使轮廓线条更显利落、有收腰设计的外套，也可指添加了收腰设计的部位。pinch意为拧、掐。

串口

gorge

指衣领的上领和下领拼接处形成的接口，这条拼接线叫作“串口线（gorge line）”，常见于西装的领子。gorge意指咽喉、食道，在这里延伸为可将衣领立起来的位置。

翻领扣眼

lapel hole

设置在衣领上的扣眼，可用来放置装饰用的小花束，也可以用来佩戴徽章等。有时也只是作为一种装饰，这时的扣眼是不打开的。

领袢

throat tab

位于领子或领嘴处的小袢，上面有扣眼，可以通过纽扣将领子固定在脖颈附近。常见于诺福克夹克（p83）等户外外套。throat即喉咙、咽喉之意。

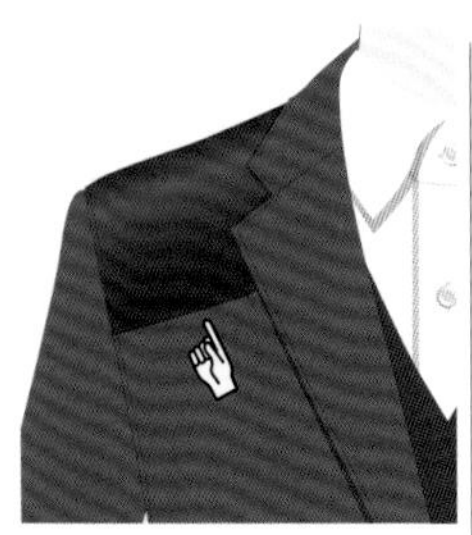

枪垫
gun patch

一种覆盖在肩膀处的垫布，是为防止架在肩膀上的枪支磨损衣物而添加的防护用具，一般由皮革等结实的材料制作而成，常见于射击服的左右两肩。

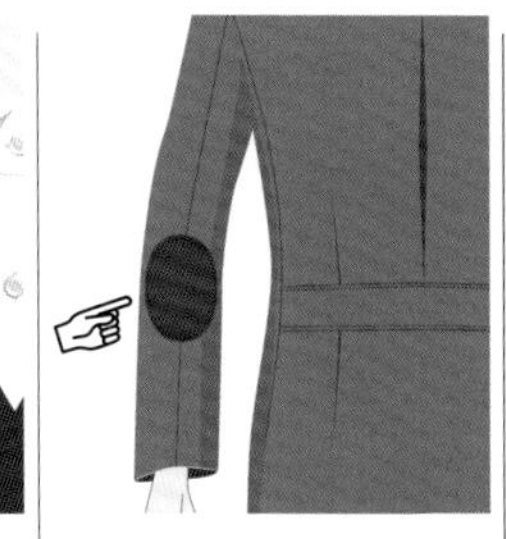

肘部补丁
elbow patch

在夹克、毛衣等的胳膊肘处额外添加的布片。有加固和装饰的作用，一般为皮革制。

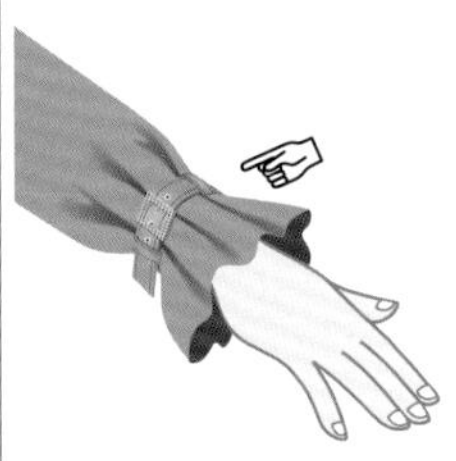

袖带
sleeve strap

系在袖子上的带子，可防止风雨侵入，达到保暖的效果。或可改变袖口宽度和轮廓，起到一定的装饰作用。

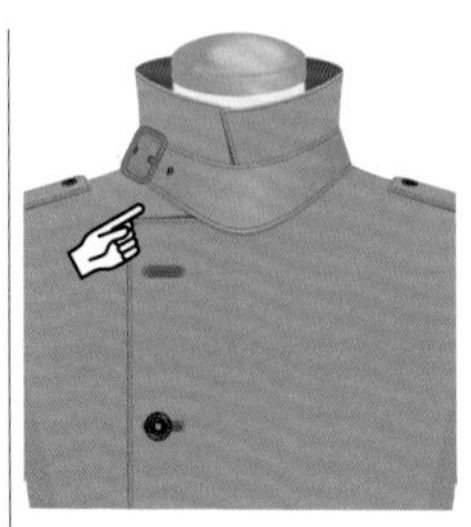

领扣带
chin strap

沿脖子固定的带子。作用是将领子竖起来，防止风从领口灌入。可以收纳进战壕风衣（p95）等衣领的下方。

防风护胸布
storm flap

战壕风衣右边肩膀上的一个小设计，是一块可以防止雨水侵入的布片。在第一次世界大战时，曾被用来承载来复枪的枪托，起到一定的护肩作用。

下巴罩布
chin warmer

安装在战壕风衣等下巴位置的布片。布片以三角形为主，有防止风从领口灌入的作用。与可以收纳进衣领下方的领扣带有类似的功能。也可指嘴巴部位有开口，形似络腮胡的保暖口罩。

裥
tuck

把布料捏成小块，折叠并缝合形成的褶皱。可以使衣服更具立体感或更贴合身体，常见于裤装或裙装的腰部。不具有装饰性，整个褶皱直接缝合的叫作“省”。

腰头搭袢

adjustable tab

设计在裤子或夹克腰部的搭袢，有调节衣服尺寸的作用，也有一定的装饰性。

背扣

cinch back

位于裤装后侧腰部与口袋之间的扣带，主要用于工装牛仔裤和西装裤。背带可固定在背扣上，使裤子更加贴身。现代的背扣则多为装饰，材质和设计也更加多样。通过使用背扣，可使衣服看起来更具复古感。cinch意为马鞍肚带。

铁锤环

hammer loop

指缝制在工装裤、画家裤（p62）口袋缝口处的布带，最初用来悬挂锤子等工具。

斗篷型育克

cape shoulder

形似斗篷的育克，或类似设计。有时也可指代小斗篷（p90）或短披肩。

镂空

cut-out

指将布料挖空，露出肌肤或打底衣的裁剪手法，多用在鞋子或上衣的领子周围。在网眼内侧添加刺绣镶边，也是一种镂空手法，英文写作“peekaboo”。

绲边

piping

指将衣服或皮革制品的边缘用窄布或胶布进行包裹的处理手法，也可指布条或胶布本身。绲边可以对制品的边缘起到一定的保护作用，同时也具有一定的装饰性。

袖章

sleeve badge

附在制服袖子上、表示所属团体或职务级别的徽章。可以戴在袖子中间，也可以在袖口用特定数量或特定形状的线来表示。根据形状和佩戴位置，英文还可以写作“sleeve patch”等。

军装绶带

ribbon

在军服或制服上，从右肩悬挂于前胸的金银色绳状装饰。军队中一般由副官或参谋长佩戴。除此之外，绶带有时还具有勋章的意义，或起到一定的装饰作用（在这种情况下大多会挂在左侧）。关于绶带的起源，现在最有力的说法是源自指挥官牵马时所用的缰绳。常与绶带一起使用的被称为“铅笔（pencil）”的装饰，被认为源自过去为记录司令官命令所使用的笔。也叫肩带饰绳（aiguillette）。

肩袢

epaulet

装饰在服装肩部的小袢，通常没有实用功能，只作为装饰或标志。肩袢最早出现于十八世纪中期，据说曾是英国陆军用于固定枪支和望远镜的部件。现代多用于制服、礼服等，以标明官职或军衔，也可用于普通外套，例如战壕风衣（p95）、狩猎夹克（p90）等。

领章

collar badge

佩戴于制服等衣领上的徽章或刺绣布片，以表示所属军种或军衔。有徽章型、纽扣型等。可佩戴于立领、上领、下领等多个位置。

饰带

sash

穿戴在身上的宽布带的统称。常见于军装、正装、制服等，有装饰、悬挂勋章或武器等作用。可以斜挎于一侧的肩膀，也可以连接双肩呈V字形，还可以围在腰间，佩戴方法与款式多样。根据样式和佩戴位置的不同，名称上也略有不同，例如悬挂于肩上的还可以叫作“肩带”。

勃兰登堡

Brandebourgs

指军装等门襟附近横向平行排列的，用以固定纽扣的装饰性条带。Brandebourgs是德国的一个城市。

毛边

frayed hem

牛仔裤等在裁剪后，裤脚不做折边或者缝合处理，不加修饰，是一种休闲感非常强的设计。frayed意为磨损、磨破，hem即衣服的边缘。

卷边

roll up

指将袖子或裤脚挽起来，也可指能达到同样效果的设计手法。

流苏

fringe

通过将丝线、细绳捆扎成束或缝制成缨穗状形成的装饰。在布料或皮革的边缘进行连续裁剪所形成的带状细条，也可叫作“流苏”。流苏最早起源于古代东方，当时所佩戴的流苏越多，身份越高贵。除了具有装饰作用外，将布料的边缘做成流苏也起到一定的遮盖作用，以隐藏起不想被人看清的部分，常见于窗帘和围巾等的设计中，也是泳装、外套、鞋子、包等设计中使用频率非常高的装饰手法。

荷叶边

flounce

一种宽大飘逸，外形似荷叶的褶皱装饰，多用于衣服的边缘。

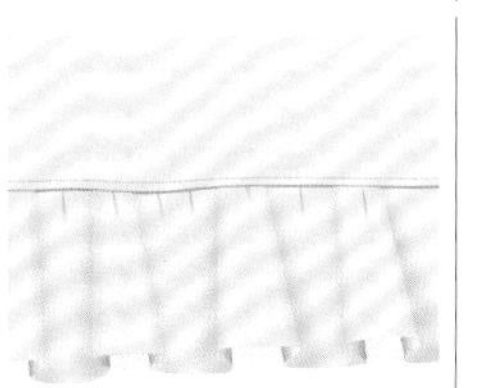

褶边

frill

使用于衣服边缘位置的褶皱装饰，一般由蕾丝或柔软的布条制成。常见于衣服的下摆、领口或袖口。褶边是洛丽塔服装中经常使用的装饰手法。

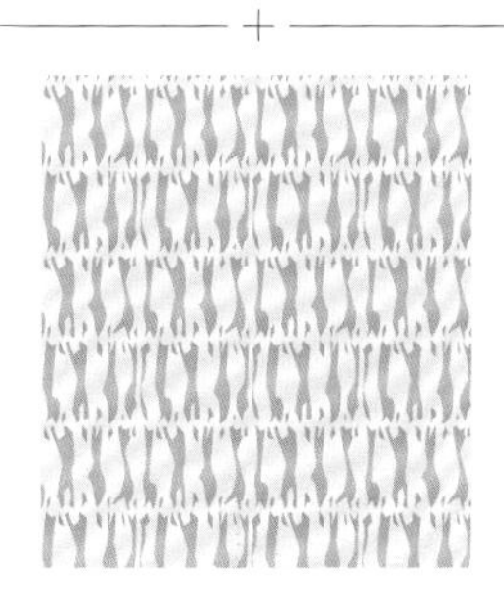

抽褶

shirring

把布料抽出细小的褶皱，将服装面料较长较宽的部分缩短或减少的面料处理技术。其表面凹凸起伏，更具立体感，从而使服装舒适合体，同时又增加了装饰效果。抽褶广泛运用于上衣、裙子、袖子等的服装部件的设计中。

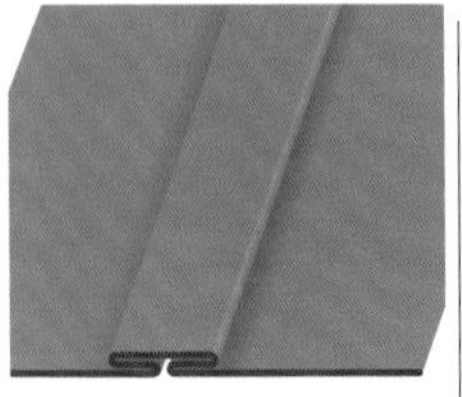

箱型褶裥（外工字褶）

box pleat

指褶峰外凸的褶皱。与内工字褶刚好相反。

内工字褶

inverted pleat

指褶峰内凹的褶皱。与外工字褶相反。inverted意为翻转、反向的。

水晶褶

crystal pleat

风琴褶的一种。水晶褶的褶皱更加细致而密集，因看上去像水晶而得名。常见于雪纺材质的礼服或裙装。

蘑菇褶

mushroom pleat

一种十分细致的褶皱，因形似蘑菇的菌褶而得名。一般会把它归类于水晶褶。

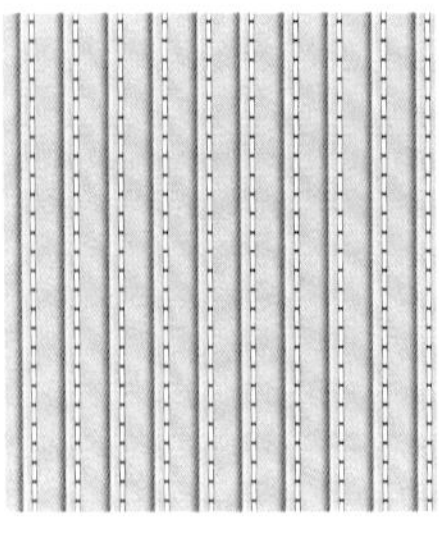

排褶

pin-tuck

一种用线缝制出的极细褶。将布料折成细密的直条，然后用线缝制而成，主要起装饰作用。常用于衬衫的门襟附近。

铆钉

studs

原意为金属材质的图钉、大头钉、铆钉等。在服装用语中则专指起装饰作用的金属材质装饰扣。最初被用于装饰鞋包、皮带、钱包等，现在广泛运用于上衣、裤装、外套等服装的装饰中。男性服装中，常被用于固定或装饰袖口。

亮片

spangle

带有小孔的金属片，常被缝制在布料表面，使其更具光泽感，有很强的装饰作用。亮片的角度不同，对光线的反射效果也不同，可塑性强，变化多样。英文名还写作“sequin”。

抽纱绣

drawn work

常用于制作桌布、窗帘等的刺绣工艺。把织好的线抽除一部分，然后用针线连缀成各种花纹、图案的刺绣技法的统称。

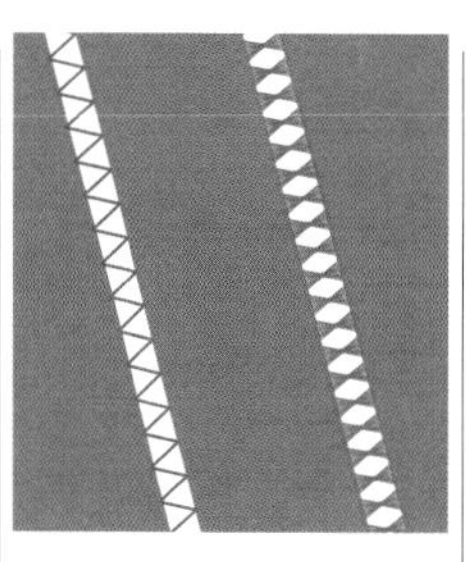

花式针迹接缝

fagoting

将分离的两片布用线连接，或将布片中间抽除一部分织线后，连缀成束的装饰手法。

扇贝曲牙边

scallop

通过裁剪或其他处理技法制作出的一种由连续的半圆组成的波浪形饰边，因形似排列成一排的扇贝壳而得名。这种饰边除了具有装饰功能外，还能起到防止服装边缘脱线等的加固作用。这种处理方法常见于衬衫和裙子的蕾丝镶边，可以更好地展示女性的优雅气质与魅力。除服装外，在窗帘和手帕等上的使用频率也较高。

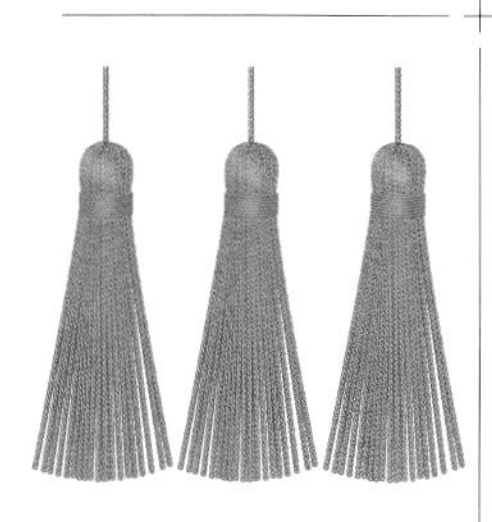

流苏穗饰

tassel

一种穗状装饰物，多用于装潢、服饰等设计中。最初是用来固定斗篷的，现在多见于窗帘、鞋靴、包等装饰中。流苏乐福鞋（p163）就是其中常见的例子。

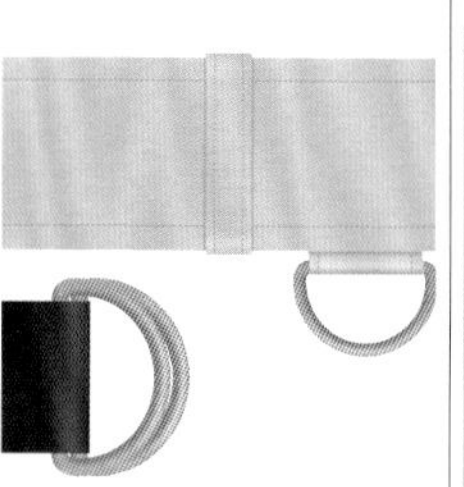

D 形环

D-ring

呈D字形的金属环。可见于战壕风衣（p95）的腰带，曾被用来悬挂水壶或手榴弹，现被保留下来作为装饰。也可用于制作箱包，双层D形环还可用作皮带扣。

金属孔眼

eyelet

在布、纸、皮革等上打孔穿线时，为了防止孔洞扩大或破损而使用的环状金属部件（也有树脂的）。因为像鸡的眼睛，固又被称为“鸡眼”。

包布纽扣

covered button

在金属或木制的纽扣上，包上皮革或布做装饰的纽扣。

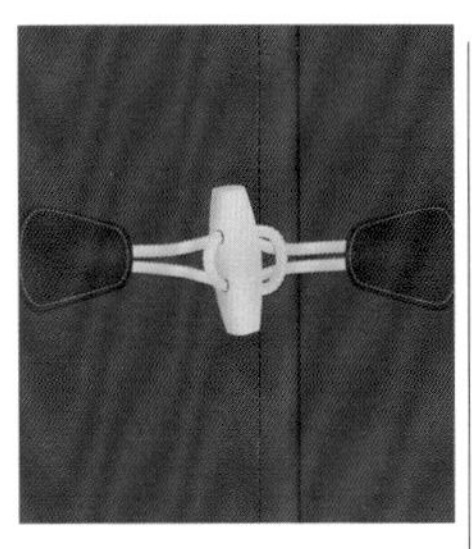

栓扣（牛角扣）
toggle button

木头、竹子、牛角、树脂等制作的形似牛角的纽扣用绳索固定的纽扣形式，常见于毛呢大衣。toggle也可指通过左右滑动来进行开合的纽扣。

盘扣
frog button

用绳子盘成扣环和纽的扣具。除固定作用外，还兼具很强的装饰功能。可见于中式传统服装和军装。

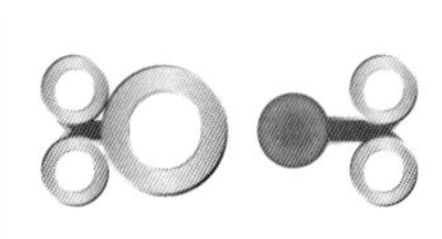

搭扣
clasp

一种金属制环扣，可代替纽扣起到固定的作用。

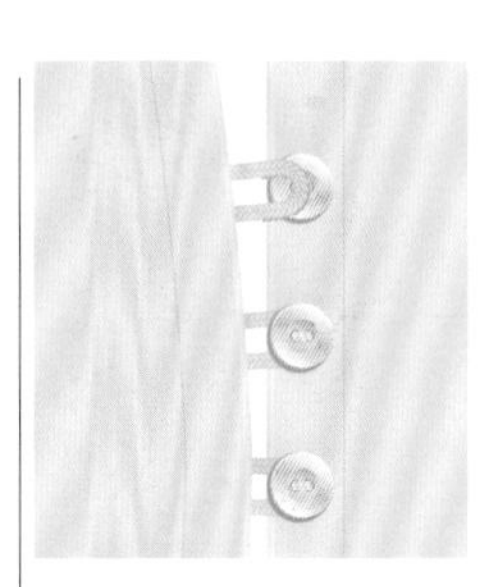

钮环扣
loop button

指用绳子或布条围成的环做扣眼的纽扣。也可指这种固定方式。

小钩
kohaze

日本传统扣具，由一边的挂绳和固定于另一边布料一端的薄片组成。常用于足袋、手甲、脚袢等日式服装配饰中。在过去，薄片部分由动物的角、趾甲、骨头等制作而成，现代多为铜等金属材质。

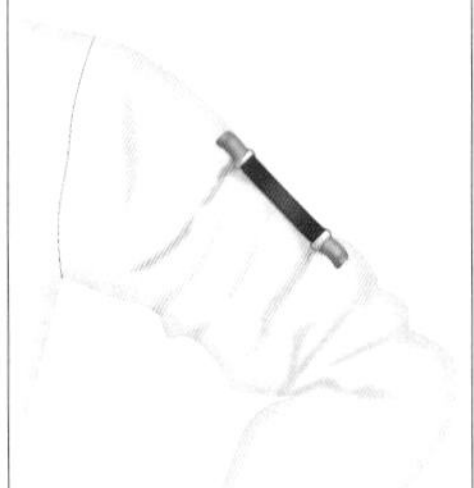

袖箍
arm suspender

一种用来调节衣袖长度的部件，是一根两端带有金属夹的橡胶棒。

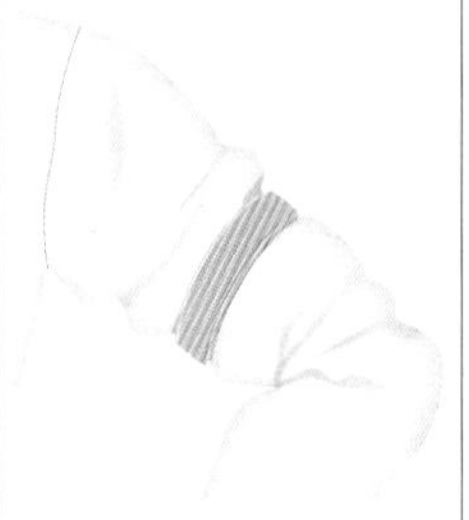

臂带
arm band

用来调节衬衫袖子长短或宽松度的带子。材质多种多样，有布制、皮革制、金属制、橡胶制等。也可用来做装饰。

帽檐
brim

即帽子的边缘部分。能起到遮阳或挡雨的作用。女仆装中常见的饰边发箍也可用brim来表示。搭配礼服时多用白色帽檐的帽子，也被叫作“白帽檐”。

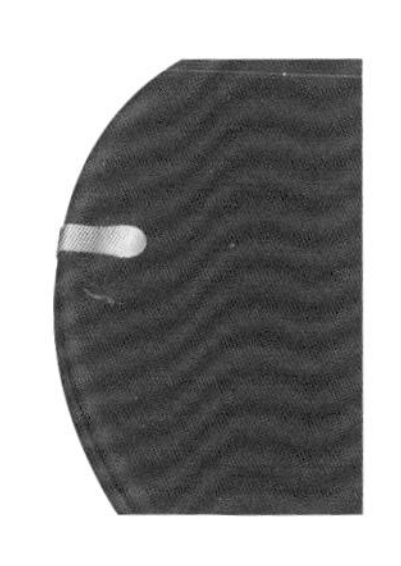

铝扣

copin

可将多只袜子固定在一起的卡扣，一般为铝制品，打开后形似圆规。

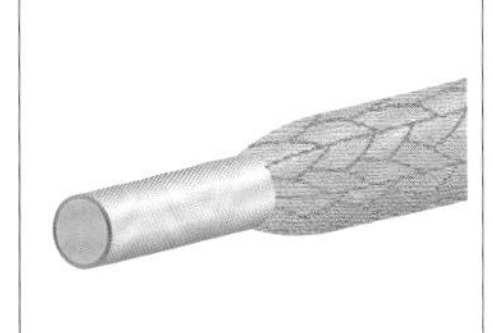

鞋带箍

aglet

包覆于鞋带等末端的金属或树脂圆筒状部件，主要作用是防止鞋带脱线，同时方便鞋带穿过孔洞，有些还具有一定的装饰作用。

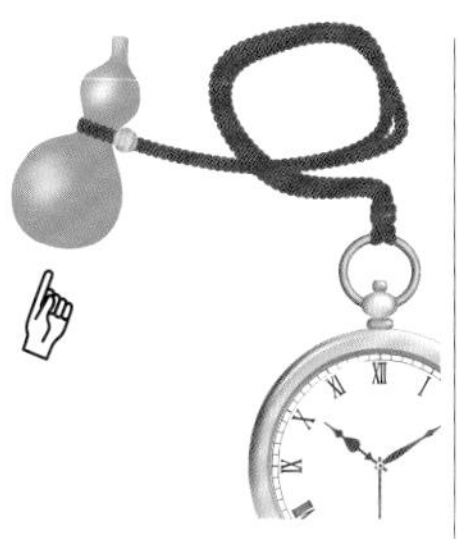

根付

netuke

日本江户时代用于绳子末端的装饰扣。一般挂在荷包、印章盒、烟盒等随身物品的吊绳上。现代可用作挂坠等。

睡莲纹饰

lotus

以睡莲为原型的饰品或设计。睡莲因其傍晚闭合、次日早上再次盛开的习性，在古埃及象征着永恒的生命，还被作为祭祀活动中的供品，也是神殿柱子上的装饰物。

鸢尾花饰

fleur-de-lis

以鸢尾花为原型的饰品或设计。比较常见的有鸢尾花形的徽章，它是法国王室的象征。在欧洲，鸢尾花也经常被用来设计成各种徽章或组织的标志。鸢尾花饰是一种传统而古老、非常具有神秘感的花纹。在法国，通常代表着皇室至高无上的权利。过去也曾是专门烙于犯人身体上的花纹。

棕叶纹饰

palmette

尖端呈扇形展开，以石松、肉豆蔻为原型设计的图案。后与蔓草图案相结合，在古希腊被广泛运用。

忍冬纹饰

anthemion

起源于古希腊的传统植物纹饰，花瓣向外侧弯曲，末端一般呈尖形。据说其原型来自忍冬和睡莲，在欧洲常被用于建筑、家具的装饰中。

领带夹
tie clip

用于固定领带的饰品。由装饰品和金属弹簧夹组成，可以把领带夹在衬衫上。

一字领带夹
tie bar

用于固定领带的饰品。一字领带夹可利用金属本身的弹性把领带夹住。

领带别针
tie tack

用于固定领带的饰品。将别针（针头多用宝石或贵金属装饰）贯穿领带的大头和小头，然后固定在底座上。底座上带有一条锁链，锁链的另一端通过铁环或夹子固定在衬衫的纽扣或扣眼上。

领带链
tie chain

一种用于固定领带的饰品。在领带背面，将一根衣架样的金属扣挂在衬衫纽扣上，金属扣的两端连接着一根长链，长链轻轻环住领带，完成固定。

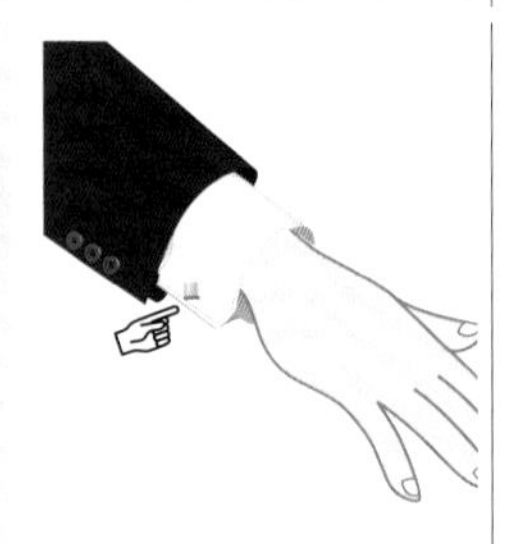

袖扣
cufflinks

主要起装饰作用的扣具，固定在衬衫袖口的扣眼处。

按扣式袖扣
snap cufflinks

袖扣的一种。这是一种按扣，一套纽扣由子扣和母扣两部分组成。

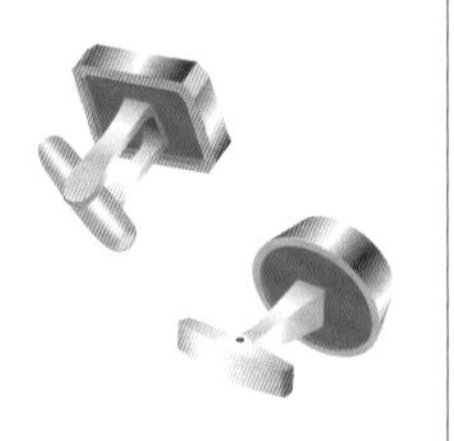

T字袖扣
swivel cufflinks

袖扣的一种。将扣具在闭合状态下垂直穿过扣眼，然后打开扣具呈T字形，完成固定。可分为弹头式（bullet back closures，上图）、鲸鱼式（whale back closures，下图）和套索式（toggle cufflinks）等。

固定式袖扣
fixed cufflinks

袖扣的一种。这种扣具难以从扣眼中脱出，会一直固定在扣眼上。与穿着无尾晚礼服时装饰在胸前的饰扣形状相同。

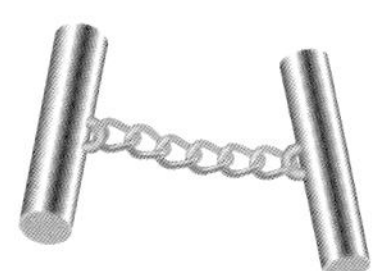

链式袖扣
chain link cufflinks

一种将扣具用链条连接的袖扣。

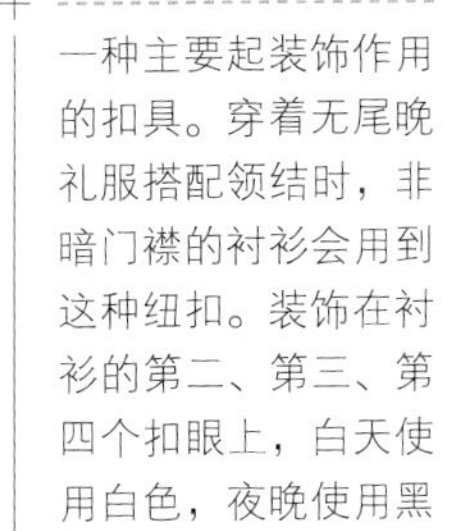

绳结袖扣
silk knot cufflinks

用丝线、皮筋等做成的球形袖口。缺点是不耐用，但价格低廉。

饰扣
stud buttons

一种主要起装饰作用的扣具。穿着无尾晚礼服搭配领结时，非暗门襟的衬衫会用到这种纽扣。装饰在衬衫的第二、第三、第四个扣眼上，白天使用白色，夜晚使用黑色。与固定式袖扣的形状相同。

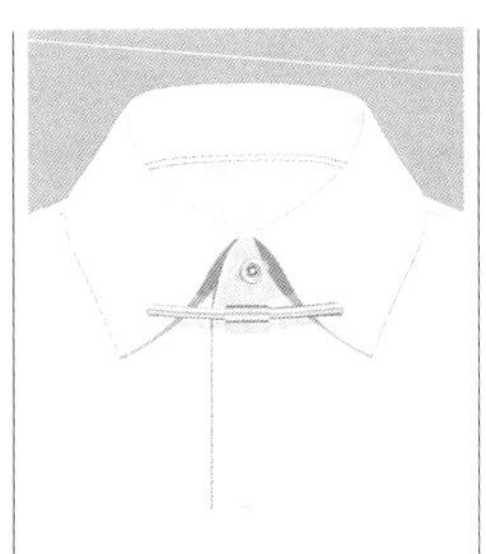

领夹
collar clip

将衬衫领子的两侧连接起来的夹子状配饰。有收紧领口或支撑领带的作用，可以使衣着看起来更加挺括，更显优雅。

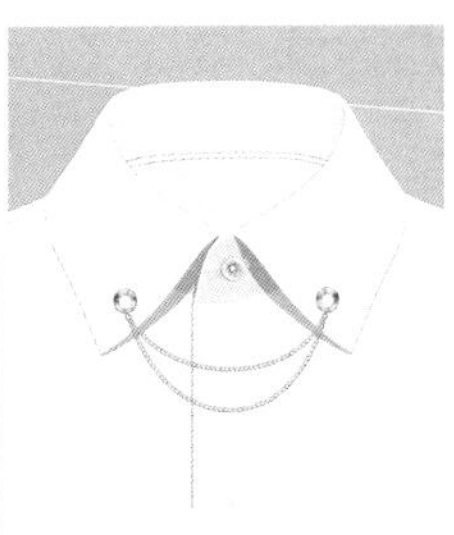

领链
collar chain

将衬衫领子的两侧连接起来的链条状配饰。用于针孔领（p15）衬衫，微微松弛地悬挂于领带之上。

领针
collar pin

将衬衫领子的两侧连接起来的棒（针）状配饰。有收紧领口或支撑领带的作用，可以使衣着看起来更加挺括，更显优雅。如果领子上没有预留的孔，可以使用针头式。

领角夹
collar tips

用来装饰衬衫领角的配饰。一般为金属材质，可脱卸，常用于西部衬衫（p56）上。

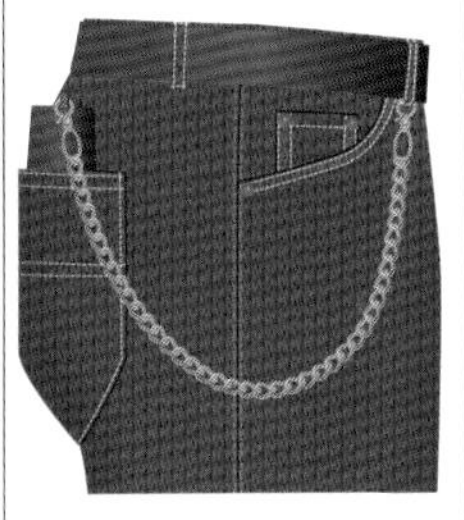

钱包链
wallet chain

连接钱包和腰袢的链条。有防止钱包遗失或被盗的作用，流行于二十世纪九十年代。除实用功能外，还有一定的装饰性。很多时尚人士对钱包链的设计和细节十分讲究。

印章戒指
signet ring

刻有名称缩写字母或纹章等，可以用作印章的戒指。印章戒指是权威的象征，也代表着财富。

花插
flower holder

一种别在外衣领子的扣眼上，用来固定鲜花装饰的小物件，可在里面注入少量的水，以使鲜花持久保鲜。

胸花
corsage

装饰于男性夹克上（或者女性礼服的胸部、腰部、手腕等处）的花饰。使用假花或鲜花都可以，花上点缀有丝带或薄纱等装饰。

驳头针
lapel pin

装饰在西装外套（p81）的驳头扣眼上的配饰。

帽针
hatpin

用来装饰帽子的配饰。有防止帽子被风吹走的作用，多为金属制。和驳头针形状类似，可以通用。最初是为了将女性的帽子固定在头发上而设计的。

项圈
choker

紧贴颈部的环状饰品，可看作较短的项链。项圈的种类很多，可以单纯只是一条带子，也可以在上面添加宝石等华贵的装饰。choker意指将脖子勒紧。

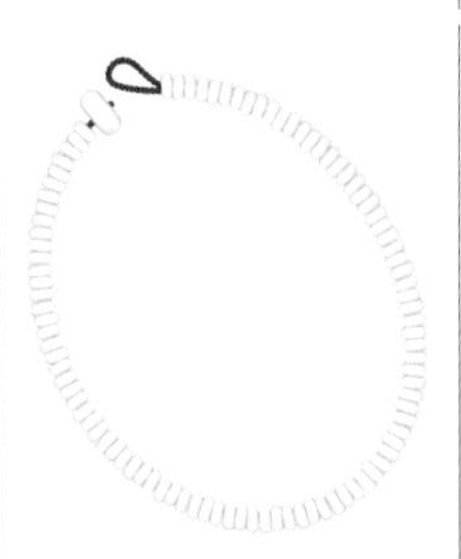

普卡贝壳项链
puka shell

经海浪冲刷，带有孔洞的芋螺类白色贝壳穿在一起做成的项链。puka在夏威夷语中为洞的意思。因曾被女演员伊丽莎白·泰勒（Elizabeth Toylor）购买，逐渐成为夏威夷的特色纪念品。

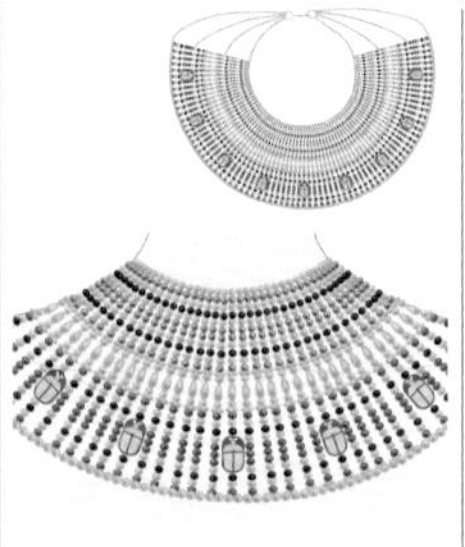

埃及项圈
Egyptian collar

古埃及贵族所使用的颈部饰品。由彩色的石头排列组成，可以覆盖脖子和肩膀，下缘呈弧形。也叫乌塞赫（Usekh）或维塞赫（Wesekh）。

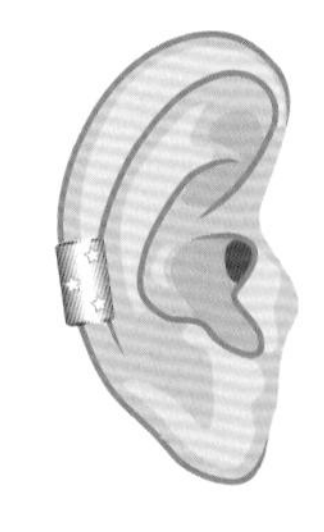

耳骨夹
ear cuff

佩戴在耳朵中间位置的环形饰品。最初的耳骨夹多为金属制品，设计简洁，随着受欢迎程度增加，其款式也越来越多样，装饰性也变得越来越强。

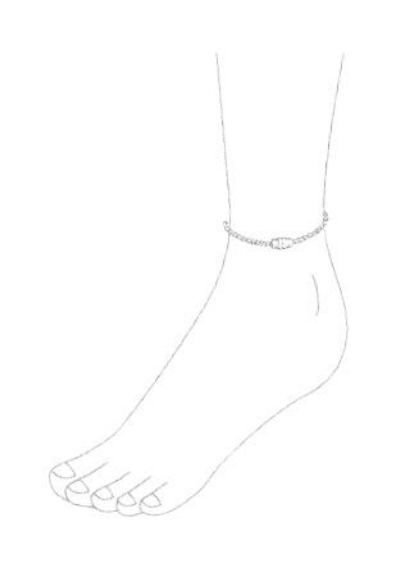

脚链

anklet

佩戴于脚踝部位的环形装饰。除了有装饰作用外，还可当作护身符。双脚佩戴的意义不同，左脚佩戴代表已婚或用以辟邪，右脚佩戴则代表未婚或期盼实现愿望。

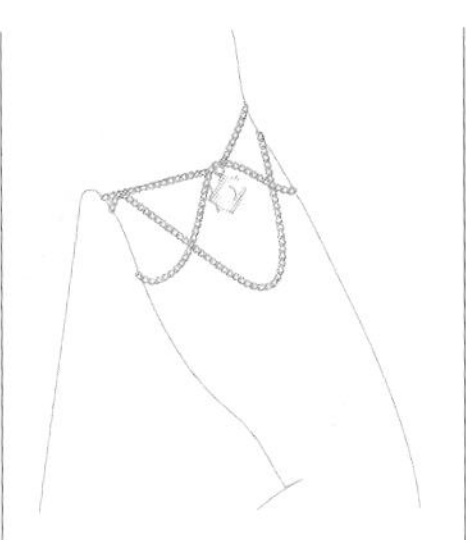

臂钏

armlet

佩戴在上臂的、无锁扣开放式饰品。款式多样，有环状、丝状，也有类似藤蔓植物的蜿蜒状，多为金属材质。戴在手腕位置的称作“手链”。

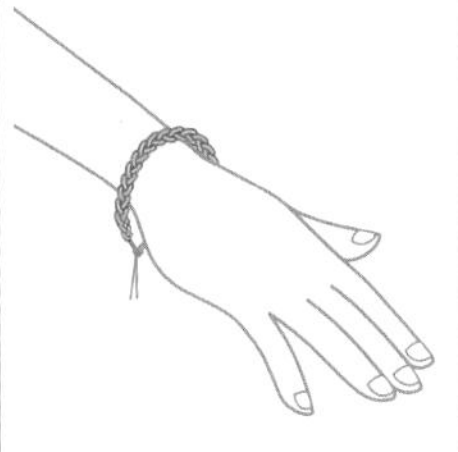

幸运编绳

missanga

用刺绣线编织的、缠绕在手腕上的结绳，色彩鲜艳，有的带有刺绣或串珠装饰。幸运编绳起源于危地马拉，据说佩戴到绳子断裂，心中的愿望即可实现。

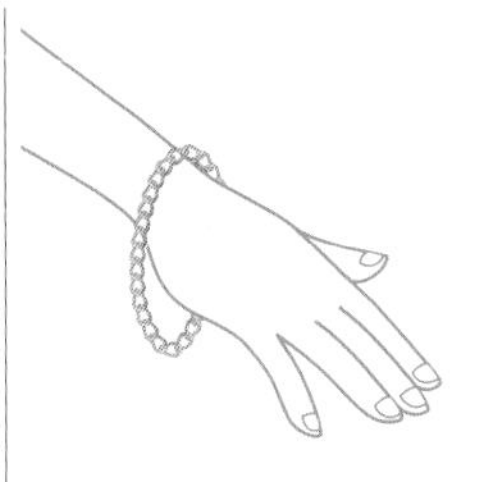

手链

bracelet

戴在手腕部位的装饰品。多为链条状，形状可变，大小可调节。英文名还写作“wristlet”。

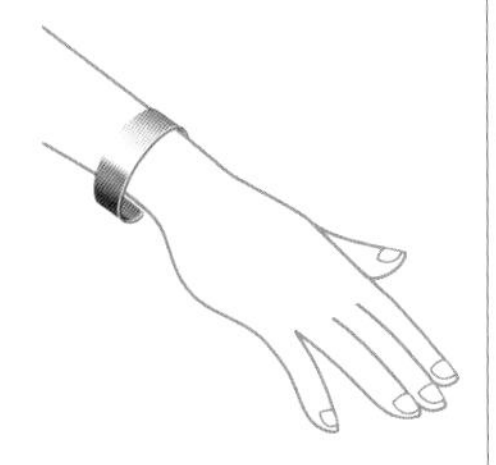

手镯

bangle

戴在手腕部位的环状饰品。是一个完整的圆环，没有锁扣，大小形状无法改变，一般比腕围略大。

带链手镯

slave bracelet

带有锁链的金属手镯。一般会将戒指和手镯用链条连接在一起，装饰性很高。

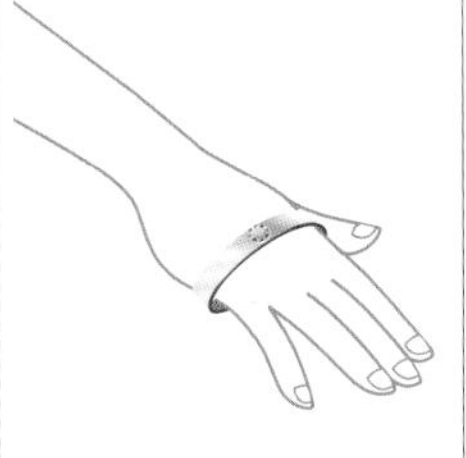

掌镯

palm cuff

佩戴在手背上的装饰品。款式多种多样，有从手掌环向手背的，也有与戒指连接在一起的。

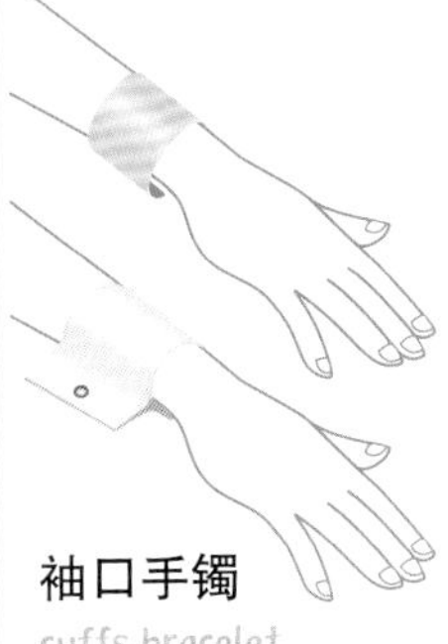

袖口手镯

cuffs bracelet

一种C字形金属手镯（手链），有宽有细。也可指单独的装饰用袖口，可见于兔女郎装扮等。

头饰

马坦普西头巾

matanpus

日本阿伊努人的民族头巾。男女通用，上面的阿伊努特色几何图案非常具有标志性。带有刺绣装饰的马坦普西头巾为男性专用，女性使用的则是一种名为“切帕努普”的黑布。

羽冠

war bonnet

一种羽毛制成的帽子。主要由居住在北美的印第安部落的酋长等地位高的人和勇士（主要为男性）佩戴。

桂冠

laurels wreath

用月桂树的叶子编织成的帽子。在现代，桂冠是体育赛事中授予胜者的荣誉象征。但也有说法称，在古代的体育赛事中，胜者头戴的是橄榄枝编织的帽子，桂冠则是文人所属之物。

王冠

crown

代表着君主领袖地位的环状发饰，多用宝石等装饰，十分闪耀。有环状的，也有后方不连接、呈C字形的。

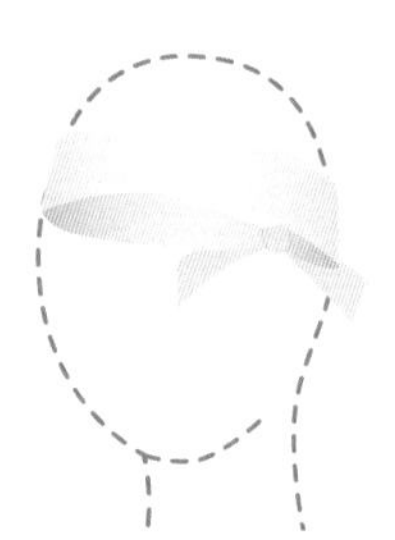

钵卷

hachimaki

日本传统头饰，一般是一根细长的布条或绳子。钵卷在日本主要有鼓舞士气、呼吁团结的作用。根据扎系方法和特点的不同，钵卷可分为很多不同的种类。例如，先将布条搓成麻绳状，然后再系在头上的叫作“捻钵卷”；把打结的部分放置在额头的叫作“向钵卷”等。以上两种都是在日本庙会、祭典上十分常见的系法。

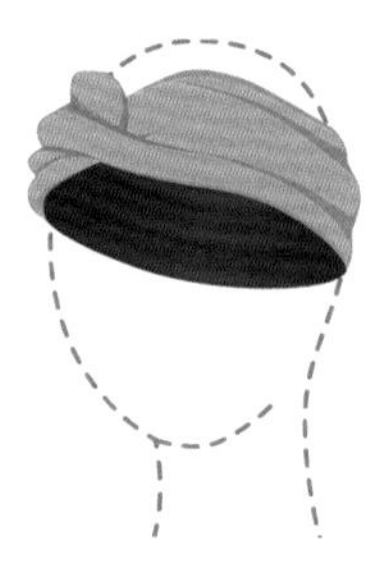

包头巾

turban

将一条麻、棉或绸缎材质的长布裹在头上佩戴。通过卷布的方式制成的帽子也称作“turban”。

发带

hairband

一种带有弹性的带状发饰。具有装饰、吸汗、防止头发凌乱的作用。

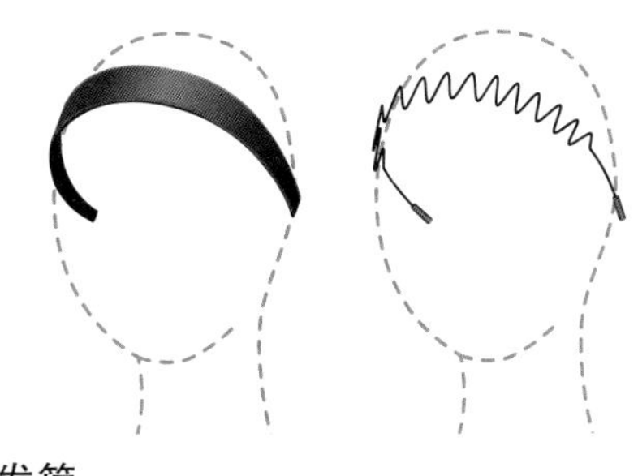

发箍

headband

用有弹性的树脂或金属材质制成的圆弧形发饰。款式多样，多用玻璃珠、施华洛世奇水晶、缎带等装饰。戴假发时，也可用于遮盖真发和假发的分界线。

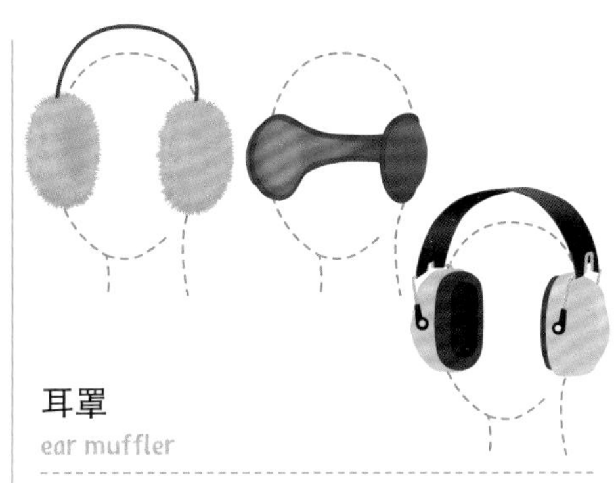

耳罩

ear muffler

一种耳朵专用的防寒护具。外形似耳机，多用毛绒材质装饰，以增加设计感和防寒效果。原本是一种用来保护耳朵不被噪声伤害的隔音护具。耳罩的种类非常丰富，佩戴时有挂在头顶上的，也有置于后脑的，发展趋势与耳机的进化过程相似。

鸭嘴夹

crocodile clip

形如鸭嘴的发夹，有固定头发的作用，也叫鳄鱼嘴夹。

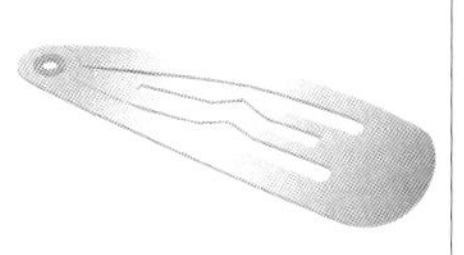

BB 夹

hair snap clip

三角形或菱形的发夹，多为金属材质，有固定头发的作用。

鲨鱼夹

claw clip

一种将头发横向夹起、固定的夹子，中间是一个弹簧合页，多为左右对称的结构。

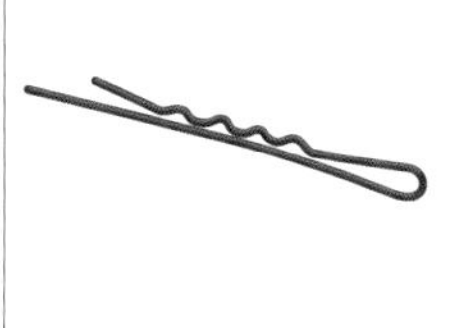

一字夹

hair pin

上短下长，上层呈波浪形、前段微微上翘的金属发卡。一般比较细小。在英国等地也被称作“小发卡（hair grip）”。

圆形手表
round case watch

表壳呈圆形的手表。也是最为常见的手表类型。

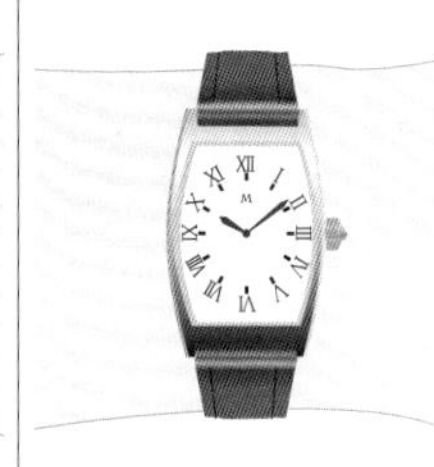

酒桶形手表
tonneau case watch

表壳呈酒桶形的手表。整体为长方形，横向的两条边微微膨起，看起来优雅且具有高级感。瑞士法兰克·穆勒（FRANK MULLER）公司所生产的酒桶形手表最为有名。

八边形手表
octagon case watch

表壳呈八边形的手表。最显著的特点是在八个角的顶点处各装有一颗螺丝钉。八边形手表是古董手表中最常见的款式。

枕形手表
cushion case watch

表壳呈圆角正方形的手表。因外形容易让人联想到抱枕而得名。枕形手表的设计一般都比较古典。

计时手（怀）表
chronograph

带有计时功能的手表（怀表）。其主要特征是表盘上有专用的数字刻度和设计，一侧带有计时用按钮。

正方形手表
square case watch

表壳呈正方形的手表。因要顾及指针的圆形运动轨迹，所以正方形手表对设计的要求很高，一般造型都比较独特。同样的还有长方形手表（rectangular case watch）。

数字式电子手表
digital watch

通过显示数字来表示时间的手表的统称。与之相对的为石英指针式电子手表。1970年前后首次出现LED显示屏的电子表，几年后逐渐被液晶屏取代。特点是功能强、价格低。

潜水表
diving watch

专为潜水而设计的手表的统称。具有高防水性，带有可测量潜水时间的防倒转表圈，还有耐磁、坚固、暗处可视等特点。

飞行手表

pilot watch

飞行员所使用的手表。虽然没有明确的规定，但一般都须具备精度高、可视性好、抗气压、不易发生故障等品质。飞行手表12点的位置不是数字，而是一个三角形。很多高性能的飞行手表都带有可记录起飞时间的表圈*，可以监测到所在位置的高度。瑞士万国（IWC）是最具代表性的飞行手表制造商，其在1936年发售的军用飞行手表被认为是最早的军用飞行手表。

*位于表盘四周的环形圈。可用于固定表镜，英文写作“bezel”。

军用手表

military watch

为方便在战场上使用而开发的手表的统称。因需要大量供给，考虑到性价比的问题，在兼顾准确、高辨识度、防水、坚固等品质的同时，军用手表的设计大多比较简约。很多都采用24小时刻度标记模式，为方便黑暗中使用，一般都会使用夜光涂层等。

镂通表

skeleton watch

通常指能够看到表盘下精密机械零件或框架的手表。精密复杂的构造和机械运动，让人不禁感叹制表技术之高超和感官体验之奢华。

智能手表

smart watch

通过触摸屏进行显示和操作的多功能手表。大多可以与电脑和智能手机连接。

怀表

pocket watch

可放在口袋或包里携带的手表。一般会在表冠的环上连接锁链，用钩子挂在衣服上，以防掉落丢失等。

圆眼镜

lloyd glasses

一种镜框较宽、镜片呈圆形的眼镜，是美国著名喜剧演员哈罗德·克莱顿·劳埃德（Harold Clayton Lloyd）经常在电影中佩戴的眼镜。一开始，切割镜片的技术并不成熟，所以所生产出的圆形镜片就直接被拿来做成了眼镜。圆眼镜一般适合脸部线条感强、轮廓分明、小脸的人士，同时很受艺术家和年长者的喜爱，著名音乐家约翰·温斯顿·列侬（John Winston Lennon）就是一名圆眼镜爱好者。

夹鼻眼镜

pince-nez

流行于十九世纪的眼镜，没有耳架，可夹住鼻子以提供支撑。

长柄眼镜

lorgnette

一种没有耳架、带有手柄的眼镜，需要用手托住才能使用。过去，在正式场合中戴眼镜是一种不文明的行为，所以人们在观看歌剧时会使用这种眼镜，也是一种常见的老花镜款式。

圆框眼镜

round glasses

镜片为圆形的眼镜或太阳镜，与圆眼镜基本相同。圆框眼镜复古感十足，可以让面部线条更显柔和，给人以非常特别的气质。小圆框眼镜会让人有一种知性、职业、艺术气息十足的感觉。

惠灵顿眼镜

Wellington glasses

上缘比下缘稍长的圆角眼镜或太阳镜，耳架位于镜框的最上端。曾在二十世纪五十年代十分流行，现在著名演员约翰尼·德普（Johnny Depp）使其再次流行起来。

列克星顿眼镜

Lexington glasses

指上缘比下缘稍长，整体呈方形，镜框上部较粗的眼镜或太阳镜。

半框眼镜

sirmont glasses

仅上半部分有框架，两镜片之间用金属搭桥连接的眼镜或太阳镜。因镜框可以修饰和强调眉毛，所以也叫眉框眼镜。

波士顿眼镜

Boston glasses

呈倒三角形的圆角眼镜或太阳镜，据说因曾在美国东部城市波士顿流行而被命名。其柔和圆润的线条，给人亲切、随和之感，同时它也是一款颇具复古感的眼镜，可使佩戴者看起来更加知性、稳重，镜框较粗的还有瘦脸效果。不过，这款眼镜十分挑人，适合的人非常适合，不适合的人戴起来则很不协调。著名个性派演员约翰尼·德普（Johnny Depp）就非常喜欢佩戴波士顿眼镜。

猫式眼镜

fox type glasses

指眼角上扬，容易让人联想到狐狸或猫的眼镜，小镜片知性，大镜片优雅性感，曾是玛丽莲·梦露（Marilyn Monroe）生前经常佩戴的眼镜。

椭圆眼镜

oval glasses

镜片为椭圆形的眼镜或太阳镜，温润的线条带给人柔和、亲切之感，粗框的椭圆眼镜非常受女性喜爱。小镜片、金属边框的椭圆眼镜则会带给人知性之感。

泪滴形眼镜

teardrop sunglasses

形如泪滴的眼镜或太阳镜。其中高端眼镜品牌美国雷朋（Ray-Ban）所生产的泪滴形眼镜最为经典，美国的麦克阿瑟（Douglas MacArthur）就曾带过这种眼镜。适合脸型长的人佩戴，也叫蛤蟆镜。

巴黎眼镜

Paris glasses

呈倒梯形的眼镜或太阳镜，比泪滴形眼睛的镜片更接近方形。

蝶形眼镜

butterfly glasses

镜片从内向外逐渐变宽的眼镜或太阳镜，因形似双翅展开的蝴蝶而得名。宽大的镜片将眼睛完全覆盖，可以有效地抵御紫外线，有很强的休闲度假感，非常受欢迎。

八边形眼镜

octagon glasses

指呈八边形的眼镜或太阳镜。八边形眼镜颇具复古感，并且十分百搭，适合任何脸型。

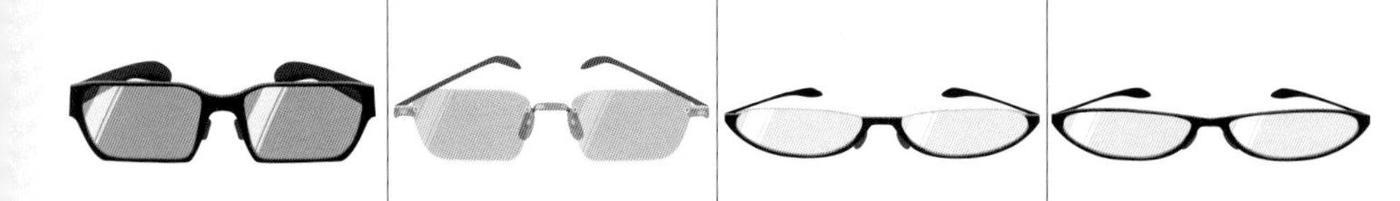

方形眼镜

square glasses

镜片呈长方形的眼镜或太阳镜。

无框眼镜

rimless glasses

没有镜框，镜片只用耳架固定的眼镜或太阳镜。耳架与镜片通过螺丝和镜片上打的孔进行连接。

下半框眼镜

under rim glasses

只有侧边和下缘镜框，没有上缘镜框的眼镜或太阳镜。该设计在老花镜中比较常见。

半月形眼镜

half moon glasses

镜片呈半月形、较小的眼镜。曾是一种读书专用眼镜，现在常见于老花镜的设计中。

一体式眼镜

single lens glasses

左右两片镜片连为一体，不通过镜框进行连接的眼镜或太阳镜。一体式眼镜可塑性非常强，可简约，可时尚，可运动，可奢华，可体现未来感，设计十分多样。

悬浮眼镜

floating glasses

镜框的两侧向后深深弯曲，镜框与镜片之间有较大空隙，使镜片看起来像是悬浮在空中的眼镜或太阳镜。

夹片式太阳镜

clip-on sunglasses

外侧带有可拆式偏光镜片的眼镜，一般可直接向上掀开。当作太阳镜使用时可将外侧偏光镜放下，想要更好的光线通透度时则可将其掀起。

折叠眼镜

folding glasses

为方便携带，可进行折叠的眼镜或太阳镜，一般可折成一个镜片的大小。

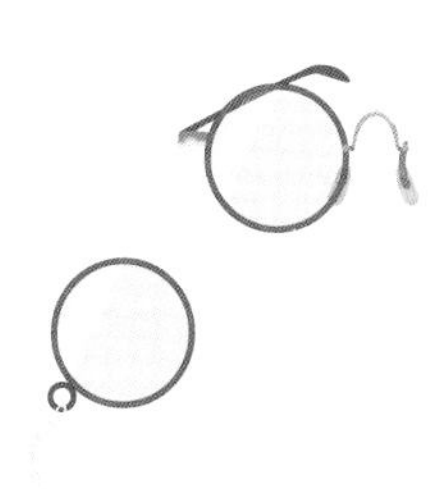

单片眼镜

monocle

以矫正单侧眼睛视力为目的制作的眼镜。没有固定的设计。有圆形框架，镜框上连接有链条，佩戴时须将镜框嵌入眼窝的类型；也有用耳朵和鼻子固定框架的类型。也叫单眼镜。

分体式老花镜

clic readers

镜框镜片之间的部分通过磁铁连接，套在脖子上方便摘戴的眼镜。由美国眼镜公司Exis Eyewear于2000年开发完成。多被用于制作需要频繁摘戴的老花镜，使用方便且可防丢失。

护目镜

goggles

在进行滑雪等运动或驾驶摩托车、汽车、飞机时戴的眼镜，具有防风、防尘的作用，佩戴时一般会紧贴面部。近年来，市面上还出现了一种专门用来遮挡花粉的护目镜。护目镜也可叫作“防风镜”。泳镜也属于护目镜的一种。

帽子

圆顶爵士帽

tremont hat

帽檐较窄，帽身从下至上逐渐变细的帽子。佩戴时帽顶呈圆形，不向内凹。

男用毡帽

Humburg hat

帽檐向外侧卷起，帽身周围有缎带装饰的帽子，帽顶中间向内凹陷，男士可搭配正装佩戴。

圆顶硬礼帽

bowler

一种毛毡帽，帽顶较硬，呈圆形，帽檐外卷，最初是男士用来搭配礼服的常用帽。十九世纪初诞生于英国，设计的初衷是利用硬式材质来保护头部，因由英国帽匠威廉·波乐（William Bowler）发明，所以又叫波乐帽。圆顶礼帽的美式叫法为德比帽（Derby Hat），在赛马场上十分常见。

软呢帽

soft hat

指用柔软的毡布做的帽子。英文全称是“soft felt hat”。多数情况下，软呢帽一般代指帽顶中央有折痕的折缝软呢帽或翻边软呢帽。意大利厂商博尔萨利诺（Borsalino）制造的软呢帽最为知名。因原本是男性用的帽子，所以佩戴软呢帽会给人一种很男性化的感觉。由于被十九世纪末上演的舞台剧女主人公Fedora佩戴过，所以英文称作fedora hat。帽身上一般缠有缎带装饰。

折缝软呢帽

center crease

帽顶中间带有折痕的帽子，山字形帽身，帽檐较窄，多用较宽的缎带装饰。

翻边软呢帽

snap brim hat

软呢帽的一种，帽檐下垂，边缘处有弹性，可自由弯曲改变形状。

望远镜帽

telescope hat

帽顶的边缘和中央部分隆起，像望远镜一样边缘内侧有环状凹陷的帽子。和猪肉派帽相似，但望远镜帽的帽身大多非圆筒形，或者帽檐比较宽大。

猪肉派帽

pork-pie hat

帽身较矮，帽顶平整，帽檐较窄且微微上卷的帽子。因形似英国传统菜肴猪肉派而得名。和望远镜帽相似，但猪肉派帽的帽顶更加平整，帽檐也比较小。

缎面礼帽

silk hat

男士正装礼帽，帽身呈圆筒状，帽顶水平，帽檐两侧轻微向上卷起，别名高顶礼帽。帽顶有折痕的也叫男用毡帽（p147）。

巴拿马草帽

panama hat

用多基利亚草（巴拿马草）的纤维或彩色麦秆编织而成的带檐草帽。巴拿马草帽柔软细腻，轻便结实，透气性好，是夏季度假胜地使用频率非常高的帽子。原产地为厄尔瓜多，因在巴拿马港出口而得名。

平顶硬草帽

boater

用麦秆制作的帽子，帽檐窄而平，圆筒形帽身，帽顶扁平，帽身周围一般用缎带或蝴蝶结装饰。这种结实的轻便帽最初是为船员或水手专门设计制作的。最初人们在制作帽子时会使用清漆或糨糊，做出的帽子十分坚硬，敲打时可发出类似“康康”的声音，又因被康康舞的舞者所佩戴，所以又名康康帽。法语写作“canotier”。

哈罗帽

Harrow hat

英国著名男子寄宿学校哈罗公学的制服帽。帽身较浅，是一种麦秆材质的草帽。

拼片圆顶帽

crew hat

帽身由6～8块布料拼接而成的圆顶帽，帽檐一般有多圈压线装饰。日本幼儿园、托儿所的孩童所戴的黄色帽子就是这种帽子。

军事风户外帽

fatigue hat

帽身由6块布料拼接而成的圆顶帽。带有整圈的帽檐，结实耐磨，曾是美国军队的军帽。fatigue意为疲劳。

水桶帽

bucket hat

从侧面看形如倒扣的水桶的带檐帽子。材质柔软，具有防水功能，带有帽绳，适合户外活动使用。与探险帽（adventure hat）类似。

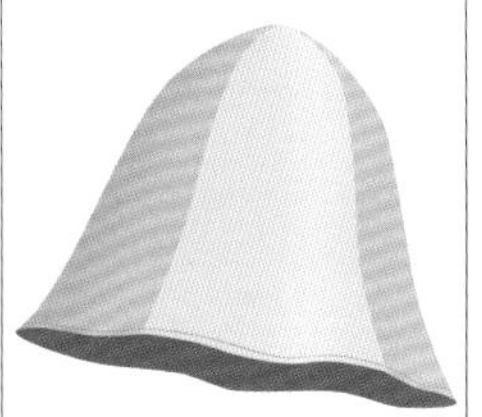

郁金香帽

tulip hat

帽身和帽檐没有分界线、形如倒扣的郁金香的帽子。常用作婴幼儿的帽子。给人一种可爱的感觉。

日本学生帽

gakuseibou

日本男学生所佩戴的帽子。皮革或塑料材质的帽檐，附有帽绳，一般在正前方带有学校的校徽，多为黑色。帽顶为圆形的又叫作“圆帽”，为方形的又叫作“方帽”。

海员帽

marine cap

船员或欧洲的渔夫所戴的帽子，前侧带有小帽檐，帽顶柔软，与学生帽和警官帽非常相似。

M43 野战帽

M43 field cap

第二次世界大战时德军使用的野战用帽子。把前方的纽扣解开可以变成头套。

工程师帽

engineer cap

一种圆筒形工作帽。帽顶略有弧度，帽身有多处捏褶，只在前方有帽檐。

工作帽

work cap

一种帽身较浅的圆筒形帽子。只在前方有帽檐，主要在工作时使用。因是为铁路建设工作者专门设计的帽子，所以也被称为“铁路帽（rail cap）”。与工程师帽相比，帽顶更加平整。

报童帽

casquette

狩猎帽的一种，帽身由数块布料拼接而成，前侧带有遮阳帽檐，因经常被送报员佩戴而得名。

狩猎帽（鸭舌帽）

hunting cap

帽顶平且前面带有帽舌，最初是猎人打猎时戴的帽子，因此称作“狩猎帽”。因其扁如鸭舌的帽檐，也称鸭舌帽。不同宽窄、大小的帽舌所呈现出的佩戴效果不同。十九世纪中期起源于英国，非常贴合头部，不容易脱落错位，人们在打高尔夫球时经常佩戴这种帽子。狩猎帽和夏洛克·福尔摩斯所戴的猎鹿帽（p152）有些相似。报童帽也属于狩猎帽的一种。

苏格兰无檐圆帽

tam-o'-shanter

帽顶带有帽球装饰的较大的贝雷帽，源自苏格兰传统民族服装。

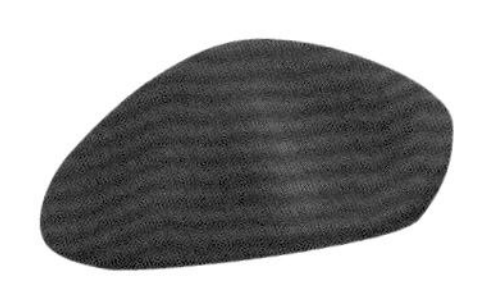

贝雷帽

beret

一种圆形无檐软帽，一般由羊毛或羊毛毡制作而成，帽顶大多会有钮尖或流苏等装饰物。关于贝雷帽起源的说法很多，最常见的一种是，法国和西班牙交界处巴斯克地区的农民模仿僧侣的帽子制作了贝雷帽，因此称其为“巴斯克贝雷帽”。在帽口处有镶边的贝雷帽叫军用贝雷帽（army beret）。毕加索、罗丹（Rodin）、手冢治虫等众多艺术家都很喜欢佩戴贝雷帽。

法式贝雷帽

pancake beret

形似松饼，平且圆的贝雷帽的通称。有些产品甚至会把帽子直接做成松饼的颜色，并且会在帽子上装饰一个类似黄油块的饰品。

南美牛仔帽

gaucho hat

南美草原的牛仔和牧人所佩戴的一种帽子，帽身向上逐渐变小，帽檐宽大。

西部牛仔帽

cowboy hat

一种美国西部牛仔所戴的帽子，帽檐宽阔上翘，帽顶有折痕。起源于美国西部大开发时代，也叫牧人帽（cattleman hat）。

高顶牛仔帽

ten-gallon hat

西部帽的一种，帽檐宽阔上翘，帽顶呈圆形，是一款最为传统、最具代表性的牛仔帽，但实际上牛仔们并不怎么带这种帽子。

鲁本斯帽

Rubens hat

帽檐宽大、一侧翘起的帽子。源自画家彼得・保罗・鲁本斯（Peter Paul Rubens）的画作。

墨西哥阔边帽

sombrero

墨西哥传统民族帽子，帽顶较高，帽檐宽阔，一般由毛毡或麦秆制作而成，多带有刺绣、饰绳等装饰物。其英文名源自西班牙语 sombra（意为影子）。

草帽
straw hat

用麦秆（或看起来像麦秆的其他植物或合成材料）编织而成的帽子的统称。帽身大多呈圆筒状，帽顶圆润，帽檐平整。

提洛尔帽
Tylolean hat

一种毛毡帽，帽檐较窄，前侧帽檐稍向下垂，后侧帽檐向上卷起，侧面一般有羽毛等装饰物。源自阿尔卑斯山脉东部提洛尔地区的农夫所戴的帽子。现代常被用作登山帽。

阿波罗棒球帽
Apollo cap

一种以美国国家航空与航天局（NASA）的工作人员所戴的工作帽为原型设计的帽子。帽檐较长，装饰有月桂树图案的刺绣。在国外，它通常作为消防、警察或保安公司的制服帽。

五片帽
jet cap

由前侧1块、帽顶2块、左右各1块共5片布料制作成的帽子。帽檐较宽，在左右2块拼片上一般带有透气口，常见于街头时尚装扮中。

伊顿帽
Eton cap

一种前侧带有小帽檐，与头部紧密贴合的圆形帽子，源自英国伊顿公学的制服帽。

单车帽
cycling cap

骑自行车时佩戴的一种较薄的帽子，帽檐上翻，以防止低头时遮挡视线。除单独佩戴外还可以戴在头盔里面做衬帽，防止头部的汗液流入眼睛，还可以防止头盔移位。

铁路工人帽
Stormy Kromer cap

创立于1903年的美国帽子品牌STORMY KROMER设计出品的代表性帽子之一。带有防寒用耳套，可以翻折，不用的时候可以用带子系在头顶。

猎鹿帽
deerstalker

狩猎帽的一种，两侧的大护耳可在头顶用缎带等固定，前后各有一帽舌，后侧的帽舌可以保护脖子不被树枝划伤。

海员防水帽

sou'wester

船员在乘船时所佩戴的一种具有防风、防雨功能的帽子。特点是后侧帽檐比前侧帽檐要宽。采用防水布料制作，帽身由6块布料拼接而成。也可以将前侧的帽檐卷起来使用。配有帽绳和耳罩，非常实用。

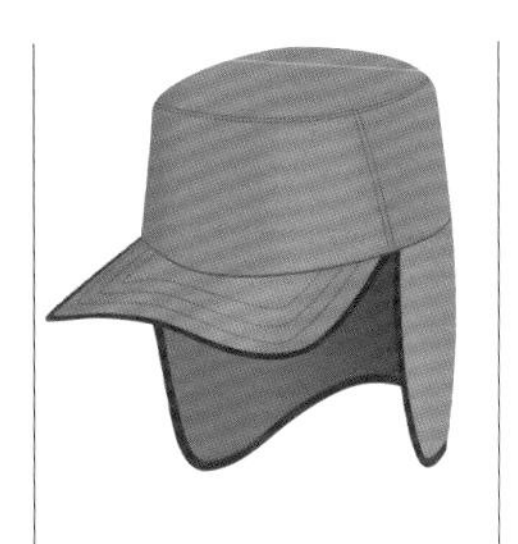

斗篷帽

cape hat

一种后脑部分带有遮布的帽子，因容易让人联想到斗篷而得名。

尼赫鲁帽

Nehru hat

印度前总理尼赫鲁经常佩戴的一种帽子，特点是帽顶扁平，帽身呈圆筒形。

普鲁士军帽

Krätzchen

拿破仑时期，普鲁士士兵佩戴的一种无帽檐圆帽。一般为毛毡材质，后来也被各国军队所采用。据说警官帽就是在普鲁士军帽上加上帽檐做成的。

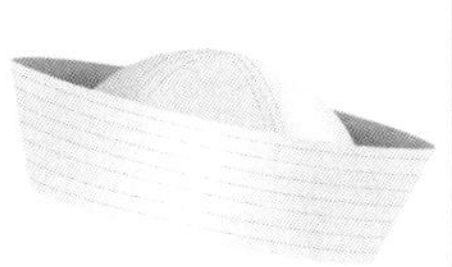

水手帽

sailor hat

水兵所戴的帽子，佩戴时一般会像上图中一样，将帽檐全部向上翻起。如将帽檐展开，外形则类似拼片圆顶帽（p149）。水手帽别称娃娃帽（gob hat）。

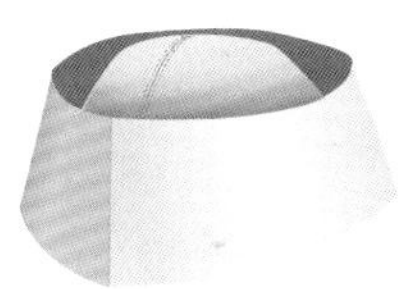

船形帽

overseas cap

美国、俄罗斯等国家的军队向海外派兵时使用的软帽，其特点是没有帽檐，可以折叠，也叫国际帽。

侍者帽

bellboy cap

酒店里负责将客人领进房间、运送行李的行李员所佩戴的制服帽的统称。帽子整体呈圆筒状，帽顶平整，最具代表性的式样为红底的帽子上带有金色、黑色条纹装饰，无帽檐。也有带帽檐的款式，有些还会附有帽绳。英文名还写作“bellhop hat”。

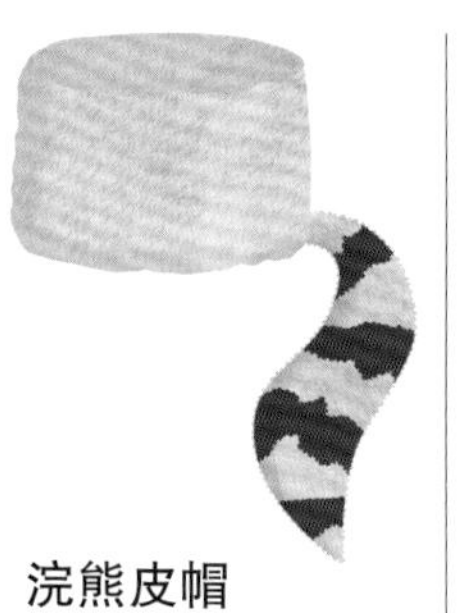

浣熊皮帽

coonskin cap

一种用浣熊的皮毛制成的、带有尾巴的圆筒形帽子。曾被美国的大卫·克洛科特（Davy Crockett）佩戴，因此又称作“大卫·克洛科特帽”。

苏格兰针织帽

tam

一种棉质针织帽，特别是由红色、黄色、绿色、黑色四种颜色组成的帽子在雷鬼音乐爱好者间非常受欢迎。

哥萨克皮帽

Cossack cap

指俄罗斯哥萨克士兵佩戴的一种无檐皮帽，与带有护耳的雷锋帽外形十分相似。

雷锋帽（苏联毛帽）

ushanka

一种用动物皮毛制成的、带有护耳的无檐帽。保暖性非常好，被俄罗斯军队用作军帽。它与没有护耳的哥萨克帽外形十分相似，也叫俄罗斯帽。

水手冬帽

watch cap

一种与头部紧密贴合的针织帽，海军士兵在放哨时戴的帽子，没有帽檐，可以最大限度地保证视野的开阔。

卷边（帽）

roll cap

多指边缘向外侧卷起的棉质针织帽，也可指这种设计本身。

弗里吉亚帽

Phrygian cap

一种圆锥形软帽。帽尖一般折向前方，主要为红色。在古罗马，被解放的奴隶佩戴弗里吉亚帽象征着摆脱奴役。法国大革命时期，弗里吉亚帽为革命的主要推动阶层（无套裤汉，p108）所使用，因此也被称为“自由帽（liberty cap）”。

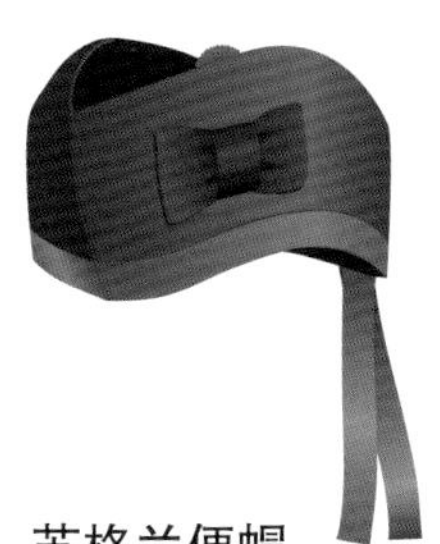

苏格兰便帽

glengarry

一种无帽檐的羊毛毡软帽，是苏格兰高地的传统帽子，也是一种军用帽。

出游毛线帽

chullo

秘鲁、玻利维亚等安第斯地区的传统帽子。帽身带有民族风格的花纹，护耳下侧连接帽绳，帽顶上多有圆球形装饰。使用羊驼和驼马的毛制作而成，温暖质轻。也有帽顶比较长的。

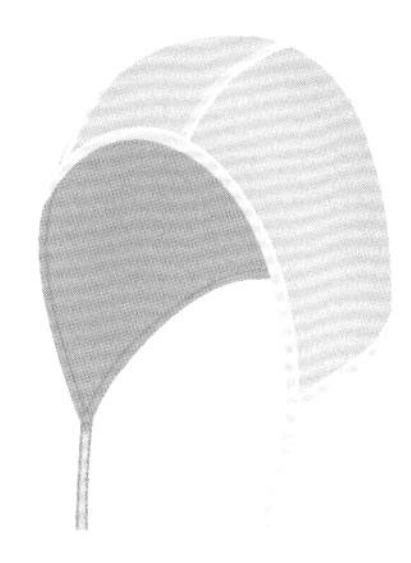

幼童帽

biggin

一种与头部紧密贴合，形似头巾，通过绳、带在下颌打结固定的帽子，主要作为幼儿用帽。

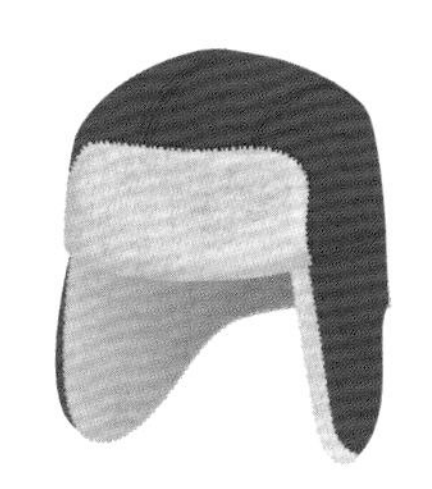

飞行帽

flight cap

指在驾驶飞机或摩托车时所佩戴的一种护耳帽。飞行帽有很好的防寒、防风效果，通常搭配护目镜（p147）使用。现在市面上也有很多可爱、漂亮的女式飞行帽。

斗笠

coolie hat

一种外形似伞，帽檐宽大的圆锥形帽子，可遮光挡雨。帽顶与头顶之间留有空隙，透气性好。起源于中国古代，用竹篾和油纸或竹叶、棕叶编织而成。现在多为尼龙材质，可在钓鱼等室外活动中使用。

斗笠形渔夫帽

chillba hat

由斗笠改良而来，可折叠，多用比较柔软的布料制作而成。帽顶与头顶之间留有空隙，透气性好。美国KAVU公司生产的斗笠形渔夫帽最为知名。

马术帽

riding cap

一种骑马时佩戴的圆帽，如头盔般坚固，可在意外落马时起到保护头部的作用，表面多用天鹅绒或鹿皮（仿鹿皮）制作。

猎狐帽

fox hunting cap

狩猎狐狸时戴的帽子，马术帽就是由其发展而来。两种帽子看起来十分相似，但其实是两种不同的帽子。

半盔

half helmet

骑摩托车时戴的半球形头盔。容易穿脱、通气性好，非常方便使用。不过，能保护的只有头部，不能对下巴周围起到防护作用。可以与护目镜（p147）组合佩戴。

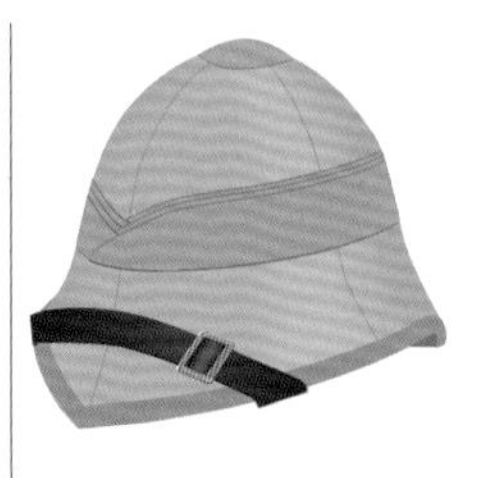

木髓盔帽

pith helmet

诞生于英国的头盔式遮阳帽。主要在非洲和印度等热带地区佩戴，可以保护头部不受阳光直射，透气、凉爽且轻便。也称探险帽，是人们印象中探险家的固定搭配。

法国军用平顶帽

Képi

法国警察、军队所使用的平顶帽，帽檐较小。作为法国陆军的制服帽于1830年问世。

空顶帽

sun visor

可以让眼睛免受阳光直射的防晒用帽，结构比较简单，由一条固定带和帽舌组成。常用于高尔夫、网球等运动，也叫太阳帽、遮阳帽。

罗宾汉帽

Robin Hood hat

一种源自中世纪英国的英雄罗宾汉的帽子。前侧帽檐低垂，从上至下逐渐变窄。两侧的帽檐向后卷，大多数都有羽毛装饰。

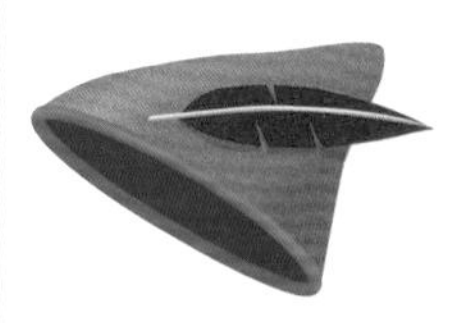

彼得·潘帽

Peter Pan hat

戏剧、小说、绘本、动画片《彼得·潘》（*Peter Pan*）中的主人公彼得·潘戴的帽子。帽子整体呈袋状或圆锥状，颜色为绿色，特征是上面有大鸟的羽毛。

三角帽

tricorne

左右两侧和后侧的帽檐竖立、从上方俯视呈三角形的帽子。于十八世纪流行于欧洲。因曾被海盗佩戴，又称作“海盗帽”。

双角帽

bicorne

一种两侧带有折角的帽子，因被拿破仑佩戴而被世人熟知，故又名拿破仑帽。可横向佩戴，也可前后纵向佩戴。又名二角帽、考克帽等。

小丑帽

clown hat

马戏团的小丑戴的帽子，以一种形似喇叭的圆锥形帽为主。

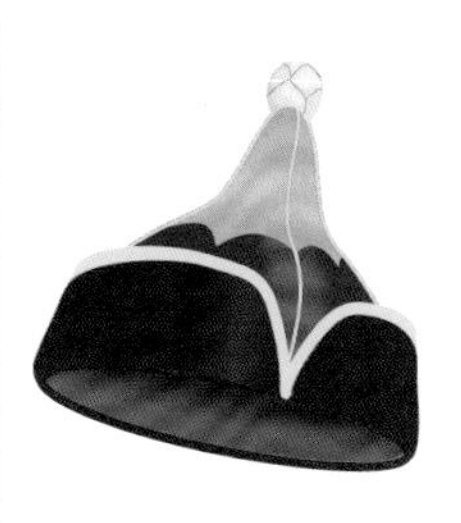

蒙古帽

Mongolian hat

蒙古传统民族帽子。一般在前侧或左右两侧垂有布帘（内里衬有毛皮），佩戴时可将布帘向上翻折。上图中为男性使用的尖顶蒙古帽，呈圆锥形。也叫将军帽。

学位帽

mortar board

帽顶由一块方形板构成的帽子，帽子正中缀有黑色流苏，沿帽檐自然下垂。十四世纪开始作为大学、研究所的制服帽。

主教冠

mitre

天主教的主教在祭祀时佩戴的冠冕。帽身呈圆筒形，前后各有一个山字形装饰，后部有两根长垂带，前后顶尖，中间深凹。

头盖帽（瓜皮帽）

calotte

一种紧密贴合头部的半圆形帽子。可作为头盔等的衬帽来使用。

头巾帽

turban

中东或印度部分男性使用的一种头饰。通过卷布的方式制成。

阿拉伯帽

kufiya

指阿拉伯半岛地区的男性佩戴的一种帽子或头部用品，由圆环和布组成。圆环由山羊的羊毛等制作而成，叫作“伊卡尔”或“噶卡尔”。戴法多种多样，红白相间的花纹最具代表性。

帕里帽

pagri

一种通过在草帽上缠绕棉布制成的帽子，多余的布料在帽子后方自然下垂。它属于头巾帽（p157）的一种，有防晒的作用。

塔布什帽

tarboosh

一种无帽檐、圆筒形的帽子，帽顶多带有流苏，也叫土耳其帽、菲斯帽。

夏普仑

chaperon

一种中世纪欧洲地区佩戴的形似头巾的帽子，帽顶垂有长布。

伯克帽

bork

奥斯曼帝国常备步兵军团所戴的帽子。帽子呈圆筒状，中间有弯折。

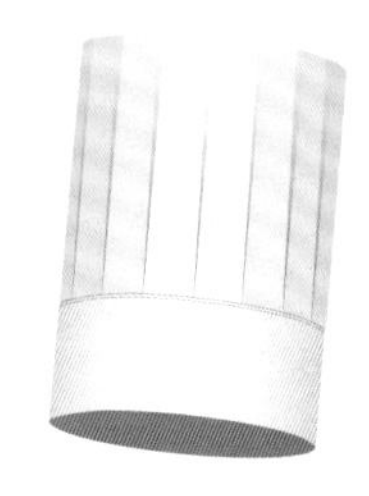

厨师帽

chef hat

厨师在厨房工作时戴的白色筒状帽子。厨师帽据说诞生于法国，一说是一位厨师为了弥补自己的身高而制作的，一说是为了效仿客人所戴的白色丝绸帽而制作的。高耸的帽顶，可以使人在高温的厨房环境里不感闷热。厨师帽的高度往往代表着厨师的经验和地位。因此，通过帽子的高度可以很方便地找到厨师长。也有顶部膨起的类型，看起来就像一朵蘑菇。

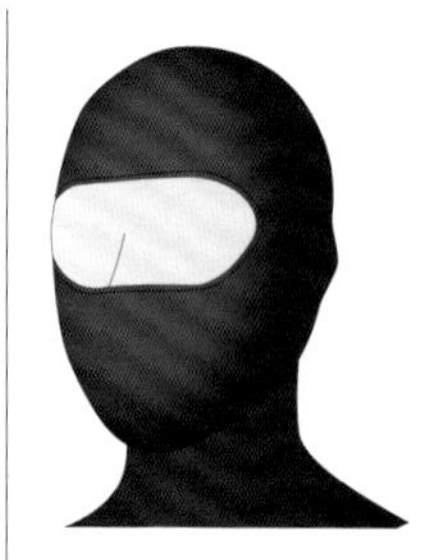

巴拉克拉法帽

balaclava

可以覆盖整个头部和脖子的服饰用品（帽子）。主要起防寒的作用，种类多种多样。有的仅在眼部开口，有的则会把鼻子和嘴也露出来。

鞋子

系带靴
lace-up boots

一种系鞋带穿着的靴子，可以将靴子很好地固定在脚上，交错的鞋带具有很好的装饰效果，不过这种靴子穿脱时会比较麻烦。

马丁鞋
Dr. Martens

由德国医生克劳斯·马丁（Klaus Martens）发明的鞋子以及创立的品牌。独创的空气气垫鞋底具有极好的缓冲效果，边缘缝以黄色线的系带靴是马丁鞋中最经典的款式。

奶奶靴
granny boots

系带靴的一种。鞋带交叉编织，长度至脚踝或脚踝上部，略带复古感的设计使人看起来更加优雅。

短脸靴（猴靴）
monkey boots

系带靴的一种。长长的鞋襟从靴筒延伸至脚趾，源自军用靴。名字的由来，一说是因高空作业的工人经常穿着，他们像猴子一样善于攀爬，故得此名；一说是因为鞋面看起来像猴脸。

工作靴
work boots

指在施工、作业时穿着的靴子，内里多为厚实的皮革。一般为系带式，适合与牛仔搭配，男女款都有。

沙漠靴
desert boots

一种鞋头较圆，长至脚踝的短靴。有2～3对鞋带孔，橡胶鞋底。采用鞋面外翻工艺*，将鞋面与鞋底用压线缝制加固，以防止在沙漠中行走时沙子进入鞋内。

*将鞋面外翻，然后用明线将鞋面与鞋底缝合在一起的制鞋方法。

马球靴
chukka boots

外形与沙漠靴相似，鞋头较圆，长至脚踝的短靴，有2～3对鞋带孔，鞋帮、鞋底大多采用皮制，适合搭配休闲服装。

系扣靴
button up boots

一种没有鞋带，采用纽扣来固定的靴子，十九世纪至二十世纪初曾在欧美非常流行。

松紧短靴
side gored boots

一种侧面有松紧带的靴子，穿脱十分方便，一般长度至脚踝。也叫切尔西靴（Chelsea boots）。

短马靴
jodhpur boots

诞生于二十世纪二十年代，靴筒用皮绳固定的骑马用半靴。在第二次世界大战中曾是飞行员的常用鞋。

技师靴
engineer boots

工人穿的安全靴，或者是模仿其设计的靴子。靴子内部嵌有安全护罩以保护双脚，为防止鞋带意外钩住东西造成摔倒，外部选用扣带固定，鞋底做加厚处理。

佩科斯半靴
Pecos boots

一种鞋头粗而圆，鞋底宽厚，没有绑带和鞋带，易于穿脱的半靴。源自美国南部佩科斯河流域的农耕用鞋。佩科斯半靴是美国红翼（RED WING）公司的专利产品。

装配靴
rigger boots

索具装配工人的工作靴，或以此为模型设计的靴子。靴子上没有金属配饰，穿脱时依靠可收纳的小袢辅助。做工作靴时，为提高安全性和保护性，鞋头一般会加工成硬质的。

马具靴
harness boots

一种高度及脚踝，四周带有金属环和皮带装饰的靴子。harness意为马具、保护带。马具靴也叫吊环靴（ring boots）。

西部靴
western boots

源自西部牛仔穿着的骑马靴，也可叫作“牛仔靴（cowboy boots）”。西部靴尺寸较长，靴口的左右两侧高于前后两侧，鞋头较尖，靴身带有装饰。

骑士靴
cavalier boots

源自十七世纪的骑士所穿着的靴子，靴口宽大，多有折边，也叫bucket top。

黑森靴

Hessian boots

指十八世纪德国西南部黑森州的军人所穿着的军用长筒靴。靴口处带有流苏装饰，据说威灵顿长筒靴就由其演化而来。

威灵顿长筒靴（雨靴）

wellington boots

一种皮革或橡胶材质的长筒靴，也叫作“雨靴”。由英国的威灵顿公爵（Duke of Wellington）发明。法国艾高（AIGLE）和英国猎人（HUNTER）公司生产的雨靴很有名气。

羊皮靴

mouton boots

指用羊的毛皮制作的靴子。

月球靴

moon boots

二十世纪七十年代，意大利泰尼卡（TECNICA）公司销售的系带雪地靴。圆润厚实的L形轮廓，以及靴身上醒目的“MOON BOOT”标志极具特色。

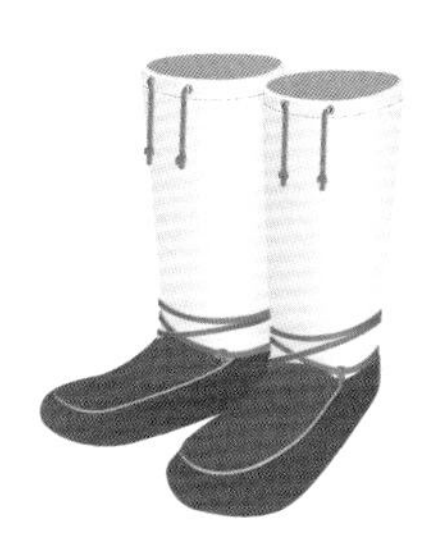

海豹皮靴

mukluks

生活在北极极寒地区的人所穿的一种软靴。由海豹或驯鹿的毛皮制作而成，也可指以此为原型设计制作的雪地靴。毛皮的使用面积和靴子的长度均没有特别规定。

哈弗尔鞋

haferl shoes

长度至踝关节以下，在脚背斜上方系有鞋带，鞋尖略带棱角的皮鞋。源自巴伐利亚的传统工作鞋。为了防止在高山地区滑倒，鞋底带有防滑垫。

僧侣鞋（孟克鞋）

monk shoes

一种鞋头简约，鞋背较高，用扣带固定的鞋子，源自修道士所穿着的鞋履。僧侣鞋不是正式用鞋，但十分百搭，无论是西装还是休闲服装都可以搭配。

牛津皮鞋

Oxford shoes

所有鞋带式短靴、皮鞋的统称。因十七世纪初，最早由英国牛津大学的学生穿着而得名。

香槟鞋

spectator shoes

指二十世纪二十年代在社交场所观看体育赛事时，男士所穿的一种鞋。配色一般为黑白相间或茶色白色相间。spectator意为观众。

布鲁彻尔鞋

bluchers

主流的系带式皮鞋之一。脚踝下方左右两块皮料从脚后跟一直延伸至脚背，并用鞋带系起来，因最初由普鲁士的布吕歇尔元帅（Gebhard Leberecht von Blücher）改良成型而得名。

巴尔莫勒鞋（结带皮鞋）

balmorals

一种鞋带式皮鞋，鞋口处呈V字形，十九世纪中期，由英国的阿尔伯特亲王在巴尔莫勒尔堡首次设计诞生，并由此得名。

布洛克鞋（拷花皮鞋）

brogues

指鞋面带有梅达里昂雕花（p168），由皮块拼接，拼接线为锯齿状的鞋子，鞋头处的拼接线叫作“翼梢（p168）”。

马鞍鞋

saddle shoes

指鞋背部分所用材料的颜色和材质与鞋帮不同的鞋子。因其拼接出来的款式和造型形似马鞍而得名，系带式。这是一款起源于英国历史悠久的鞋子。

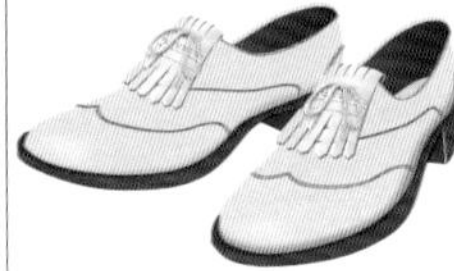

带穗三接头鞋

kiltie tongues

一种三接头结构的鞋子，鞋舌纵向剪成锯齿状，上面带有装饰性系带，是常见的高尔夫用鞋。kiltie tongue意为流苏状鞋舌。

白皮鞋

white bucks

鞋面为白色，鞋底为红砖色的皮鞋。原本使用的是公鹿的皮革，使之表面起毛后成为白皮革（buckskin），现在多用牛皮。红砖色鞋底则是为了当网球场的红土弄脏鞋底时不会过于明显。

甲板鞋

deck shoes

指在游艇或甲板上穿着的鞋。鞋底刻有波浪形花纹，防滑性好，多采用具有防水性的油性皮革制作。

莫卡辛软皮鞋
moccasins

一种将U字形皮革采用莫卡辛制鞋法制作的懒人鞋（p165）。在莫卡辛制鞋法中，鞋身的侧面和鞋底是一整块皮子（最初为鹿皮），将这块皮与外底缝合，穿起来非常舒适。

鹿皮鞋
bit moccasins

懒人鞋的一种。在鞋背的装饰带上嵌了仿照马具嚼子（bit）制作的金属装饰，鞋面呈U字形，鞋底采用莫卡辛制鞋法缝制。以制造皮包和马具起家的意大利古驰（GUCCI）公司的产品最为有名。

袋鼠鞋
wallabies

一种系带式鞋子。采用大U字形皮革缝制而成。袋鼠鞋是老牌英国品牌其乐（Clarks）公司，于1966年推出的一款经典产品。

随从鞋
gillies

跳苏格兰乡村舞蹈时穿着的一种鞋子。最大的特征是鞋带处凸凹不平，呈波浪状，无鞋舌，系带。最初是一种农耕或狩猎用鞋，鞋带有时会绑至脚踝。

乐福鞋
loafer shoes

一款没有鞋带的皮鞋，懒人鞋的一种，款式多样。如图所示，鞋背处有半月形缺口。可以放一枚硬币的，叫作“便士乐福鞋（penny loafers）”或“硬币乐福鞋（coin loafers）”；带有流苏装饰的，叫作“流苏乐福鞋（tassel loafers）”。

流苏乐福鞋
tassel loafer shoes

指鞋背处带有流苏穗饰（p133）的乐福鞋。在美国，这是一款在律师中非常流行的鞋子。tassel即流苏、穗状装饰物之意，loafer意为懒汉、游手好闲的人。

尖头皮鞋
winkle pickers

一种鞋头处为尖形的鞋子。二十世纪五十年代开始，被英国的摇滚乐迷穿着，现在多被朋克摇滚歌手穿着。

地球负跟鞋
earth shoes

这种鞋子最主要的特点是采用了前高后低的负跟设计。其设计灵感来源于一位瑜伽大师，穿上后可以使体态挺拔，达到瑜伽练习中“莲花座”的效果。有矫正身姿，缓解关节负重的作用。

波兰那鞋
poulaines

一种起源于波兰的鞋子，鞋头尖长而卷翘，形似小丑鞋。中世纪至文艺复兴时期，流行于西欧，实用性较低，是贵族阶级的身份象征。

史波克鞋
Spock shoes

曾作为医院的室内用鞋。鞋背与鞋跟处的皮革呈V字形交叉，易于穿脱，是一种懒人鞋。鞋头一般比较尖。也叫医生鞋（doctor shoes）。

歌剧鞋
opera shoes

模仿男士在欣赏歌剧或晚上聚会时所穿着的平底鞋设计的鞋子，现在大多为女鞋。一般为黑色缎面或漆皮材质，鞋头多装饰有缎带蝴蝶结。

巴纳德鞋
bunad shoes

搭配挪威传统民族服装巴纳德（p107）穿着的黑色鞋子。特征是鞋背处带有压花银色大环扣。

阿尔伯特拖鞋
Albert slippers

十八世纪英国贵族专用的室内鞋，或者以此为原型制作的鞋。鞋背处带有名字缩写、动植物、家族纹章等刺绣装饰。因经常被维多利亚女王的丈夫阿尔伯特亲王穿着而得名。

玛丽·珍鞋
Mary Jane shoes

一种低跟，光面，圆鞋头，脚踝搭扣绑带的鞋子，大多为浅口鞋。因漫画《布斯特·布朗》（*Buster Brown*）中一个名为“玛丽·珍”的女孩穿着而得名。

T字带鞋
T-strap shoes

指鞋背处的扣带呈T字形的鞋子，具体又可细分为T字带凉鞋、T字带浅口鞋、T字带高跟鞋等。

平底鞋
flat shoes

一种鞋跟很小或没有鞋跟，鞋底较平坦的鞋子。穿脱方便，因没有鞋跟，所以即使长时间穿着也不易感到疲劳。

芭蕾舞鞋
ballet shoes

特指芭蕾舞专用舞鞋，或模仿其制作的鞋子。是平底鞋的一种，多用柔软的材质制作。

球鞋（胶底鞋）
sneakers

指橡胶鞋底，由布或皮革制成的运动鞋。内里一般采用吸汗性能较好的材质制作，鞋帮多用鞋带固定，布制的还叫作“帆布鞋（canvas shoes）”。橡胶鞋底可增加运动时的摩擦力。

老爹鞋
dad shoes

指厚底运动鞋，造型极具特色，于2018年左右开始流行。

篮球鞋
basketball shoes

篮球竞技专用鞋。抓地力好，高帮设计，可以更好地缓冲跳跃时产生的冲击力，减少对脚踝及周边组织的伤害。

袜子鞋
socks sneakers

鞋面整体采用针织材质一体成形的鞋子。犹如袜子一般，穿着舒适，可以使脚踝看起来更加纤细。于2018年问世。

懒人鞋
slip-on shoes

所有没有绑带、鞋带等固定的鞋子的统称。穿着方便，自然舒适，只需将脚蹬进鞋中即可，鞋帮两侧一般会有松紧带。

帆布轻便鞋
espadrille（法国）

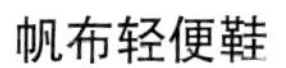

帆布轻便鞋
alpargata（西班牙）

一种常见于旅游度假区的夏季用鞋。最大的特征是鞋底由麻绳编织而成，鞋帮多为帆布。在法国也是一种夏季室内用鞋。源自法国和西班牙的海员、海港工人、海兵等穿着的草鞋式凉鞋。在西班牙，传统的系带款式比较常见；在法国，则多为休闲的无系带款。

功夫鞋（布鞋）

kung fu shoes

中国传统平底布鞋。轻便舒适，便于运动，因经常被功夫主题的电影主人公穿着而得名。传统功夫鞋的鞋底由多层布料缝制而成，鞋底的针脚有防滑的作用。现在则是橡胶底居多。

罗马凉鞋

bone sandals

一种由多根绑带交叉固定的凉鞋。源自古罗马角斗士（gladiator）穿着的军靴。也叫角斗士鞋（gladiator sandals）。

罗马军靴

caligas

指古罗马的士兵或角斗士穿着的凉鞋。由多根皮带编织而成，稳定性好，不易错位，是罗马凉鞋的原型。

廓尔喀凉鞋

Gurkha sandals

一种皮制凉鞋。鞋帮由皮带编织而成，透气性好，稳定性好。源自廓尔喀士兵穿着的凉鞋。

墨西哥平底凉鞋

huarache sandals

墨西哥传统皮绳编织凉鞋。平底，皮带从侧面向脚背处交叉编织，多为手工制作。日常穿着和休闲度假穿着均可。

墨西哥皮凉鞋

caites

一种墨西哥及周边地区常见的凉鞋。麻制鞋底，皮革制鞋帮。

赫本凉鞋

Hep sandals

指鞋头处敞开，足跟没有绑带等固定的穆勒式凉鞋，鞋底为坡跟（p169）。Hep为Hepburn的缩写，因奥黛丽·赫本（Audrey Hepburn）曾在电影中穿着而得名。

木底凉鞋

sabot sandals

一种脚尖和脚背被包裹，足跟部分裸露的凉鞋。鞋底用木头或厚实的软木制作，鞋帮为皮革或布面。sabot意为木鞋，原本是指一种用较轻的木料做的木鞋。

卡骆驰鞋

crocs shoes

美国卡骆驰（CROCS）公司于2002年开始发售的鞋履。其中，以洞洞鞋最为知名。采用柔软轻质的树脂材料制作，轻便易穿，透气性好，深受人们喜爱。

室内凉鞋

house sandals

一种由PVC材质一体成型的便宜耐穿的凉鞋。广泛用于家庭、公共场所、医院等处。

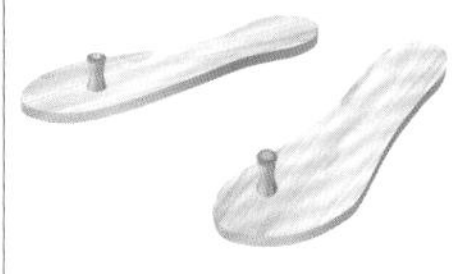

甘地凉鞋

Gandhi sandals

原本是指一种在木头鞋底上有一凸起，通过拇趾和二趾夹住穿着的凉鞋。也可指夹柱较简单的凉鞋。目前没有明确的证据表明圣雄甘地穿过这种凉鞋。

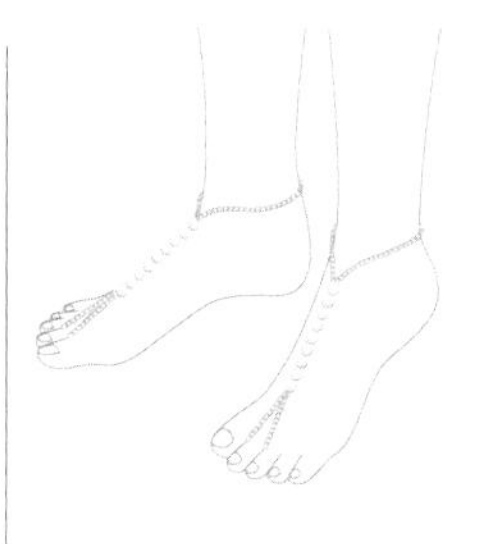

赤脚凉鞋

barefoot sandals

一种从脚趾间穿过，挂在脚踝上的装饰性物品，并非真的鞋子，一般与凉鞋搭配使用，可使脚部看起来更显华美。也可指脚部面积裸露极大的凉鞋。

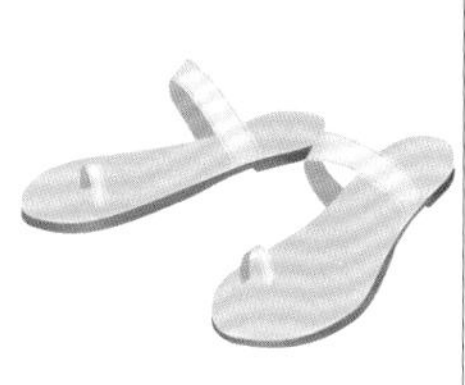

环趾凉鞋

thumb loop sandals

一种拇趾部分为环状扣的凉鞋。稳固性好，多为平底。固定拇趾的环叫拇趾环。

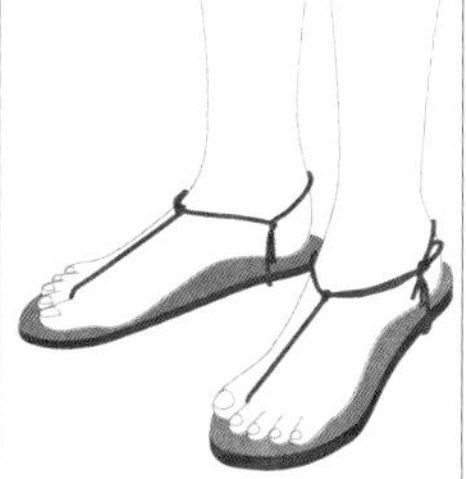

墨西哥单绳凉鞋

huarache barefoot sandals

一种只用简单的绳子固定于脚背和脚踝的平底凉鞋。多为手工制作，也是一种跑步用凉鞋。

沙滩凉鞋

beach sandals

一种专门在沙滩上赤脚穿着的凉鞋。平底，人字形皮带。

夹趾凉鞋

thong sandals

拇趾和二趾之间夹有绳带的凉鞋。沙滩凉鞋也属于夹趾凉鞋的一种，二者基本相同。设计多种多样，图中仅为其中一例。

渔夫凉鞋
gyosan

人字形皮带与鞋底一体成型，耐磨防滑，树脂材质凉鞋的统称。外形与沙滩凉鞋十分相似。源自日本的渔民。

巴布什拖鞋
babouches

摩洛哥的传统鞋子。皮革材质，一般将鞋跟直接翻折到鞋底穿着。形似拖鞋，鞋面通常为柔软的羊皮或缎面，装饰以精巧的绣花或流苏。

拖鞋
slippers

直接将双脚滑入、滑出即可完成穿脱的平底鞋。穿脱方便，大多没有鞋跟，主要作室内用鞋。

竹皮屐
seqta

日本传统鞋履。通过在草履的内侧添加动物皮，在脚跟处添加金属制作而成。相比草履，更加防水耐磨。走路时会发出“咔嗒咔嗒”的响声。

木屐
geta

日本传统鞋履。通过在厚木板上添加木屐带制作而成。鞋底称为“台”，鞋底下方的凸起称为“齿”。

地下足袋
jikatabi

日本传统鞋履。通过在布袜上添加橡胶底制作而成，多用于室外劳动作业。柔软度好，拇趾与其他脚趾分开成两部分，活动更方便，脚尖更容易发力。

护腿
overgaiters

一种套在鞋子上方的防护罩，可防止雨、雪、泥泞弄脏裤脚，具有一定的保暖性。下部用绑带固定，是一种常见的登山护具。英文常简写为“gaiters”。

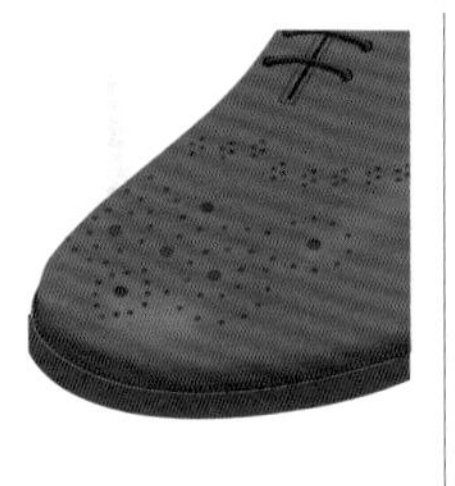

梅达里昂雕花
medallion

指皮鞋鞋头周围的小洞（镂空）装饰。设计初衷是更好地释放鞋子里的潮气，常见于布洛克鞋（p162）。

翼梢
wing tip

指皮鞋鞋头处的W形拼接线，因形似鸟的翅膀而得名。这种设计一般会和梅达里昂雕花一同使用。

增高鞋

elevator shoes

在鞋子内侧的鞋跟部位做垫高处理的鞋子，可以使腿看起来更加修长。

松糕底（鞋）

platform shoes

鞋底添加了防水台，鞋掌和鞋跟都比较厚的鞋子，一般指厚底的平底鞋。platform即讲台、平台之意。

坡跟（鞋）

wedge sole

鞋跟部分为楔形斜坡状的高跟鞋。wedge意为楔形。

空气气垫鞋底

air cushion sole

由德国医生克劳斯·马丁发明的鞋底。鞋底有很多小间隔，有效提升了鞋底的弹性和缓冲性能。常被用于马丁鞋（p159）。

波浪鞋底

traction tread sole

波浪形花纹并排排列的橡胶鞋底。由美国代表性工作靴厂商红翼公司首次使用。轻巧耐用，走路时不易发出声音，常被用在狩猎时穿着的鞋子中。

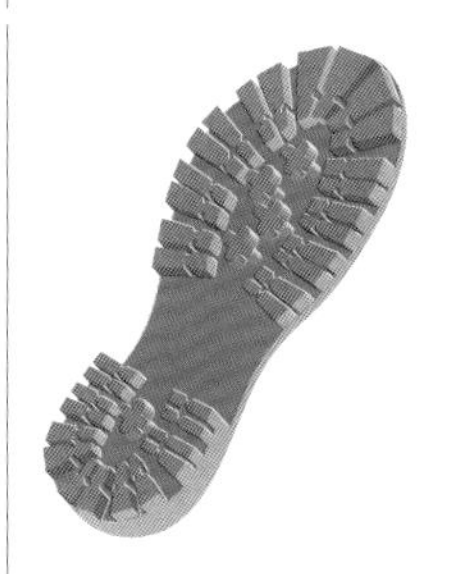

凹凸鞋底

rugged sole

像钉胎一样凹凸不平的橡胶鞋底。为提升户外用鞋和军用鞋的防滑效果而专门设计。rugged意为崎岖的、凹凸不平的。意大利伐柏拉姆公司（vibram）生产的凹凸鞋底又叫作“vibram sole”。

链条鞋底

chain tread sole

印有链条纹路的橡胶鞋底，抓地力好，柔软耐磨。由美国里昂比恩（L.L.Bean）公司开发并用于制作狩猎靴，从此成名。

豆豆鞋底

dainite sole

表面带有多个凸起的鞋底。由英国Harboro Rubber公司开发设计。dainite是由短语“day and night”化用而来的商品名称，意指制造商不分昼夜地生产鞋底。正式名为“studded rubber sole（颗粒橡胶鞋底）”。

流浪包（新月包）
hobo bag

一种月牙形的肩包。名称源自流浪汉的行囊。现在那些皮质柔软松垮、呈新月状的包都可以称为“流浪包”。hobo即求职中的流浪汉之意。

手包
clutch bag

一种没有提手的手拿包。不过宴会上使用的手包有时会带有金属装饰链。

信封包
envelope bag

带有翻盖的长方形包。外形像方正扁平的信封，手拿或者另附肩带。envelope即信封之意。

奥摩尼埃尔
aumônière

带有装饰的小型手提包，多用丝绸或皮革制作。源自中世纪人们挂在腰间的小布袋——放在衣服里面的布袋演变为口袋，放在外面的则演变为现代的手提袋。

手风琴包
accordion bag

底部和侧边部分呈层叠状，能够调节厚度的包。因可以像手风琴一样伸缩而得名。

法式书包
lycée sac

带有提手的长方形双肩背包，因曾被法国高女中生用作书包而得名。lycée在法语中意指公立高中。

长形书包
satchel bag

英国传统学生书包，也可指以此为基础改良的商务用包或旅行包。有的带有肩带，可以斜挎在肩上。电影《哈利·波特》（*Harry Potter*）的主人公使用的就是这种书包。

日式双肩书包
ranndoseru

日本小学生上学时用的书包，用来装教科书和笔记本。

医生包

doctor's bag

顾名思义，原本是医生外出看诊时用来携带药品和医疗器械的手拎包。多为皮质，包口有金属材质镶边，非常结实耐用，也是常见的通勤包、旅行包。

飞行员旅行包

pilot case

飞行员携带航空图和飞行日志等在飞行中使用的包。容量较大，呈箱形，开口在上部。经久耐用，收纳性好，功能性强，在商务人士中也很受欢迎。别名航空箱。

公文包

briefcase

一种较薄的方形包。商务箱包的一种，主要用来存放文件。大多为皮革材质，长度在40厘米左右。

菱格包

quilting bag

在表里之间用海绵、羽毛等填充后，再用绗缝（p195）手法制作的包。现在，这种压线更多是一种装饰。多为方形。

相机包

gadget bag

一种功能性用包。包上附有很多口袋，内部隔断较多，方便摄影师分类盛装配件，打猎时也经常使用。多带有肩带，可肩背。

造型包（托特包）

stylist bag

造型师、形象设计师用来携带工作用具、服装、小物件的大包。设计简单，容量大，可手提、肩背，使用非常方便。

西装袋

garment bag

一种可以将衣服连同衣架一起收纳在内的袋子。便于携带衣物。出差或旅行时会经常用到，可以有效防止衣服起褶。garment即衣服之意。

滚筒包

barrel bag

所有外形像酒桶的圆柱形手提包的统称。容量非常大，通常作为运动包或旅行包。barrel即酒桶之意。

陶碗包
terrine bag

底部扁平的半圆形包，包口较大，多用拉链固定，结实耐用。因形似法国用来制作鹅肝酱的烹饪器具而得名。

麦迪逊包
Madison bag

一种塑料材质的学生用包。1968年至1978年由日本爱思（ace.）公司发售，在当时掀起了使用热潮，销售数量高达2000万，当然其中也掺杂了很多仿制品。

马鞍包
saddle bag

安装在马鞍、自行车或摩托车座椅上的包，或类似这种形状的包。法国迪奥（Dior）公司生产的马鞍包最为有名。

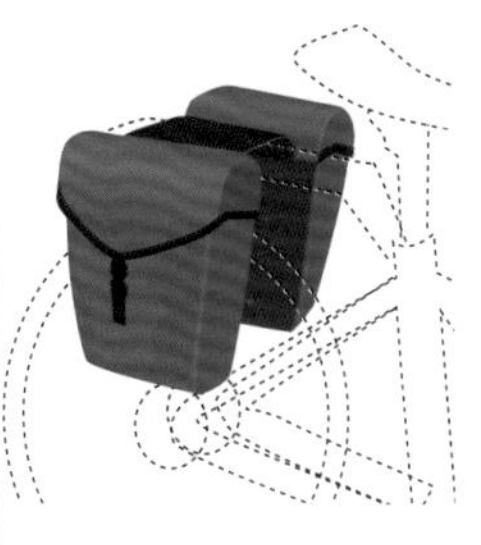

挂包
pannier bag

安装在自行车、摩托车等后座的包，或者类似的背包。源自挂在马背上运送行李的背筐（pannier）。一般成对出现，也有单个的。

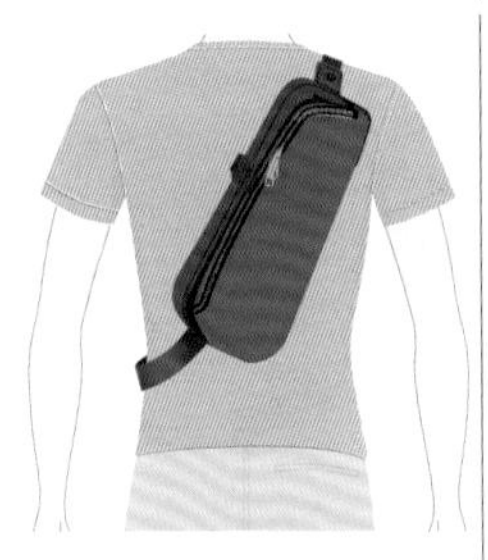

单肩包
sling-bag

通过一根肩带斜挎于肩上的背包。左右两肩均可使用，可以背在后背，也可以挂于胸前。当包挂在胸前时，不用把包摘下，就可以拿取其中的物品，十分方便。

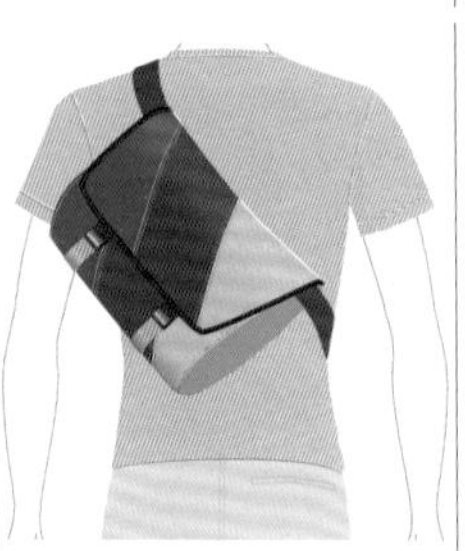

邮差包
messenger bag

一种斜挎在背后或腰间的单肩背包，包口宽大，可以将文件平放在内。它以邮差使用的包为原型设计而成。即便是十分拥堵的街道，邮差们背着这种背包也可以骑着自行车自由穿行。

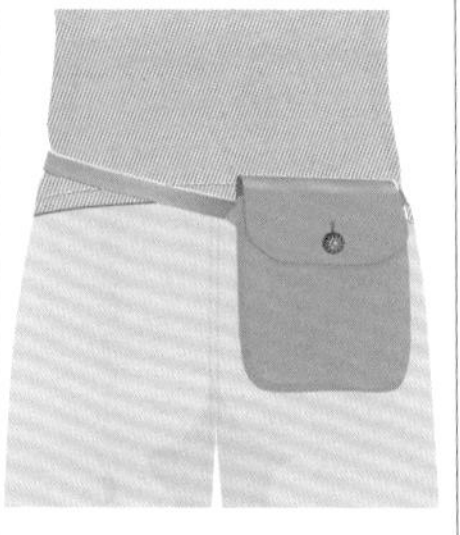

烟草包
medicine bag

原本指人们用来随身携带烟草、草药等的袋子。现在指悬挂在腰上的小包，多为皮革制品。

镁粉袋
chalk bag

攀岩、登山时挂在腰上，用来盛放防滑粉（镁粉）的小袋子，也可以用来放置随身小物件。

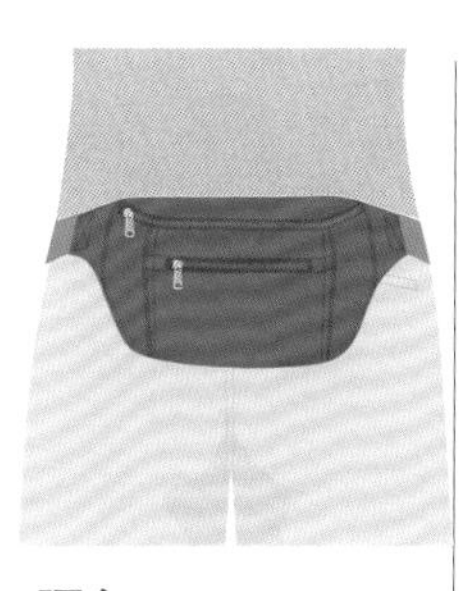

腰包

waist bag

一种带有腰带、可固定在腰间的包，体积较小。常用皮革、合成纤维、印花牛仔布等面料制作。固定在腰间的设计可以解放双手，让活动更加自如。运动、旅游、日常工作均可使用。

水桶包

bucket bag

一种通过抽绳来开合包口、形似水桶的包。

筒形包

duffel bag

细长的圆筒形单肩背包，用绳、带等束口。一般为军用或负重用包，多用皮革或帆布等较为结实的材质制作而成。

行李袋

luggage bag

用帆布或麻布等结实的布料制作的圆筒形布包。源自军队、船员等使用的杂物袋，有单肩竖款和手提横款两种，横款多用作运动包。

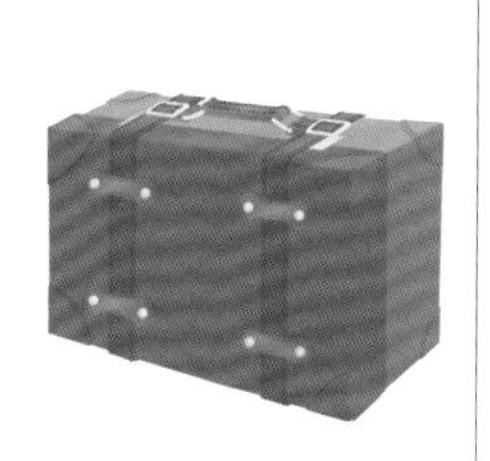

大行李箱

trunk

大型长方体箱包的统称。主要指旅行用箱。最初为木制，边角处一般会添加皮革或金属部件加固，箱体绑有皮带，可防止搬运时箱口打开，十分结实耐用。

拉杆包（箱）

trolley bag

带有拉杆和滚轮的购物袋或行李箱，可以手提或拖动。拉杆部分具有伸缩功能，以方便人们行走时拖着箱子，减轻负担。

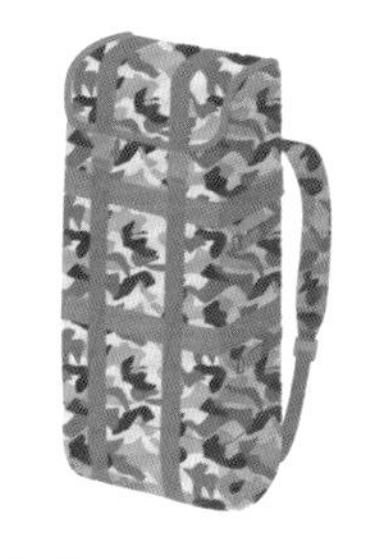

背囊

backpack

可以用来背负行李的袋子或包。一般为布制或皮革制的长方形包，颜色以卡其色和迷彩图案为主。

抽绳束口双肩包

knapsack

双肩背包的一种。多为布制，通过抽绳束口。

双肩背包
rucksack

背在双肩上的背包的统称。根据大小、用途可细分为一日双肩包、登山背包、运动双肩包、束口双肩包等。

一日双肩包
dayback

双肩背包的一种，比普通背包略小，因能装下一天内所使用的物品而得名。

登山背包
sack

双肩背包的一种，容量较大，常于登山等需要携带大量行李时使用。sack通常意指麻袋、袋子。

冰镐扣
piolet holder

背包上用于固定冰镐的部件。上面带有两个平行的竖孔，多为皮革材质。现在主要起装饰的作用。

买菜包
marché bag

购物时，可以承装大量物品的购物包。可肩背，可手提，款式多种多样。marché 在法语中为市场之意。

环保袋
eco bag

为减少一次性塑料购物袋的使用，购物者自带的包。没有特定的形状和款式，可折叠，收纳力强，轻便易携带。

购物袋
carrier bag

顾名思义，即购物时所使用的袋子。袋身上一般会印有店铺的名称、标志等，不同品牌的购物袋，设计也不同。用来装商品的小纸袋也叫作“购物袋”。

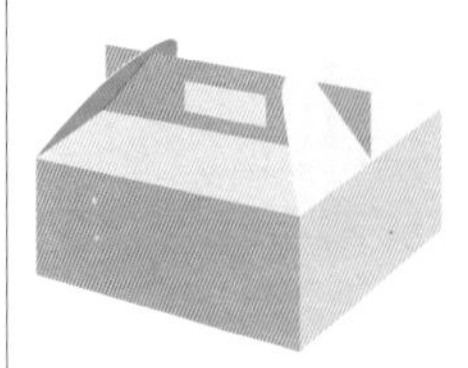

食品打包袋（盒）
doggy bag

特指可以帮客人将剩下的饭菜打包带走的袋子或容器。与专门用来外带食物的容器、袋子不是同一种。doggy意为小狗的、小狗用，最初是指一种为小狗打包剩菜的袋子。

方格纹（布）

gingham check

由白色或其他浅色打底，外加横竖同宽的单色条纹组成的方格形花纹，也是一款最基础、最简洁的格子花纹。gingham意指平织棉布，在过去还可指代条形花纹。

色织格子（布）

apron check

一种十分简洁的平织格子，与方格纹（布）基本相同，源自十六世纪英国理发店使用的围布图案。

同色系格子（布）

tone-on-tone check

使用相同色系、不同明亮度的颜色组成的格子。配色沉着稳重，使用广泛。

布法罗方格（布）

buffalo check

一种以红黑配色为主的大方格图案，常见于厚实的羊毛衬衫或外套。黄蓝配色的布法罗方格也较常见。

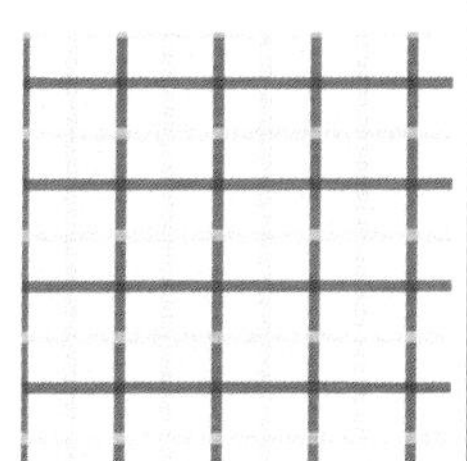

塔特萨尔花格（布）

tattersall check

由两种颜色的线交替组成的格纹图案，来自伦敦的塔特萨尔。

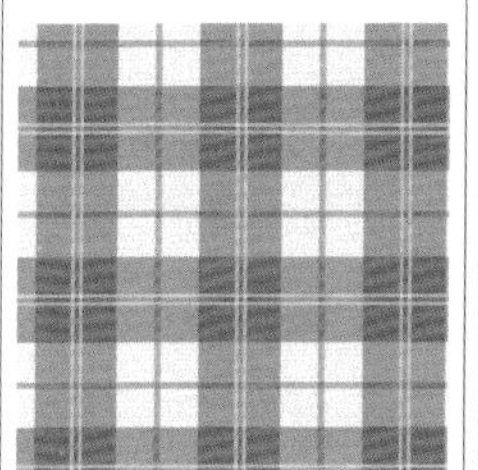

套格花纹（布）

overcheck

在较小的格子上重叠大格纹形成的花纹。格子明暗度的改变可增加休闲感。

苏格兰格纹（布）

tartan check

来自苏格兰高原地区的彩色格子图案。横竖同宽。颜色以红色、黑色、绿色、黄色为主。过去，人们的身份和地位不同，使用的颜色也不同。

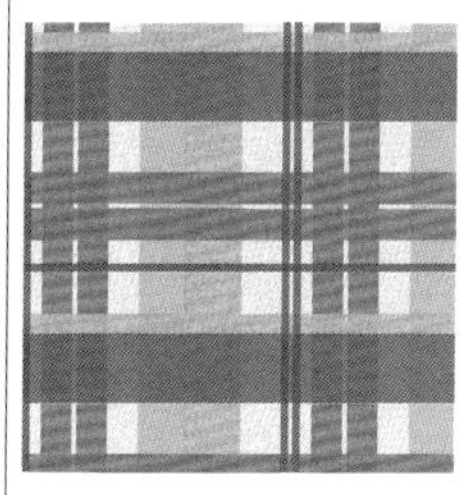

马德拉斯格纹（布）

madras check

以黄色、橙色、绿色等鲜艳的色彩组成的格子花纹。最初是以植物染色法制成的一种棉布。在现代，格子的宽度和颜色更加丰富，款式也更加多样。

豪斯格纹（布）

house check

一种品牌独创的颇具英式古典风情的方格花纹，种类繁多，与苏格兰格纹相似但不相同。在苏格兰小屋（The Scotch House）、博柏利（BURBERRY）、雅格狮丹（Aquascutum）等众多奢侈品牌中比较常见。

阿盖尔菱形格纹（布）

argyle plaid

以斜线交叉的菱格组成的格纹或编织物，来自苏格兰阿盖尔的坎贝尔斯家族。这是一款十分经典的格子花纹，历史悠久，不易受流行趋势影响，在各种制服中较常见。

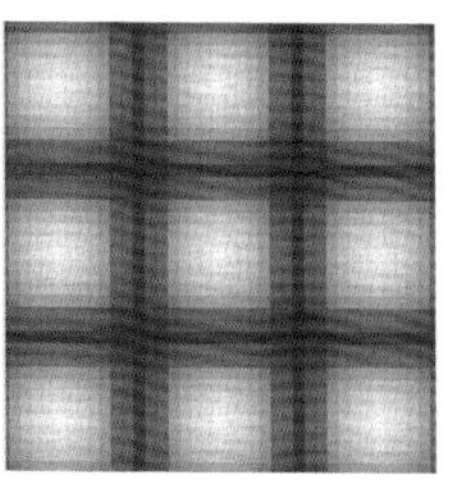

渐变色格纹（布）

ombré check

颜色深浅逐渐发生变化，或与其他颜色相互渗透、交叉所形成的格子花纹。ombré在法语中为浓淡、阴影之意。

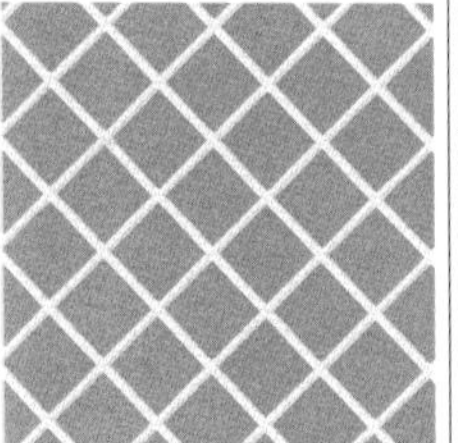

对角格纹（布）

diagonal check

所有倾斜编织格子花纹的统称，倾斜角度通常为45°。diagonal即斜线、对角线之意。

斜格纹（布）

bias check

即倾斜编织的格子花纹，也可称作“对角格纹”。bias意为斜、偏。

小丑格（布）

harlequin check

主要用于制作小丑服的菱形格子花纹。

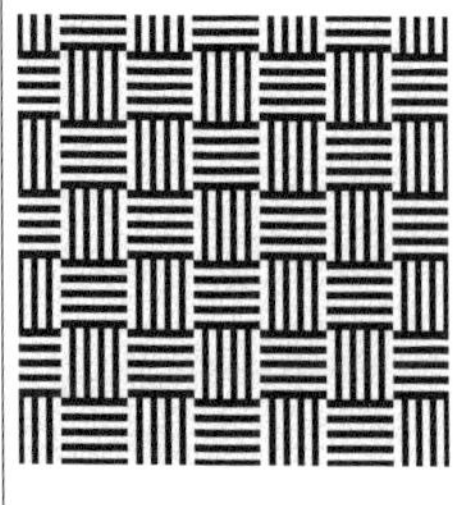

花篮格纹（布）

basket check

由纵横条纹相互交错形成的一种形如花篮的格子花纹。

窗棂格纹（布）
windowpane

以大面积底色加上细直线做出的格纹。方正简单，因形似窗棂而得名。它是英国传统图案之一，颇具复古感，清爽且高雅，常见于衬衫和裙装设计中。与表格式花纹基本相同。

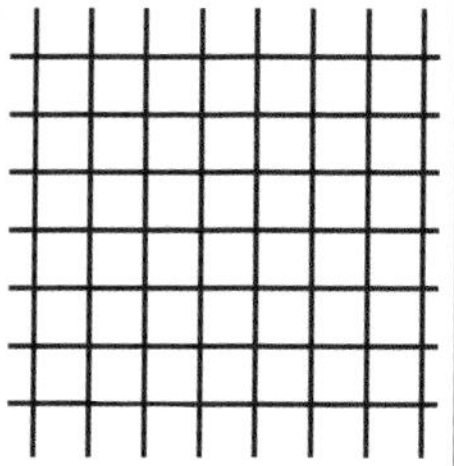

表格式花纹（布）
graph check

由细线组成的细格纹图案，因形似方格纸、表格而得名。复古感强烈，一般为双色，结构简单，易于搭配。也叫作“线格（line check）”，与窗棂格纹基本相同。

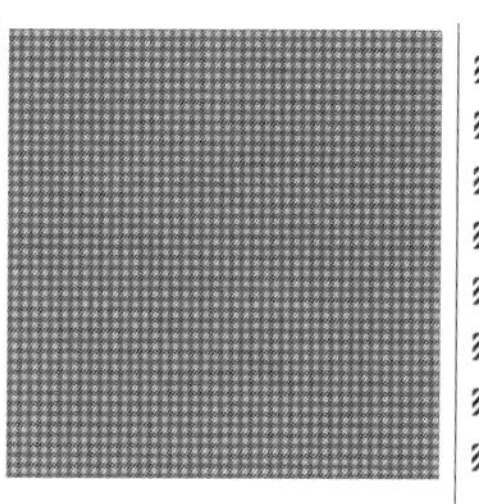

细格纹（布）
pin check

指非常细小的格子图案，也可指用两种颜色的线织出的十分细密的格子花纹。一般由两种颜色的线条纵横交错组成。

牧羊人格纹（布）
shepherd check

由黑、白两种颜色组成的格子图案，最大的特点是黑白交叉的部分用斜线进行了填充。因最早被苏格兰的牧羊人使用而得名。

千鸟格（布）
houndstooth check

以猎犬的獠牙为原型设计的图案排列形成的花纹，花纹与底色的形状相同。千鸟格是起源于英国的一款十分经典的花纹，因容易让人联想到千鸟齐飞的场景而得名。最初千鸟格由细线纺织而成，但随着知名度的提高，现在采用印刷形式制作的也比较多。小型图案复古，大型图案时尚。多为黑白配色，目前棕色等其他颜色与白色组合的千鸟格也在逐渐变多。也叫犬牙纹。

射击俱乐部格纹（布）
gun club check

由两种以上的颜色组成的格子花纹，因起源于英国的狩猎俱乐部而得名。主要用于制作复古款式的外套或裤子。

格伦格纹（布）
glen check

由千鸟格和发丝条纹（p185）等组合形成的花纹。加入了蓝色套格花纹的格伦格纹，又称威尔士格纹（The Prince of Wales plaid），复古且绅士，是威尔士亲王的最爱。

黑白格纹（布）
block check

由黑白两色浓淡交替组成的花纹。黑白格纹简约有气质，同时又颇具复古感，是一款非常经典的花纹。

棋盘格纹（布）
checkerboard pattern

由两种颜色交替组成的正方形格纹，是一款历史十分悠久的花纹。最具代表性的配色为黑与白和藏青与白两种，赛车终点线所使用的旗帜就是这种花纹。

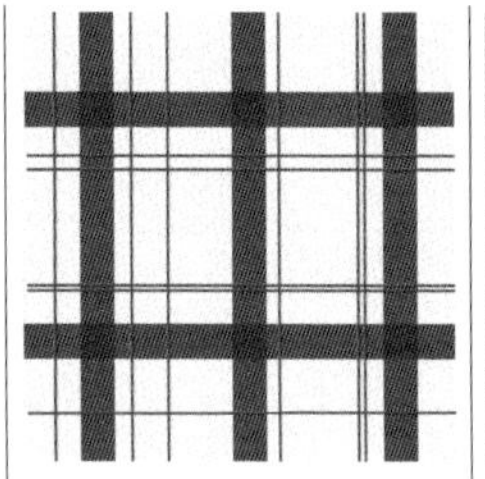

翁格子（布）
okinagoshi

在粗线条组成的格子中加入多条细线格子形成的图案。翁格子在日本是一种寓意很好的花纹，其中粗线代表老人，细线代表子孙，寓意子孙满堂。

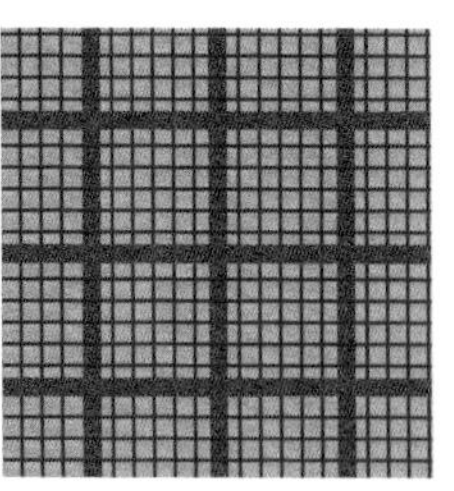

味噌漉格纹（布）
misokoshigoshi

在粗线组成的格子中，围有等距的细线格子，形成类似滤网的图案。因形似溶化味噌的厨具而得名，可以看作是翁格子的一种，也叫味噌漉缟。

业平格纹（布）
narihirakoshi

在菱形格纹中加入十字图案形成的花纹。小花纹的一种，因被日本平安时代的贵族在原业平所喜爱而得名。

松皮菱（布）
matsukawabishi

在较大的菱形图案上下两端，重叠放入较小的菱形所形成的图案。小花纹的一种，因形似剥下的松树皮而得名，也叫中太菱。

菊菱（布）
kikubishi

一种菊花形的小花纹。曾是日本江户时代的藩主加贺前田家族的专用纹样。在日本，菊花图案多代表皇室与贵族，给人一种庄严高贵之感。

武田菱（布）
takedabishi

由四个小菱形组成一个较大的菱形花纹。小花纹的一种。这种把菱形分割的形式叫作“割菱”。武田菱的特征是小菱形的间距较小。曾是日本江户时代甲斐武田家族的专用纹样。

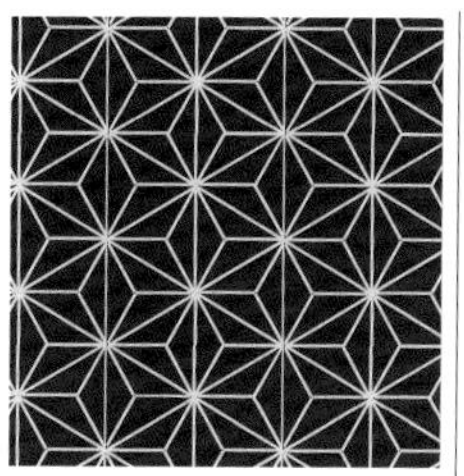

麻之叶（布）

asanoha

在一个正六边形中，带有六个顶端聚集于一点的小菱形的几何图案，因形似亚麻的叶子而得名。亚麻生长速度快且柔韧结实，所以麻之叶是一种寓意很好的花纹，寓意婴儿的平安出生和茁壮成长。

鳞模样（布）

urokomoyo

以鱼鳞为原型的等腰三角形按照规律排列形成的花纹。是一种十分古老的花纹图案，可见于日本的古坟壁画或陶器。

箭羽纹（布）

yagasuri

由箭翎图案排列形成的花纹，是十分古老的纹样，在日本和服中较常见。因射出去的箭不会再回来，所以在日本寓意婚姻长久。

七宝（布）

shippo

将圆形按照规律连续重叠所形成的花纹，看起来像是圆形和星形的不断重复。可以在图案的间隙再加入其他图案，得到花型更为丰富的图案。

龟甲（布）

kikko

将六边形按照规律排列形成的花纹，因形似龟甲而得名。乌龟象征长寿，所以龟甲纹是一种具有吉祥寓意的花纹。也叫蜂巢纹。

组龟甲（布）

kumikikko

一种形似龟甲的网纹图案，与龟甲（布）一样寓意长寿。

毗沙门龟甲（布）

bishamonkikko

将正六边形在每条边的中点位置加以重叠形成的图案，因曾被用于毗沙门天王（佛教四天王之一）的盔甲而得名。

青海波（布）

seigaiha

由多层大小不一的半圆按照规律排列形成的图案，形似波浪。据说起源于波斯萨珊王朝，经由中国传至日本，是日本古代宫廷音乐《青海波》演出服上的纹样。

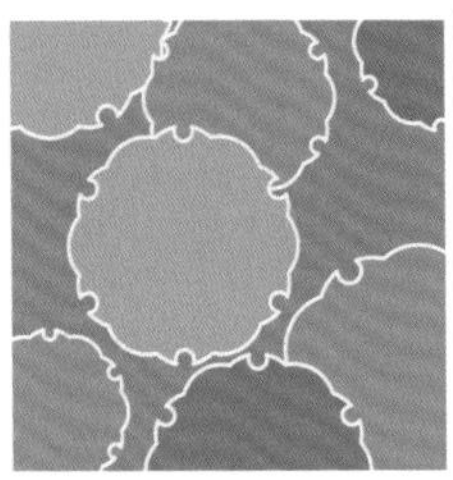

雪轮（布）
yukiwa

指圆形边缘有六处凹陷的图案，仿佛雪花的结晶或雪融化的样子。在没有显微镜的时代，人们就已经发现雪花是六边形的了，人们曾称之为六花。也叫雪华纹。

巴（布）
tomoe

在圆形中带有勾玉花纹的图案按照规律排列形成的一种纹样，常见于日本的大鼓、砖瓦或家徽。

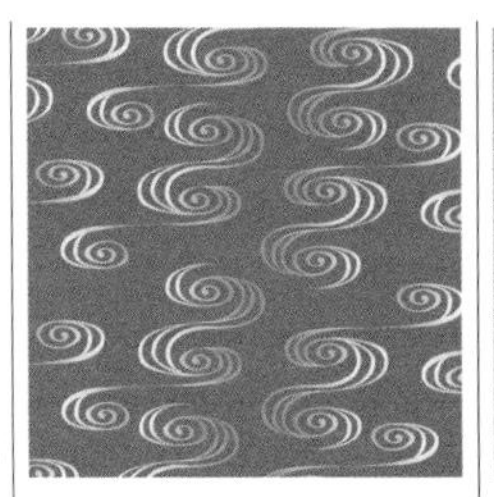

观世水（布）
kanzeimizu

一种漩涡状水波纹图案，寓意变化和无限可能。源自日本能乐世家观山家，常见于扇面或书本的封面。

芝翫缟（布）
sikanjima

四条平行的竖条纹为一组，组间有一条椭圆形半环链条纹的花纹。可见于日式浴衣和手巾等。名字源自日本著名歌舞伎演员中村歌右卫门三代芝翫的服装。

立涌（布）
tatewaku

波浪线按照规律纵向排列，并在间隙加入云朵、花、波浪等花纹。是日本自平安时代以来，极具代表性的官用纹样*之一。

*贵族服饰上所使用的纹样。

吉原系（布）
yoshiwaratsunagi

四角缺失的正方形在对角处交叉排列所形成的花纹。常见于日本的传统服饰和门帘。

曲轮系（布）
kuruwatsunagi

将圆环连接成串后形成的花纹。可见于日式浴衣和手巾等。

分铜系（布）
bunndoutsunagi

将左右两侧向内凹陷的圆形图案按照规律排列后形成的花纹。因形似日本古代的秤砣（分铜）而得名。分铜系寓意将金银财宝铸成秤砣后堆放起来，是象征财富的吉祥图案。

钉拔（布）

kuginuki

参照拔出钉子时的金属垫圈的形状制作的图案。大正方形中间叠放一个小正方形，然后等距倾斜排列而成，是一种很常见的日本古典纹样。日文发音与去除苦难相近，故寓意吉祥、吉利。

钉拔系（布）

kuginukitsunagi

将拔出钉子时的垫圈形状纵向连接成串后形成的日本传统纹样。常见于建筑工人的短上衣。大正方形中间叠放一个小正方形，倾斜放置后纵向连接成串，并在中间加入线条。在日本很常见。

工字系（布）

koujitsunagi

倾斜的工字样图案按照一定规律排列形成的花纹。常见于和服布料的底纹（布料纺织时形成的纹路）。有延年益寿的寓意。

桧垣（布）

higaki

仿佛将圆柏的薄片进行编织后形成的一种十分古典的花纹，可见于和服带子。

纱绫形（布）

sayagata

指将卍字拉长、拆分，然后按照一定规律排列形成的图案。寓意长长久久，是日本女性在参加喜事时穿着的礼服中使用频率较高一种花纹。

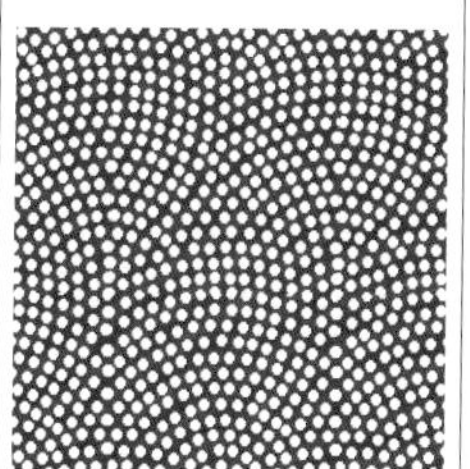

鲛小纹（布）

samekomon

小圆点进行圆弧状连续排列所形成的花纹，小花纹的一种，常见于日本和服。鲛小纹的最大特点是远观似纯色布料，如果加入有光泽感的染料，布料就会闪闪发光，在阳光下十分夺目、漂亮。

鹿子（布）

kanoko

一种扎染花纹，因形似鹿背上的斑点而得名。这种布料表面凹凸不平，透气性好，触感轻盈。通过纺织或编织工艺制作的类似花纹也叫鹿子。

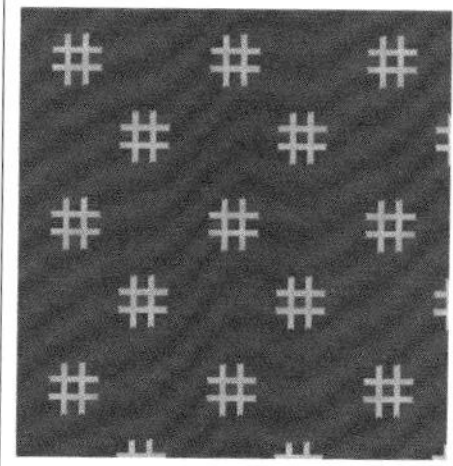

井桁（布）

igeta

将井字形图案按照规律排列所形成的花纹，常见于碎花布料，换作菱形图案也称作“井桁”。

御召十（布）

omeshijyu

由圆点和十字交错排列形成的花纹，小花纹的一种，是日本幕府时代德川家族的专用纹样。

笼目（布）

kagome

六边形格子状花纹，看起来像是竹篮。因形似六芒星，所以被认为具有辟邪的作用。

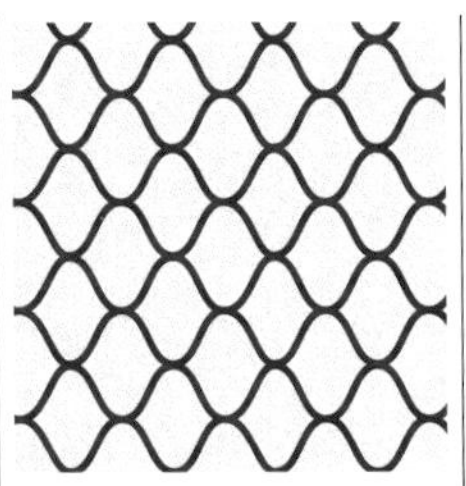

网目纹（布）

amimemon

模仿捕鱼时使用的渔网制作的花纹。容易让人联想到丰收，是一种很吉利的图案。常见于陶器、瓷器和日式手巾。与鱼、虾等组合形成的图案深受日本渔业从业者的喜爱。

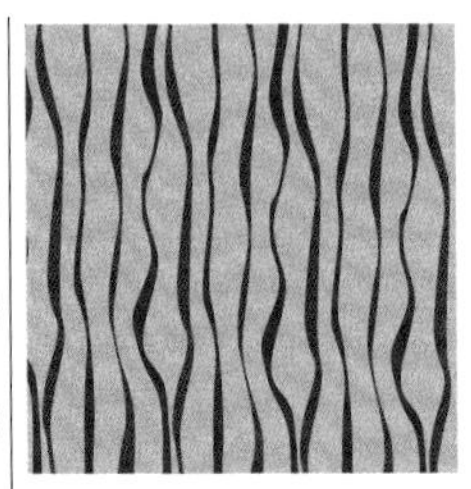

曲线条纹（布）

yorokejima

由弯曲的线条排列形成的纵条纹，可通过印染、纺织等工艺来制作。

子母条纹（布）

komochijima

在粗条纹旁边，平行加入细条纹，然后将组合无限重复形成的条纹的统称。粗条纹为母，细条纹为子。仅在一侧有细条纹的，叫作“单子母条纹”（左图）；两侧都有细条纹的，叫作“双子母条纹”或“孝顺条纹”（中图）；在两条粗条纹中间添加细条纹的，叫作“内子母条纹”或“亲子条纹”（右图）。子母条纹与同色粗细条纹（p186）属于同一类。

扎染（布）

tie-dye

一种染色工艺，先将布的一部分用绳、线等缠绕打结，再进行染色，然后将线拆除。扎染花纹变化多样，素雅质朴，其呈现的独特艺术效果是现代机械印染工艺难以实现的。

刺子绣（布）

sashiko

在布料上，通过刺绣的方式，用线绣出几何图案的缝制技法，目的是加固布料，提高保暖性。布料与绣线的颜色可随意搭配，其中，在蓝色布料上绣白色图案是主流。

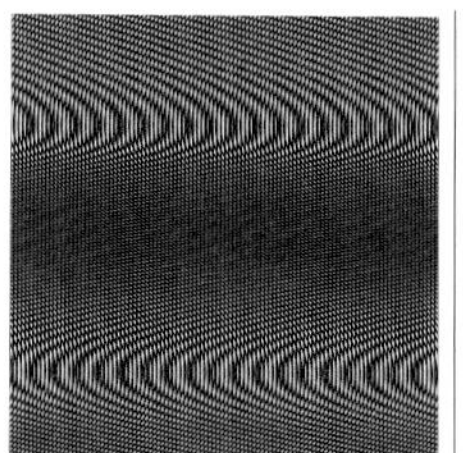

水波纹（布）

moire

一些图案或线条按照一定规律不断排列、重叠时，因其周期性偏移所呈现出的条纹，也叫干扰纹。因形似木纹，有时也叫木纹。

雷纹（布）

thunder pattern

由直线段组成的连续旋涡状图案。在中国是一种代表雷电的花纹，被认为具有辟邪的作用。

针尖波点（布）

pin dot

指如针尖般大小的小圆点图案。如果圆点再稍大一些，则叫作“波尔卡波点”。这种花纹远看如纯色，颇具高级感，常用于各种男女式衬衫的设计中。

鸟眼波点（布）

birds eye

白色的小圆点按照一定规律和间距排列所形成的花纹，因形似鸟眼而得名。它给人以沉着稳重之感，常用于男式衬衫等的设计中。

波尔卡波点（布）

polka dot

大小介于针尖波点和大波点之间的波点花纹。

大波点（布）

coin dot

一种相对较大的圆点，大小如硬币。比大波点稍小一点的叫波尔卡波点。

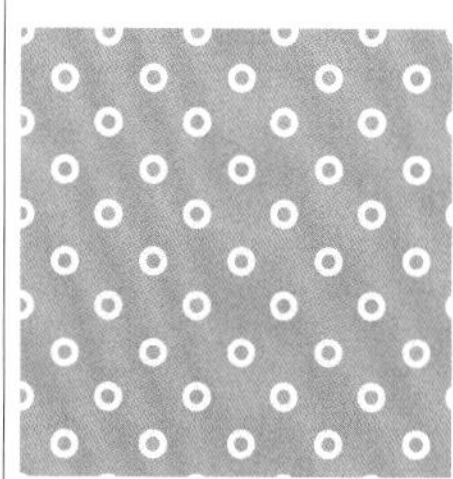

环形波点（布）

ring dot

形似圆环的波点。

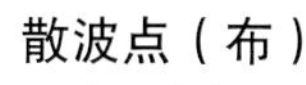

散波点（布）

random dot

圆点大小不一，排列无规律的花纹，与花洒波点、泡泡波点（p184）同属不规则波点，但较二者圆点更小。

五彩波点（布）
confetti dot

由多种不同颜色的圆点组成的花纹。confetti意为五彩纸屑、糖果。

花洒波点（布）
shower dot

圆点大小不一、排列无规律的花纹，因看起来如喷洒出的水滴而得名。与泡泡波点同属于不规则波点，但花洒波点的圆点相对小一些。

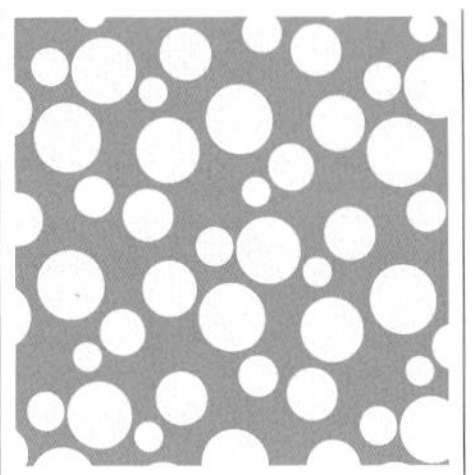

泡泡波点（布）
bubble dot

形如缓缓上升的气泡，圆点大小不一、排列无规律的花纹。与花洒波点类似，但圆点更大一些。

星星印花（布）
star print

由星星图案印刷而成的花纹，星星的大小、颜色、排列一般没有固定规律。星星印花是一款比较经典的花纹，不易受流行趋势影响，又因星星象征幸运，所以深受人们喜爱。

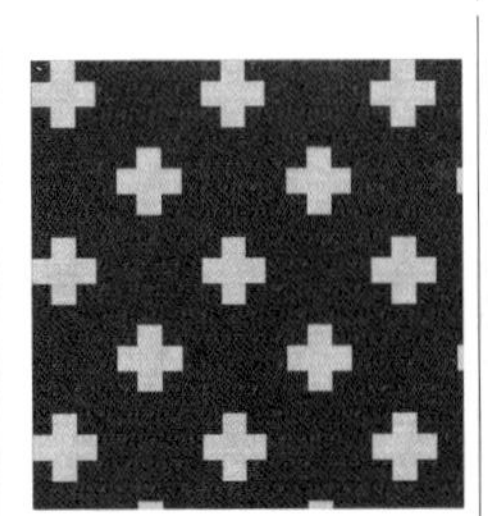

十字印花（布）
cross print

由十字或加号印刷而成的花纹，多为单色。因瑞士国旗也有类似的十字图案，所以又叫瑞士十字花。

骷髅花纹（布）
skull

一种以骷髅头为原型的图案或设计。寓示着危险与死亡，是饰品、服装、文身中比较常用的图案。skull意为颅骨、头骨。

点状细条纹（布）
pinhead stripe

一种点线纵向排列的细条纹。

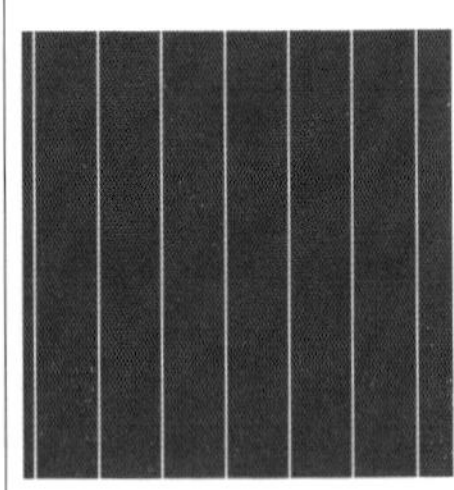

针尖细条纹（布）
pin stripe

如针尖般纤细的条纹，是条纹中最低调的花色。

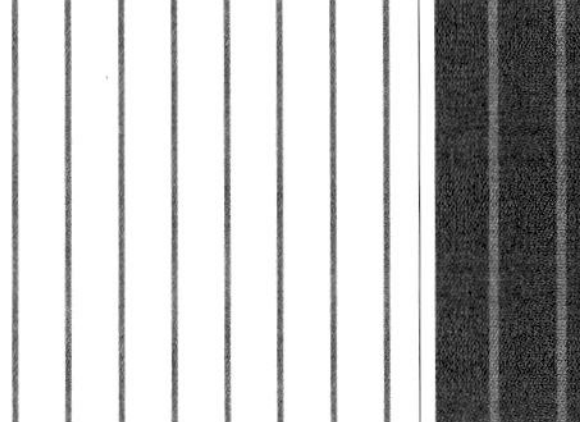

铅笔细条纹（布）
pencil stripe

线条较细，线条间有一定间距的条纹，是一款比较经典的西装常用条纹。比针尖细条纹（p184）粗，比粉笔中条纹细，因似铅笔画线而得名。

粉笔中条纹（布）
chalk stripe

在明度和色彩饱和度较低的暗黑色、藏青色、灰色底色上，加入比较模糊的白色细条所形成的花纹。因看起来像是用粉笔在黑板上画线而得名。

发丝条纹（布）
hairline stripe

线条如发丝般纤细，间距较小的条纹，远看如纯色，近看才能看到条纹的纹理。发丝条纹古典细腻，是颇具代表性的条纹之一。

双条纹（布）
double stripe

两条细线为一组，以一定间距不断重复所形成的纵向条纹。因看起来很像轨道，所以间距较宽时也称作“轨道条纹（rail road stripe）”。

三线条纹（布）
triple stripe

三条细线为一组，以一定间距不断重复所形成的纵向条纹。

糖果条纹（布）
candy stripe

由条宽约1～3毫米的黄色、蓝色、绿色等色彩鲜艳的彩条组成的等距条纹。可以是某种颜色与白色的组合，也可以是多种颜色的组合，因似传统的糖果包装纸而得名。

伦敦条纹（布）
London stripe

在白底上加入条宽约5毫米的蓝色或红色等距条纹。这种条纹高雅时尚，有清洁感，多被做成牧师衬衫（p54）等。

孟加拉条纹（布）
Bengal stripe

起源于孟加拉地区的纵向条纹，色彩鲜艳，比糖果条纹略宽。孟加拉条纹衬衫也是比较经典的条纹商务衬衫。

交错条纹（布）
alternate stripe

由两种不同颜色和宽度的条纹纵向排列而成的花纹。线条间距固定，两种颜色多为同色系，最为常见的是深浅蓝交错条纹。

同色粗细条纹（布）
thick and thin stripe

相同颜色、不同粗细的色条交替形成的纵向条纹。

苏格兰条纹（布）
tartan stripe

由苏格兰传统花纹苏格兰格纹（p175）变形而来的条纹，线条粗细不一。与苏格兰格纹的区别是苏格兰条纹仅在横向上有色彩的变化。

同色条纹（布）
self stripe

用同一颜色的纱线，通过变换纺织技法制作出的条纹。用这种布料制作的西装，沉稳不张扬，成熟有气质。也叫编织条纹（woven stripe）。

阴阳条纹（布）
shadow stripe

用同一颜色的纱线，通过改变交织方向形成的条纹。从一定角度近看才能看到若隐若现的纹理，有光泽感，远看如素色，高雅有气质。

人字斜纹（布）
herringbone

左右斜纹交替排列形成的纵向条纹，因看似人字而得名。这是十分常见的鞋底印花。

阶梯式条纹（布）
cascade stripe

由宽度不断变窄的条纹按照规律排列形成的花纹。

渐变色条纹（布）
ombré stripe

由颜色逐渐变淡的条纹按照规律排列形成的花纹。ombré 为法语浓淡、阴影之意。

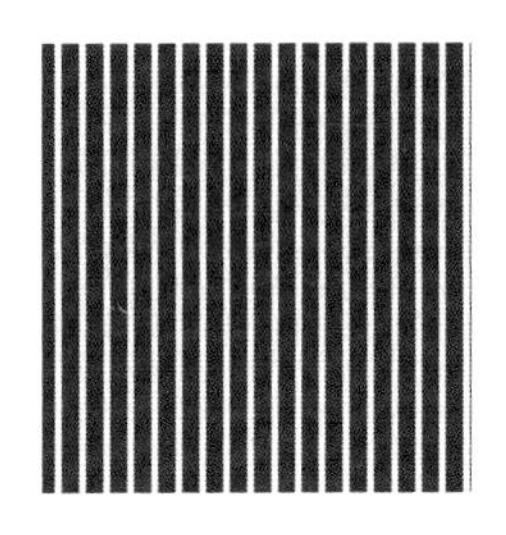

山核桃条纹（布）
hickory stripe

蓝白或棕白条纹的牛仔布料，因纹理形似山核桃树的树皮而得名。其特点是结实耐脏，最早用来制作铁路工作者的工作服，现在常用于制作工作服、背带裤（p113）、画家裤（p62）等。有时也用来制作上衣和包等，使用十分广泛。牛仔是一款历史悠久的布料，复古休闲，是美式休闲装扮的必备要素。

帐篷条纹（布）
awning stripe

由白色等亮度较高的颜色另加一种彩色组成的等距条纹，是遮阳伞和帐篷经常使用的一种花纹。awning意为遮雨篷、遮阳篷。

赛船条纹（布）
regatta stripe

一种较宽的竖条纹。源自英国大学划船比赛中穿着的赛服，复古且不失运动感。

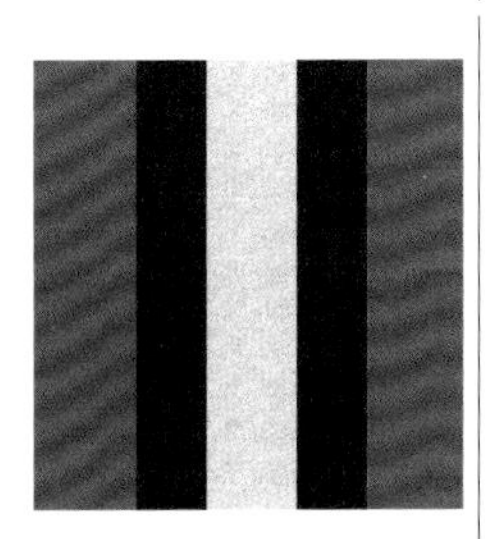

俱乐部多色条纹（布）
club stripe

由2～3种比较有视觉冲击力的颜色组成的特定条纹。一般作为俱乐部或团体的象征。多用于制作领带、外套、小饰品等。

粗条纹（布）
bold stripe

线条极粗的帐篷条纹。线条之间的对比非常强烈。

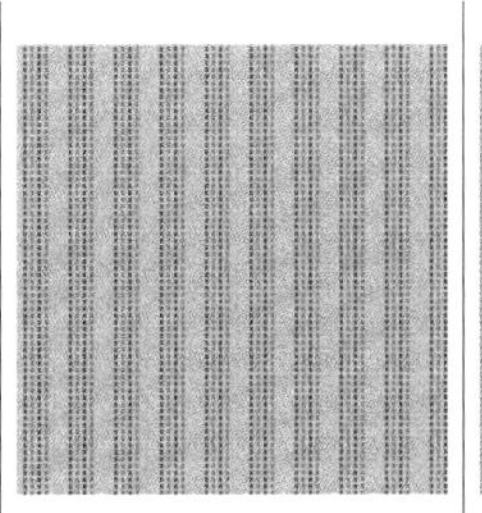

束状条纹（布）
cluster stripe

多根纱线为一组，按照固定间距排列形成的条纹。

起绒凸条纹（布）
raised stripe

用特殊编织方法织出的具有凹凸感的条纹。

缎带条纹（布）
ribbon stripe

由明暗度对比较强烈的两种颜色组成的条纹，常见于各种缎带、丝带。也可以通过在较细的带子上压印彩色的线条来呈现类似的效果。

斜条纹（布）
diagonal stripe

由斜线组成的条纹的统称，这里特指倾斜角度为45°的条纹。还可以表示倾斜编织的针织衫等。

军团条纹（布）
regimental stripe

模仿英国军旗设计的斜条纹，主要由藏青色、深红色和绿色组成，常用于制作领带等。一般向左倾斜的条纹叫作“英式斜条”，向右倾斜的条纹叫作“美式斜条”。

乐普条纹（布）
repp stripe

向右倾斜的条纹，可以看作是军团条纹的镜像翻转，使用了这种花纹的领带叫作“乐普领带”，是美国独具代表性的传统花纹。

斑马纹（布）
zebra stripe

由蜿蜒起伏、粗细不均的黑白条纹组成，因形似斑马的毛皮而得名。斑马纹对比强烈，设计性强，存在感强，在服装搭配中需要注意使用面积。

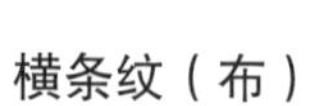

横条纹（布）
horizontal stripe

即横向的条纹。

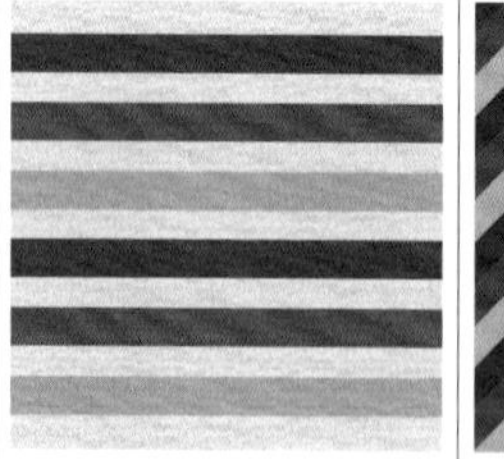

多色彩条纹（布）
multiple stripe

通过多种颜色、多种条宽组合而成的条纹。这类条纹可以设计出非常丰富的多层次效果。

宽人字条纹（布）
chevron stripe

一种呈连续人字形的条纹，chevron在法语中是军人、警察制服上表示军衔的V字形标志。

波希米亚花纹（布）

Bohemian

波希米亚地区民族服装所用的花纹。极具吉卜赛风情，给人以自由奔放之感。可见于弗拉明戈歌舞的演出服。

部落风印花（布）

tribal print

萨摩亚群岛和非洲各部落常见的民族花纹。每个部落都有自己独特的设计，其中最具代表性的要数居住于赤道附近的萨摩亚群岛和太平洋群岛所使用的萨摩亚民族花纹。它一般由直线和抽象几何图案组合而成，花纹中大多会加入动植物元素，地域性强。多为单色，偶尔也有非常鲜艳的配色。同时，红花纹还带有浓烈的宗教色彩，除用于服装，还可以用于物品装饰和文身等。

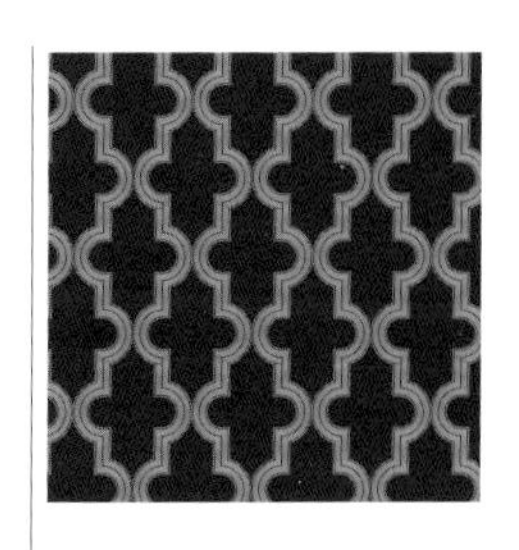

马拉喀什花纹（布）

Marrakech

源自摩洛哥城市马拉喀什的花纹，由抽象画的圆形和花朵按照规律排列形成。常用于瓷砖印花。

鱼子酱压纹

caviar skin

常用在包、钱包等皮革制品上的压花。可以使制品呈现独特的光泽和质感，划伤隐形，因看上去像鱼子酱而得名。

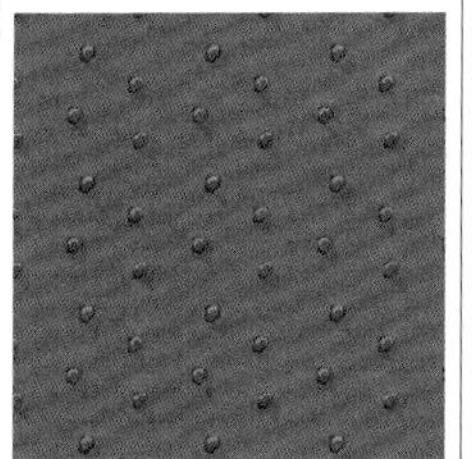

鸵鸟皮

ostrich

即鸵鸟的皮，也可指用鸵鸟皮制作的包、钱包、腰带等物品。表面的毛孔独具特色，皮质厚实，经久耐用，不易划伤，是一种高级皮制品。缺点是怕水。

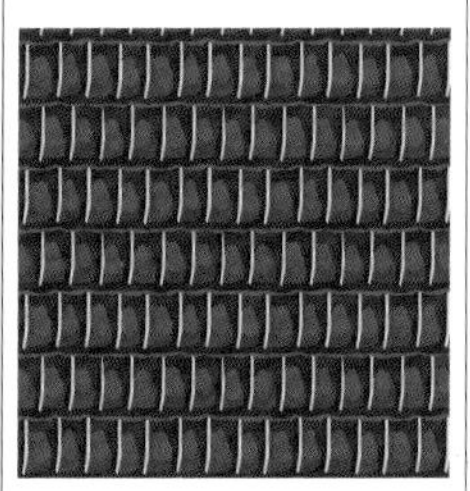

蜥蜴皮

lizard

即蜥蜴的皮，或模仿蜥蜴的表皮制作的皮革。大小整齐的鳞状花纹是其最大特征，是一种十分结实耐用的高级皮革。多用于制作包、腰带、钱包等。

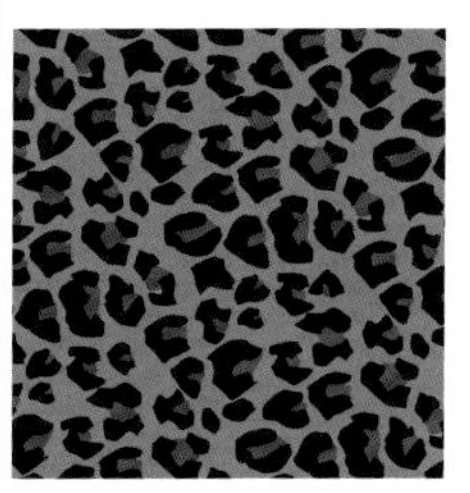

动物纹

animal print

模仿动物的斑纹设计的花纹。以哺乳动物和爬行动物为主，比较为人们所熟知的是豹纹、斑马纹、蛇皮纹和鳄鱼纹等。

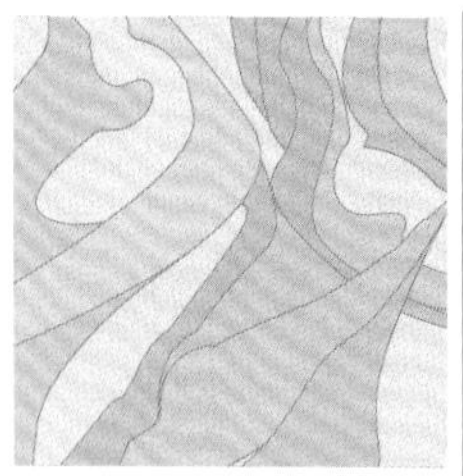

大理石纹

marble pattern

模仿大理石纹路设计的花纹。看起来像是将不同颜色揉在了一起，具有流动感。可见于玻璃球、巧克力、蛋糕等的设计中。

飞溅纹

dripping

指颜料滴落或飞溅所形成的花纹或这种绘画手法。美国抽象表现主义绘画大师杰克逊·波洛克（Jackson Pollock）就曾使用这种技法创作了很多作品。现代时装中也常有使用。

星空印花

cosmic print

以星空、宇宙为主题的花纹的统称。

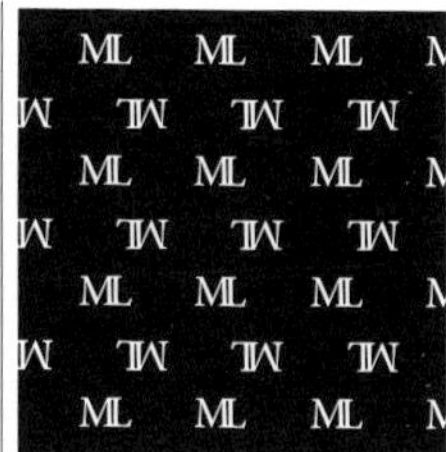

组合字母印花

monogram

将两个以上的字母组合起来设计的原创图案。最常见的就是将人名或物品名的首字母制作成商标。其中，路易·威登（Louis Vuitton）的L和V，以及香奈儿（CHANEL）的两个重叠字母C，就是比较有名的范例。

视觉花纹

optical pattern

利用几何图形制作，能够引起错觉的花纹。可以根据设计者的意图，在视觉上改变物体的大小或扭曲程度。optical意为视觉的、光学的。

蔓草花纹

foliage scroll

一款看似藤蔓植物的茎相互缠绕的花纹。据说源自古希腊的一种蔓草，蔓草绵延不绝，象征繁荣、长寿，是一种寓意吉祥的图案。

大马士革花纹

damask

模仿大马士革花纹设计的图案，多以植物、果实、花朵为元素。使用色彩较少，一般为2～3种。是欧洲室内装饰常用的经典花纹。

阿拉伯花纹

arabesque

源自清真寺墙壁上装饰的花纹，由蔓草与星星等几何图案交织组合而成。

植物印花
botanical print

所有以植物为原型设计的花纹的统称。与花朵图案相比，植物印花更侧重于使用树叶、茎、果实等，看起来更加沉着、雅致、有气质。botanical意为植物的、植物学的。

热带印花
tropical print

以大片的花瓣、茂盛的枝叶、色彩鲜艳的植物为原型设计的图案。容易让人联想到生长在热带丛林的植物和温暖地区的度假村。

佩斯利花纹
paisley

一种来源于波斯和印度克什米尔地区，图案致密、颜色丰富的传统花纹。花纹元素包含松果、菩提树叶、柏树、杧果、石榴、椰树叶等，寓意永恒的生命。色彩鲜艳，被广泛运用于服装、地毯、手帕、美甲等设计中。原本需要非常高超的纺织技术才可制出，现代则通过印刷工艺可以简单地实现。佩斯利也可代指印有这种花纹的纺织品。

奇马约花纹（布）
Chimayo

由对称的多个菱形组合而成的美式传统花纹。用这种花纹做出的纺织品也是位于美国新墨西哥州奇马约村的传统工艺品。

装饰性花纹
ornament pattern

起到配饰、装饰作用的花纹。图案以蓟、睡莲、贝类居多，多用于家装饰物和奖状等。

洛可可式花纹
rococo

起源于法国1730年至1970年路易十五时期的艺术风格。以巴洛克式为基础，优美细致。错综的玫瑰花图案是最常见的一种洛可可式印花。

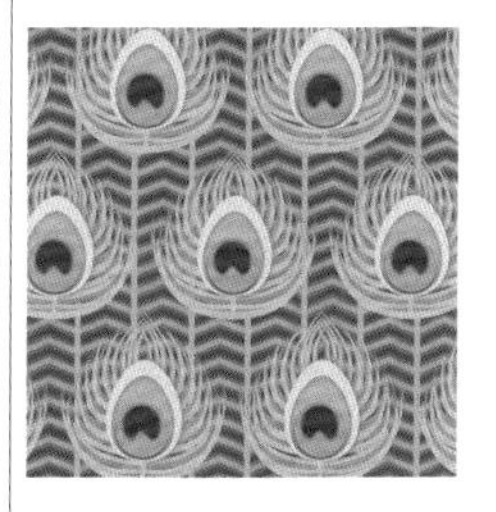

孔雀花纹
peacock pattern

以孔雀的羽毛为原型设计的花纹。有的为展开的孔雀羽毛设计，带有圆形部分；有的不带圆形部分，后者常被用作美甲图案。

哥白林花纹
Gobelin

源自法国棉织画的传统花纹或纺织制品。多为花朵主题或佩斯利风，现代与此类似的花纹都可称作“哥白林花纹”。哥白林原本指的是一种以人物和风景为主题的挂毯。

费尔岛提花
Fair Isle

源自英国苏格兰费尔岛的传统花纹，距今已有400多年的历史。它集凯尔特文化和北欧文化于一体，颜色多样，图案致密复杂。常用的图案有巴斯克百合、摩尔勇士的弓箭等。多用于制作毛衣和袜子。

北欧风图案
Nordic pattern

北欧的传统花纹。常用的元素为以点绘形式制作的雪花结晶、驯鹿、冷杉、心形、几何图案等。多用于北欧风针织衫、毛衣和手套等设计中。

斯堪的纳维亚花纹
Scandinavian pattern

以白色的雪花结晶、木材纹理、花朵为元素的花纹。斯堪的纳维亚包含丹麦、瑞典、挪威三个国家，但整个北欧地区，与之类似的花纹均可叫作“斯堪的纳维亚花纹”。

挪威点花
Lusekofte

北欧的一种点绘图案，北欧风图案的一种，是挪威的传统花纹。起初只有黑白两色的设计，现在的配色已非常丰富。

伊卡特花纹
ikat

伊卡特是印度尼西亚和马来西亚的一种以天然染料制作的传统染织制品。其中以印度尼西亚爪哇出产的纱最为有名。伊卡特花纹所使用元素一般为几何图案或动植物。

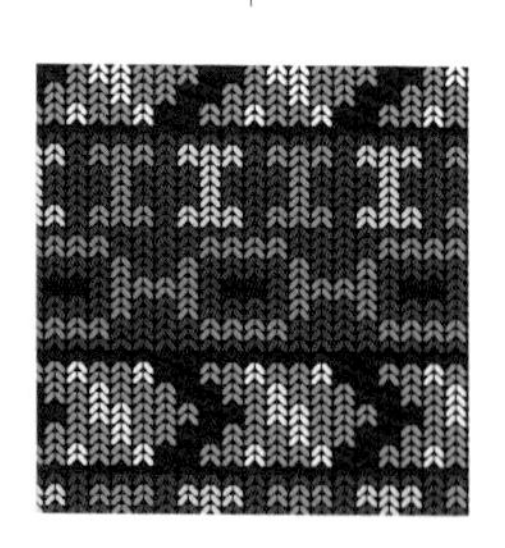

提花
jacquard

提花并非特指某一种花纹或图案，由提花织布机纺织而成的任意纹样都被称作“提花”。雅尔卡提花机是一款可以织出各种复杂图案的自动机器，由法国发明家雅卡尔（Joseph Marie Jacquard）发明。雅尔卡提花机不会出现人为的错误，使纺织品的生产在速度、质量、数量等方面都有了很大的提升。

迷彩图案

camouflage pattern

军队为防止被敌人发现所使用的花纹。最初仅用于车辆、军服、战斗服中，后逐渐延伸到现代时装中。

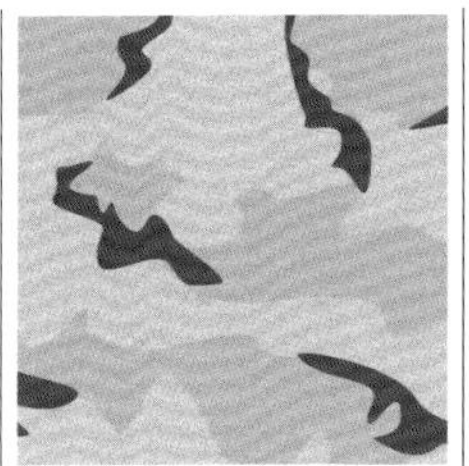

沙漠迷彩

desert camouflage

指在沙漠中行动时，军队为防止被敌人发现所使用的花纹。

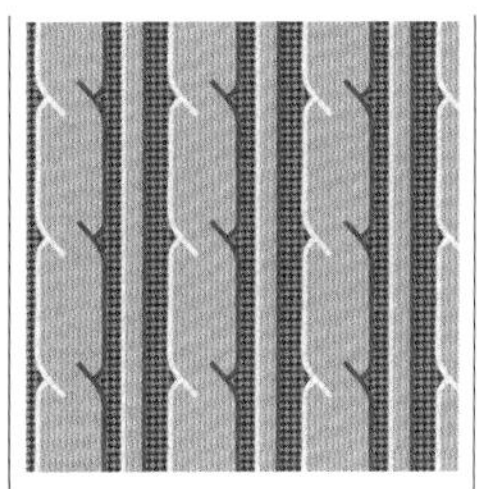

麻花针

cable stich

指可以将毛衣织出麻绳状花纹的编织方法。这种织法可以增加毛衣的厚度和立体感，从而提升保暖效果。

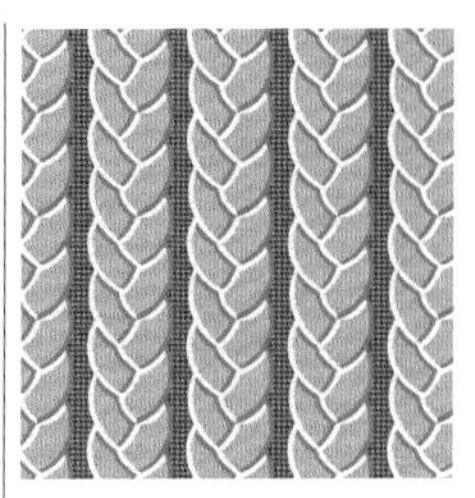

阿伦花样

Aran

针织衫常用花纹。源自爱尔兰阿兰群岛渔民捕鱼时穿着的毛衣，以捕鱼所用的绳索、安全绳为原型编织出的纹样代表着对渔民的祝福。

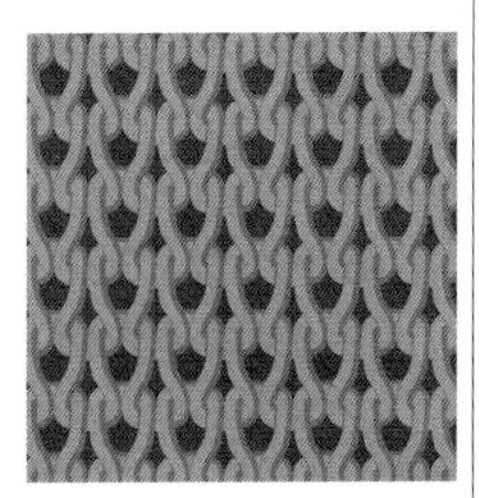

正针

knit

棒针编织中，横向编织时的基本针法之一。指将毛线圈从远端拉向近端的一种织法。与反针交替进行编织，即为平纹编织。

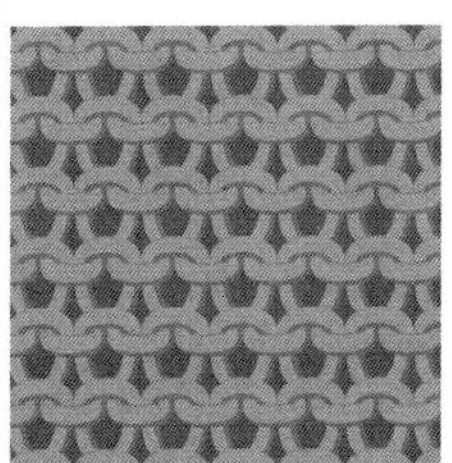

反针

purl

棒针编织中，横向编织时的基本针法之一。指将毛线圈从近端拉向远端的一种织法，也是一种编发手法。

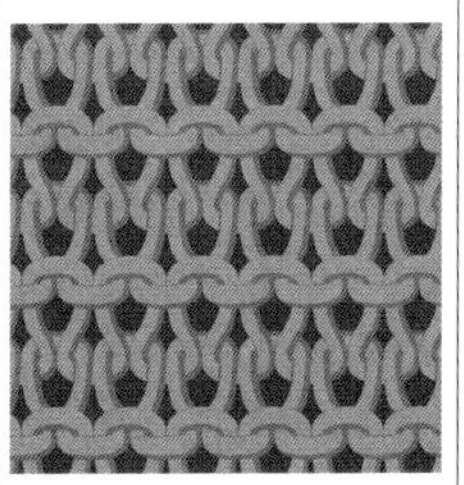

平纹编织

plain

棒针编织中，横向编织基本针法之一。由正针、反针层层交替编织而成，手法简单，是围巾的常用织法。

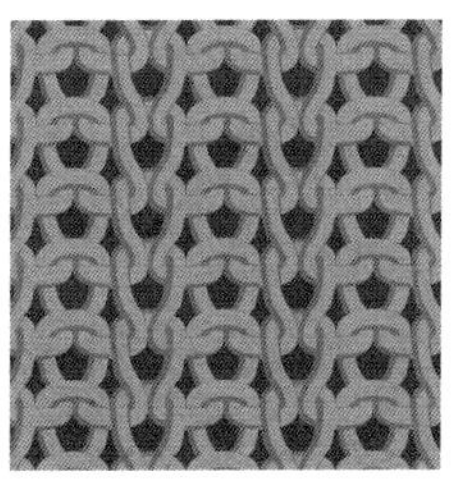

罗纹针

rib

由正针和反针交替编织而成的针法。横向上具有弹性，不易卷边，易于缝制和剪裁，常用于制作毛衣的袖口和紧身毛衣等。

多臂提花

dobby weave

用多臂提花机制作的纺织品。除纺线外，一般会另加别的线来编织花纹或图案。

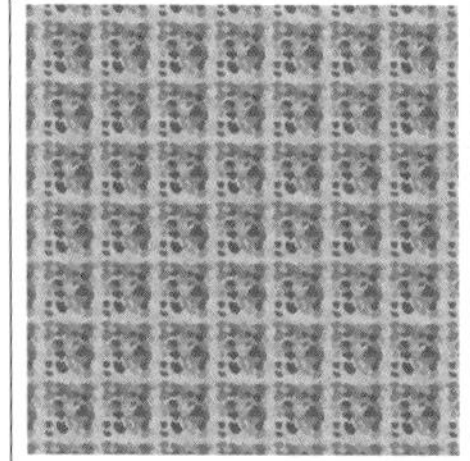

蜂窝针（华夫格）

honeycomb weave

将经纱和纬纱悬空编织，织出的格子凹凸不平的针法或纺织品，因形似蜂窝而得名。弹性大，比较厚实，触感独特，吸水性好，不粘皮肤，常用于制作床单、被罩、毛巾等。

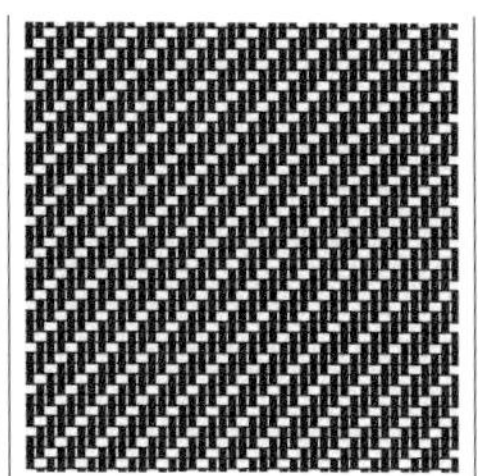

斜纹编织

twill

一种常见的牛仔布料纺织技法，经纱和纬纱的交织点在织物表面呈现一定角度的倾斜。特点是不容易起皱，在尼龙布和华达呢中也比较常见。

牛仔布（丹宁布）

denim

由靛蓝色（彩色）经纱和无色（白色）进行斜纹编织制成的一种质地厚实的布料，多用于制作牛仔衣或牛仔裤。

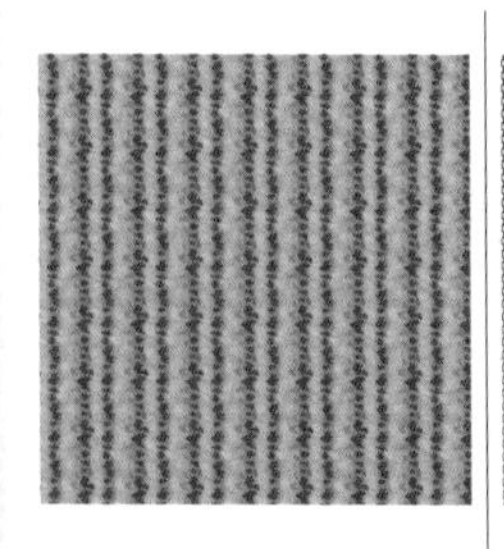

灯芯绒

corduroy

表面呈纵线绒条的纺织物，多为棉制品，因绒条像一根根灯草芯而得名。质地厚实，保暖性好，多用于制作冬季衣物。也叫天鹅绒。

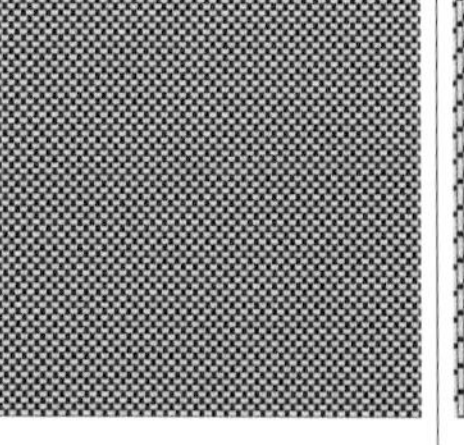

青年布

chambray

由有色经纱和无色纬纱用平纹编织而成的棉织物，也可指使用该布料制作的产品。面料轻薄不易变形，多用于薄衬衫和连衣裙等。

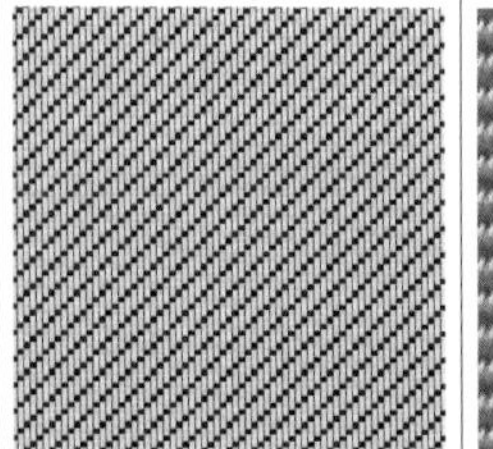

粗棉布（劳动布）

dungaree

由无色经纱和有色纬纱进行斜纹编织制成的布料，也可指使用该布料制作的产品。特点是质地紧密、坚固耐穿。

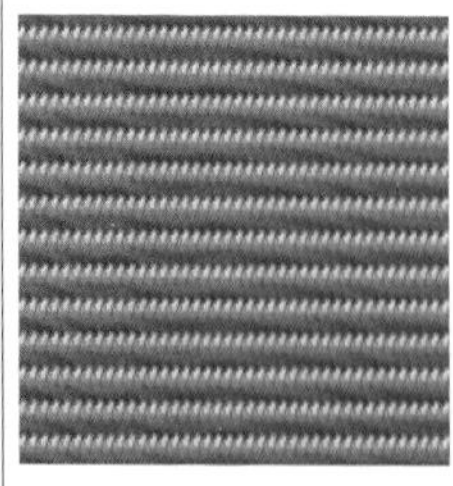

罗缎

grosgrain

一种纬纱比经纱粗，因而显示出棱纹的平纹织物，经纱的密度一般是纬纱密度的3～5倍。布面紧实，十分耐用，常用于制作缎带。

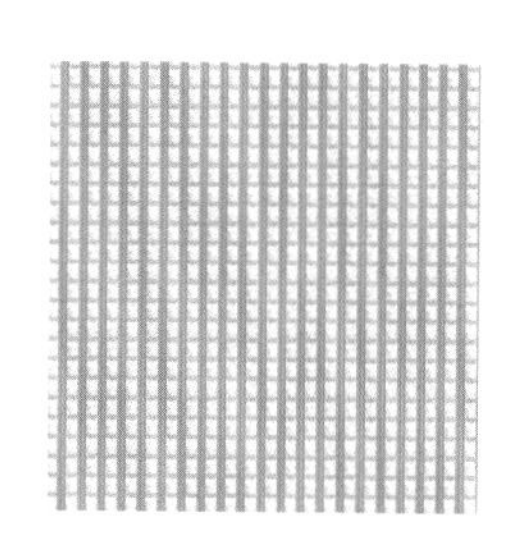

泡泡纱

seersucker

通过调整织线的松紧程度，将凹凸的纵向线和平坦的横向线交错编织而成的织物。透气凉爽，不粘皮肤，适合用来制作夏季衣物。可以变换织线的颜色，做成条纹或格纹布料。

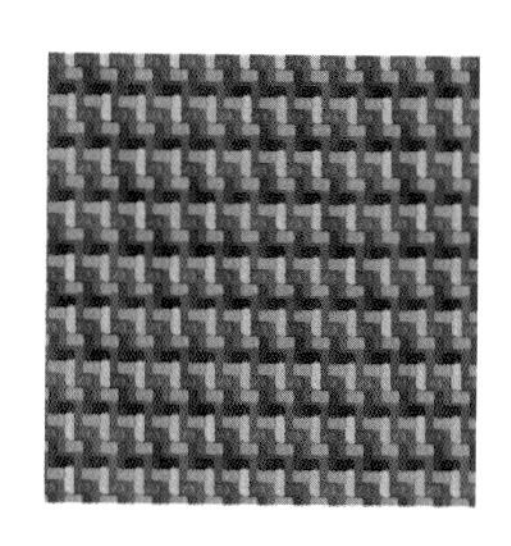

粗花呢

tweed

一种粗纺毛织物，原产自苏格兰特威德地区（Tweed）。以斜纹为基本组织，面料质地紧密、厚实，没有弹性，经久耐用。用其生产的大衣、夹克、裙子等，造型独特，气质典雅。

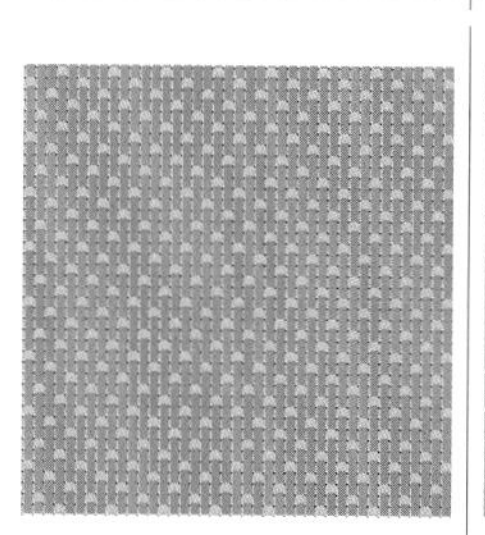

缎子（沙丁布）

satin

经纱和纬纱的交叉点比较分散，有一定间距的纺织手法。布料特点是光泽度高，垂感好，触感柔软。

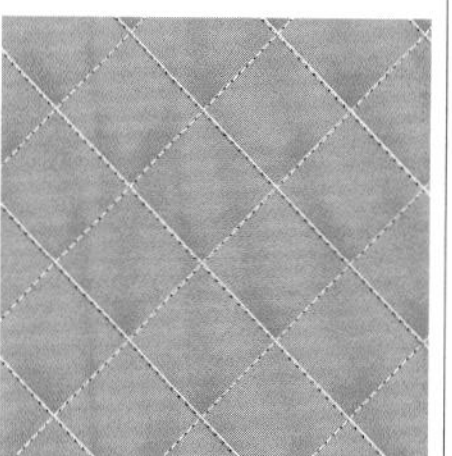

绗缝

quilting

在正面和背面两层布之间夹上棉花、羽毛、布料等填充物后，在其中一面压线缝制的处理手法。这样里面的棉花等不易结团，常用于制作寝具和防寒衣物，也有很高的装饰性。

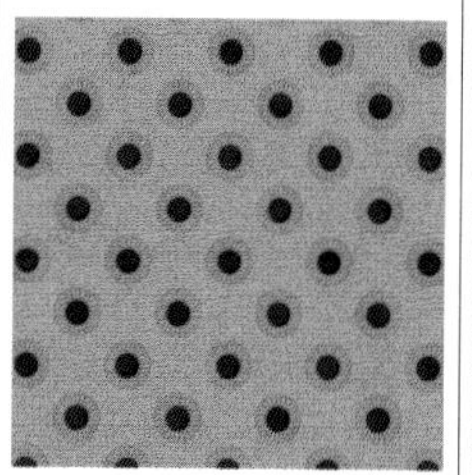

扣眼刺绣

eyelet embroidery

用一种装饰性小孔按照规律排列所形成的布料，有透视效果，多加入刺绣镶边，装饰性强。

网纱

mesh

服饰中常用的网状编织物，网眼一般呈规则多边形，通过编织、纺织的手法制作而成。网眼较大的与蕾丝有同等的透视效果。

六角网眼刺绣蕾丝花边

tulle lace

由丝线、棉线、尼龙线等制成的六角形或菱形网眼蕾丝。边缘处用刺绣装饰，轻薄雅致，通透感好，常用于婚纱和礼服设计中。

盘带花边

batten lace

将丝带状的布条沿着纸板缝合，然后用线将空隙编织起来所形成的花边。十九世纪在欧洲很流行，名称来源于德国的巴滕贝格（Battenberg）。

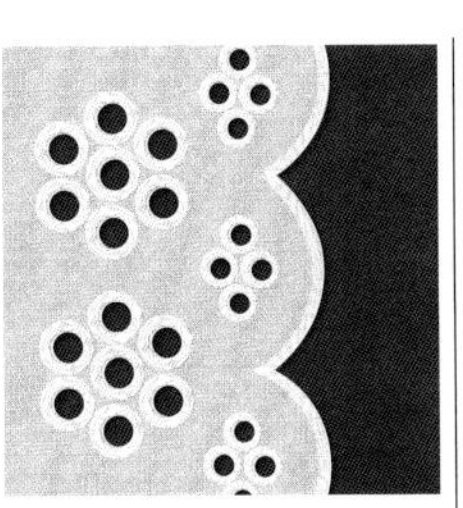

网眼花边

eyelet lace

通过在布料上开小孔、织边、卷边缝合等来实现的刺绣技法。因外观与蕾丝比较像，所以有时候也叫网眼蕾丝。

钩针花边

crochet lace

指钩针编织而成的花边。

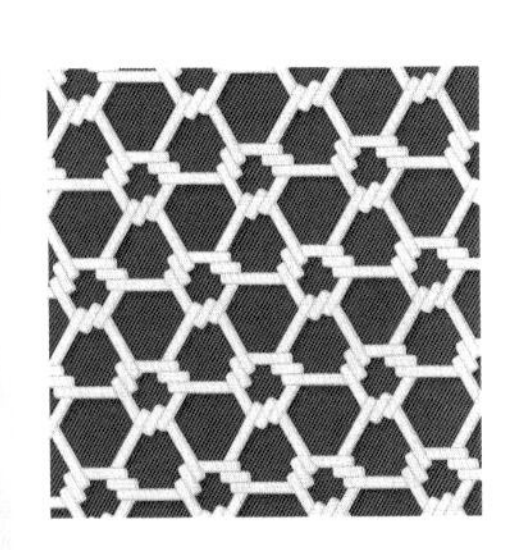

结绳网（花边）

macramé lace

由绳、线通过打结的方式制作而成的网状织物，常见于桌布、腰带等。

快来试试把这些部件自由组合，创造只属于你的独特时尚吧！

品红
紫
红
蓝紫
橙
蓝
黄
蓝绿
黄绿
绿

色相环

colour circle

色相是色彩的首要特征，是区别不同色彩的重要依据。色相因光波波长的不同而产生，为了能够系统地辨识相互之间的关系，把色相的颜色依序排列成环状，即为色相环。例如红与绿、蓝与黄等互补色会出现在相对的位置上。

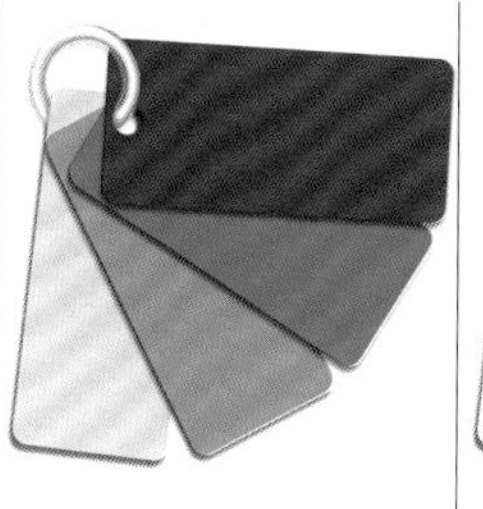

大地色

earth color

以土壤、树干等褐色为中心的色系，其中以米色和卡其色最具代表性。从二十世纪七十年代开始逐渐流行，普遍应用于纺织服装和化妆品等领域。

酸味色

acid color

指容易让人联想到橘子、柠檬、不成熟的果实等酸味水果的颜色。黄绿色的柑橘类颜色最具代表性。

原始色

ecru

浅灰黄、米黄色、米白色等没有进行漂白加工的本色或初始颜色。ecru在法语中为未加工之意。

中性色

neutral color

黑、白、灰三种颜色，也可指色彩饱和度极低的肉色或象牙色。这类颜色的特点是易于搭配且不容易过时。

淡色

pale color

指亮度和色彩饱和度都比较低的颜色。pale意为浅的、淡的。

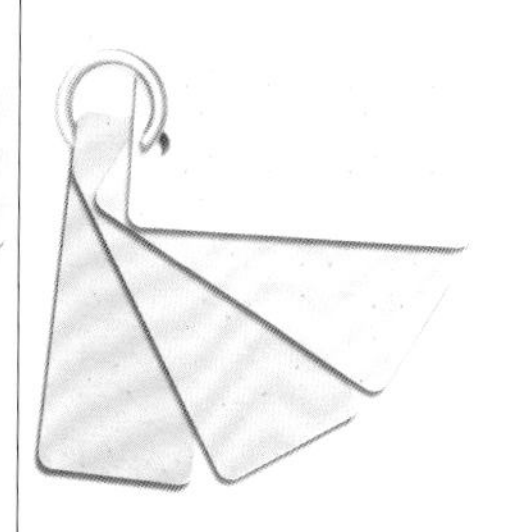

沙色

sand color

一种亮度高、色彩饱和度低的颜色，因容易让人联想到沙子而得名，可细分为岩石灰、沙米色等。

单色调

monotone

由不同浓淡程度的同一种颜色或几种颜色组合形成的色彩调性，带给人强烈的都市感。以黑、白、灰为主，同一色相的例如蓝、水蓝、白也可叫作“单色调”。

渐变色

ombré

由色彩相同，但亮度逐渐变化的颜色组成的配色形式。

双色

bicolor

由两种颜色组成的配色形式。可以是小面积搭配，也可以运用在较大的范围内。

同色系

tone-on-tone

由相同色系，但明暗度（色调）不同的几种颜色组成的配色形式。需要注意的是，这种配色看起来会比较普通，几乎没什么特点。但另一方面，同色系搭配可带给人一种沉着、稳重之感。

同色调

tone-in-tone

由色调相似，但色系不同的几种颜色组成的配色形式。虽然色系不同，但明暗度相同，所以看起来比较协调。

主色调

dominant tone

由相同色调、不同色系的颜色组成的配色形式。色彩变化多，色调不同，所表达出的感觉也不同。

主颜色

dominant color

指由色系相近，色调不同的颜色组成的配色形式。比较有统一性，可以加强某种颜色给人的独特感觉。

浊色

tonal colour

指主要由浊色系颜色组合形成的配色形式。给人以朴素、沉着之感。

单色

camaïeu

指由色调相似、色系相同或相似的颜色组成的配色形式。这种配色整体感强烈，但又不至于太过单调。

伪单色

faux camaïeu

与单色配色十分相似，相比之下其色差的变化会更大一些。伪单色配色同样很有整体性，平衡感也不错。

互补色

complementary

由两个互补关系的颜色组成的配色形式。

分散互补色

split complementary

由一种特定的颜色与其互补色两侧的两种颜色组成的配色形式。分散互补色的概念由瑞士艺术家约翰内斯·伊顿（Johannes Itten）提出。配色既有统一性，又不失跳跃感。

等间隔三色

triad

指由位于色相环三等分位置上的三个颜色组成的配色形式。

三色配色（三色旗）

tricolour

由对比强烈的三种颜色组成的配色形式。三色旗也是法国国旗的别称，其中，蓝色代表自由，白色代表平等，红色代表博爱。

拉斯特法里色

Rastafarian color

由红色、黄色、绿色、黑色四种颜色组成的配色形式，给人一种开朗、活泼之感，常见于雷鬼音乐的表演中，透着对非洲故土的浓浓思念之情。人们用红色代表血，黄色代表太阳，绿色代表草木，黑色代表黑人战士。

索引

A

B

C

审定专家

福地宏子

日本杉野服饰大学讲师。

2002年毕业于日本杉野女子大学（现为日本杉野服饰大学）服装设计专业。

2002年起任职于日本杉野服饰大学，并兼任日本杉野学园裙装制作学院、日本和洋女子大学等多所学校的外聘讲师。图书服装类插画家和相关学术研讨会的组织者。

数井靖子

日本杉野服饰大学讲师。

2005年毕业于日本杉野女子大学（现为日本杉野服饰大学）创意布料设计专业。

2005年起任职于日本杉野服饰大学专科学院及高中。

参考图书：

《服装图鉴　改订版》日本文化出版局
《速查时尚・服装用语辞典》日本natsume社出版
《FASHION　世界服饰大图鉴》日本河出书房新社
《Gentleman: A Timeless Fashion》德国Könemann出版社
《英国男子制服选集》日本新纪元社
《新版服饰大辞典》日本织研新闻社
《英日服饰用语辞典》日本研究社

图书在版编目（CIP）数据

男子服饰图鉴：1300种服装、鞋帽、包包、配饰、纹样、配色详解 / (日) 沟口康彦著 ; 冯利敏译. -- 海口 : 南海出版公司, 2024.5

ISBN 978-7-5735-0894-2

Ⅰ. ①男… Ⅱ. ①沟… ②冯… Ⅲ. ①男服—服装设计—图集 Ⅳ. ①TS941.718-64

中国国家版本馆CIP数据核字(2024)第061214号

著作权合同登记号 图字：30-2023-003
TITLE：［MEN'S MODARINA NO FASHION PARTS ZUKAN］
BY：［Yasuhiko Mizoguchi］

Original Japanese edition published by Maar-sha Publishing Co., LTD.
This Simplified Chinese language edition is published by arrangement with Maar-sha Publishing Co., LTD., Tokyo in care of Tuttle-Mori Agency, Inc., Tokyo through Pace Agency Ltd., Jiangsu Province.

本书由日本Maar社授权北京书中缘图书有限公司出品并由南海出版公司在中国范围内独家出版本书中文简体字版本。

NANZI FUSHI TUJIAN: 1300 ZHONG FUZHUANG、XIEMAO、BAOBAO、PEISHI、WENYANG、PEISE XIANGJIE

男子服饰图鉴：1300种服装、鞋帽、包包、配饰、纹样、配色详解

策划制作：北京书锦缘咨询有限公司
总 策 划：陈　庆
策　　划：肖文静

作　　者：［日］沟口康彦
译　　者：冯利敏
责任编辑：聂　敏
排版设计：刘岩松
出版发行：南海出版公司 电话：（0898）66568511（出版）（0898）65350227（发行）
社　　址：海南省海口市海秀中路51号星华大厦五楼 邮编：570206
电子信箱：nhpublishing@163.com
经　　销：新华书店
印　　刷：和谐彩艺印刷科技（北京）有限公司
开　　本：889毫米×1194毫米　1/32
印　　张：6.5
字　　数：354千
版　　次：2024年5月第1版　2024年5月第1次印刷
书　　号：ISBN 978-7-5735-0894-2
定　　价：88.00元